B

Progress in Mathematics
Volume 68

Series Editors
J. Oesterlé
A. Weinstein

Didier Robert

Autour de l'Approximation Semi-Classique

1987

Birkhäuser
Boston · Basel · Stuttgart

Didier Robert
Université de Nantes
Institut de Mathématiques et d'Informatique
44072 Nantes Cedex
France

Library of Congress Cataloging in Publication Data
Robert, Didier.
   Autour de l'approximation semi-classique.
   (Progress in mathematics ; v.68)
   Bibliography: p.
   1. Selfadjoint operators.   2. Quantum theory.
I. Title.   II. Series: Progress in mathematics (Boston,
Mass.) ; vol. 68.
QA329.2.R63   1987   515.7'246   86-33229

CIP-Kurztitelaufnahme der Deutschen Bibliothek
Robert, Didier:
Autour de l'approximation semi-classique / Didier
Robert.—Boston ; Basel ; Stuttgart : Birkhäuser,
1987.
   (Progress in mathematics ; Vol. 68)
   ISBN 3-7643-3354-5 (Basel . . .)
   ISBN 0-8176-3354-5 (Boston)
NE: GT

ISBN 0-8176-3354-5
ISBN 3-7643-3354-5

Printed and bound by R.R. Donnelley & Sons, Harrisonburg, Virginia.
Printed in the U.S.A.

9 8 7 6 5 4 3 2 1

Ce qui suit est un cours de $3^{\underline{e}}$ cycle donné en 1983 à l'Université de Nantes puis à l'Université de Recife. Nous avons complété l'exposé oral afin de le rendre accessible aux étudiants du niveau de la maitrise de Mathématiques française. Nous espérons qu'il intéressera également des chercheurs, mathématiciens ou physiciens théoriciens, désireux de s'initier à un domaine trés riche et trés vivant, carrefour où se rencontrent les équations aux dérivées partielles et la mécanique quantique.

Après un chapitre d'introduction à la mécanique quantique nous exposons les principales propriétés de la quantification de H. Weyl du point de vue semi-classique; cela signifie que l'on contrôle les estimations par rapport à la constante de Planck. Dans les trois autres chapitres, en dehors de l'exposition de résultats trés classiques, (comme, par exemple, la résolution de l'équation de Hamilton-Jacobi) nous présentons des résultats obtenus récemment en collaboration avec B. Helffer. Ensuite nous donnons sous forme de problèmes à résoudre un certain nombre de résultats qui complétent le cours ou certaines démonstrations du cours. Enfin nous terminons par des commentaires et des notes bibliographiques.

Le lecteur averti regrettera sans doute de ne pas trouver ici un chapitre sur la théorie de Maslov. Faute de temps cela n'a pas été possible. Nous espérons pouvoir donner bientôt une suite à ce cours! Notons ici qu'il y a maintenant une présentation trés accessible de cette théorie dans [FE-MA].

Le contenu de ce cours doit beaucoup aux travaux réalisés en commun avec B. Helffer. De nombreuses discussions avec lui sur une version préliminaire de ces notes m'ont permis d'en améliorer la rédaction. Je le remercie également pour ses relectures attentives du manuscrit qui m'ont permis (et me permettront) d'en corriger les nombreuses fautes.

Je remercie également A. M. Charbonnel, M. Dauge, A. Konlein, A. Mohamed et X. Wang, de l'Université de Nantes, pour avoir suivi patiemment ce cours et pour avoir discuté avec moi de certains des sujets abordés ici. Ce cours n'existerait pas sous cette forme sans le séjour que j'ai fait au Brésil en Août 1983. Aussi je remercie l'Université Fédérale de Pernambuco et le C.N.P.Q qui, par l'intermédiaire du Professeur F. Cardoso, m'ont invité à Recife. Cela a été trés agréable pour moi de travailler au département de Mathématiques de Recife. J'y ai trouvé un accueil trés sympathique et trés chaleureux. Pour tout cela je remercie les collègues Brésiliens et plus particulièrement F. Cardoso et J. Hounie avec lesquels j'ai eu également de nombreuses discussions mathématiques.

Pour terminer je voudrais remercier Delza Xavier Cavalcanti et Neide Maria Santos de Souza pour avoir déchiffré et frappé le manuscrit.

<u>*PLAN*</u>

$$\text{CHAPITRE 1}$$

INTRODUCTION AUX PRINCIPES DE LA

MÉCANIQUE QUANTIQUE NON RELATIVISTE

avertissement:

L'unique but de ce chapitre est d'essayer d'expliquer l'origine _physique_ des _problèmes mathématiques_ que nous traiterons dans la suite du cours. Nous ne chercherons donc pas à donner un exposé complet des théories quantiques (nous en serions bien incapable!) pour lesquelles nous renvoyons aux ouvrages spécialisés (Landau et Lifchitz t.3 [LA-LI], Messiah [MES]; Blokhintsev [BLO]; G.W. Mackey [MAC]; W. Pauli [PAU]).

§1 - Aperçu historique et données expérimentales :

Jusqu'à la fin du XIXe siècle la physique ne connaissait essentiellement que deux entités:

les corpuscules (ou points matériels) constituant la matière et les ondes (constituant les rayonnements et les vibrations)

- le mouvement des corpuscules est décrit par des trajectoires (à tout instant la position et la vitesse sont bien déterminés) la loi du mouvement (dans le cas où les forces extérieures dérivent d'un potentiel v) est donnée par l'équation de Newton:

$$m . \frac{d^2 x}{dt^2} = - \frac{\partial v}{\partial x}(x)$$

m étant la masse du corpuscule et V l'énergie potentielle (équation différentielle en général non linéaire)

- les ondes sont des phénomènes non localisés dans l'espace pouvant donner lieu à des phénomènes d'interférence ou de

diffraction. Par exemple la loi des vibrations d'une corde
tendue est décrite par l'équation:

$$\frac{\partial^2 u}{\partial t^2} = \frac{\partial^2 u}{\partial x^2}$$

(équation aux dérivées partielles linéaire).

A cette époque tous les phénomènes rencontrés par les
physiciens relevaient de l'une ou l'autre de ces deux
théories. A tel point d'ailleurs que certains d'entre eux
pensaient que leur science était pratiquement achevée. La
situation changea radicalement au début du XX$^{\underline{e}}$ siècle lorsque
plusieurs expériences ont mis en évidence des phénomènes qu'il
est impossible d'expliquer dans le cadre de l'une ou l'autre
de ces théories.

Parmi ces expériences, citons:

a) *L'effet photo-électrique:*

Ce phénomène a été découvert par Hertz en 1887. L'explication
théorique en a été donné par Einstein en 1905.

Description de l'expérience (Lénard 1900):

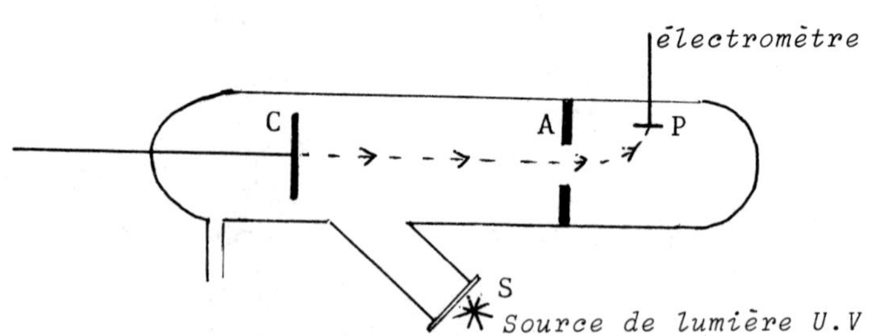

entre la cathode C et l'anode A on maintient une différence de potentiel $V_C - V_A$. On suppose $V_A = 0$. V_C est un potentiel retardateur (ou accélarateur). On constate qu'il existe une valeur $V_o > 0$ tel que si $V_C \leq V_o$ et augmente en valeur absolue alors on observe le passage d'une courant electrique (détecté en P en établissant un champ magnétique uniforme). De plus, lorsque $V_C \rightarrow -\infty$ l'intensité du courant atteint un palier i_m :

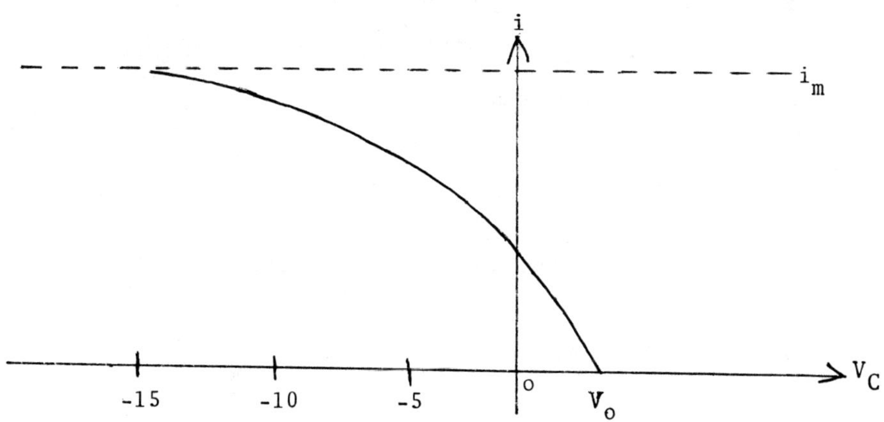

Par contre le courant disparait si $V_C \geq V_o$.

On observe de plus que i_m est proportionnel à l'intensité du rayonnement excitateur et que V_o est indépendant de l'intensité de la lumière. V_o *ne dépendant que de la longueur d'onde du rayonnement.*

L'énergie cinétique des électrons émis varie de 0 à $e.V_o$.

(e est la charge électrique de l'électron) Einstein a proposé la formule:

$$\frac{1}{2}m.v_{max}^2 = h.(\nu-\nu_0) \text{, m étant la masse l'électron.}$$

Ceci est en contradiction avec la théorie des ondes de Maxwell qui implique en particulier que l'énergie transporteé par un rayonnement est proportionelle à l'amplitude des oscillations. On interpréte cela de la manière suivante: les électrons de C absorbent l'énergie du rayonnement par quantités finies (quanta). Le quantum d'énergie lumineuse dépend de la fréquence ν du rayonnement et vaut:

$$E = h.\nu$$

h est la constante universelle de Planck:

$$h = 6,625.10^{-34} \text{ Joule/seconde.}$$

Ce qui permet alors l'interprétation suivante de l'effet photo-électrique:
soit W le travail nécessaire pour extraire un électron de C. Si $h\nu \leq W$ aucun électon ne peut sortir du puits de potentiel où il se trouve (la probabilité qu'un électron absorbe simultanément plusieurs quanta est négligeable). Par contre si $W < h\nu$ l'électron peut sortir du puits avec une énergie cinétique maximale:

$$\frac{1}{2}\, mv_{max}^{2} = h.\nu - W.$$

Donc tout se passe comme si la lumière était constituée de grains indivisibles ou quanta d'énergie,appelés photons. Or on sait par ailleurs que la lumière a un caractere ondulatoire (interférences, propagation de l'énergie). Les physiciens ont donc été conduits à admettre que la lumière posséde une double nature: corpusculaire et ondulatoire

b) *la diffraction* (expérience des trous de young)

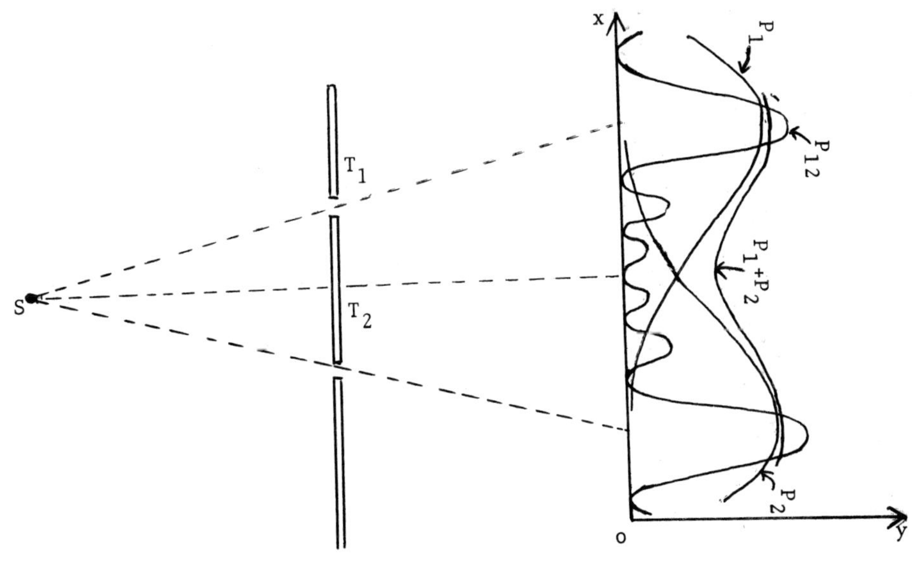

S une source émettant un rayonnement électromagnétique.

(b$_1$) T$_1$ est seul ouvert: sur l'écran O$_x$ on observe une tache de diffraction (cercles concentriques clairs et foncés).

On a un flux de photons dont la densité de probabilité varie comme le carré de l'onde diffractée par T_1: $\quad dP_1(x)=|A_1(x)|^2 dx$
De même si T_2 est seul ouvert.

(b_2) T_1 et T_2 sont ouverts: on observe une distribution:
$dP_{12}(x) = |A_1(x)+A_2(x)|^2 dx$ on remarque donc que $dP_{12}(x) \neq$

$\neq dP_1(x) + dP_2(x)$ et l'on observe sur l'écran des interférences. Supposons maintenant que S émette des électrons. Un électron est une particule bien individualiseé possédant une *masse* et une *charge*. Supposons que l'électron soit une particule matérielle "classique". Avec les notations précédentes on devait trouver:

$$dP_{12}(x) = dP_1(x) + dP_2(x)$$

(ceci est une expérience fictive correspondant cependant à une expérience réelle faite par Davisson et Germer en 1927). L'expérience montre que l'on a comme précédemment: $dP_{12}(x) \neq$ $dP_1(2) + dP_2(x)$ et que l'on observe comme précédemment des anneaux d'interférence.

c) *les Photographies de Wilson (1911)*

Des rayons α émis par un élément radioactif traversent une enceinte contenant de la vapeur d'eau. On voit alors dans la vapeur d'eau des sillages rectilignes.
Interprétation physique: les rayons α sont constitués de

petites particules (noyaux d'hélium) qui heurtent les atomes
de gaz et les ionisent. Les ions provoquent la condensation
de la vapeur d'eau sur le passage des rayons α.
Cette expérience met en évidence le caracterè *corpusculaire*
du rayonnement α.

d) *Stabilité de l'électron*

Si l'électron suivait les lois de l' électrodynamique classique
il devrait rayonner continument des ondes électromagnétiques
donc perdre de l'énergie et finalement s'écraser sur   le
noyau! Durant la décade 1920/1930 les physiciens ont   tiré
des expériences précédentes la conclusion suivante: la matière
posséde une double nature *corpusculaire ou ondulatoire suivant
les circonstances:*

    (i) les particules quantiques possédent une masse et
une charge électrique bien détermineés et possédent
les caractéristiques de particules "indivisibles".
(Cette conception a été remise en cause par la
théorie des quarks)

    (ii) le transport de ces particules d'un point à   un
autre emprunte le "véhicule" d'une champ continu
ou "onde" susceptible de produire des phénomènes
d'interférence.

(iii) Le flux, ou nombre de particules matérielles observées
en un point par unité de temps, est proportionnel
au carré de l'amplitude de l'onde.

La théorie qui rend compte de ceci s'appelle la mécanique
ondulatoire fondée par L. De Broglie (1924). Elle repose sur
les postulats suivants:

(θ_1) comme les particules classiques, les particules quantiques
possédent une énergie E, une quantité de mouvement p
(p est un vecteur $\in \mathbb{R}^3$). Comme les ondes classiques
elles possédent une fréquence temporelle: $\nu = \dfrac{1}{T}$ et
un vecteur d'onde (ou direction de propagation) $k \in \mathbb{R}^3$
ces quantités sont reliées par les relations fondamentales
suivantes:

$$(1) \quad E = h\nu = \frac{h}{T} \quad \text{(relation de Planck-Einstein)}$$

$$(2) \quad p = h.k \quad \text{(relation de de Broglie)}$$

(θ_2) Une particule libre (par exemple un électron isolé) est
représenteé par une onde plane:

$$\psi(x,t) = A\, e^{i(\omega t - k.x)} \qquad (\omega = 2\pi\nu)$$

$$= A\, e^{i\hbar^{-1}(Et - p.x)} \qquad (\hbar = \frac{h}{2\pi})$$

(θ_3) L'intensité de l'onde de de Broglie en un point de
l'espace est proportionnelle à la probabilité d'y
trouver la particule. (L' interprétation (θ_3) est due
à Max. Born).

§2 - Le principe d'incertitude de Heisenberg

- présentation empirique dans le cas d'un paquet d'ondes planes

Soit:
$$\psi(x,t) = \int_{k_o-\delta}^{k_o+\delta} a(k).e^{-i(\omega t-k.x)}dk$$

Supposons que: $\qquad a(k) = [k_o-\delta,\ k_o+\delta]$

Alors: $\qquad \psi(x,t) = 2\ e^{-i(\omega t-k_o.x)}\ \dfrac{\sin \delta x}{x}$

$\Longrightarrow \qquad |\psi(x,t)|^2 = 2\left|\dfrac{\sin \delta x}{x}\right|^2$

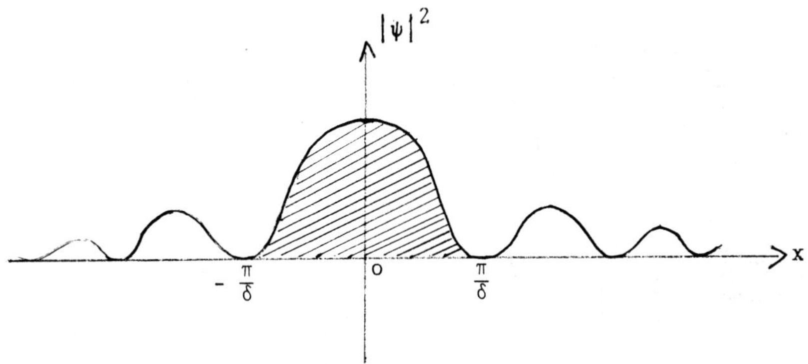

En ne tenant compte que de l'oscillation **"principale"** ou "voit" que l'erreur commise sur la position est de l'ordre

$\Delta x > \dfrac{\pi}{\delta} \qquad$ or $\qquad p = hk \qquad$ d'où: $\Delta x.\Delta p > \dfrac{\hbar}{2}$ cette inégalité porte le nom de relation d'incertitude de Heisenberg (1926).

Nous allons maintenant donner une formulation plus rigoureuse et plus générale du principe d'incertitude (H. Weyl [WEY]) qui dit que l'on ne peut pas localiser simultanément une particule quantique en position et en impulsion. Dans ce qui suit, le temps est fixé et par conséquent nous supposons que $t=0$; les fonctions d'onde seront notées: $\psi(x) = \psi(x,0)$. Soit ψ la fonction d'onde d'un état de la particule, $\psi \in L^2(\mathbb{R}^3)$, $\psi \neq 0$ on suppose que $|x|.\psi(x) \in L^2(\mathbb{R}^3)$ On définit alors la position moyenne de la particule dans l'état ψ comme étant le vecteur:

$$\langle x \rangle_\psi = (\langle x_1 \rangle_\psi, \langle x_2 \rangle_\psi, \langle x_3 \rangle_\psi) \in \mathbb{R}^3$$

où: (3)
$$\langle x_j \rangle_\psi = \frac{\int x_j |\psi(x)|^2 dx}{\int |\psi(x)|^2 dx} \; .$$

Nous allons définir de manière analogue l'impulsion moyenne. Posons:

$$a(p) = \int e^{-ih^{-1}\langle x,p \rangle} \; \psi(x)dx$$

on a évidemment:

$$\psi(x) = (\frac{1}{2\pi h})^3 \int a(p).e^{ih^{-1}\langle x,p \rangle} dp$$

Supposons: $\int |\psi(x)|^2 dx = 1$. Par analogie avec (θ_3) on est amené à postuler:

(θ_3^*) L'impulsion de la particule dans l'état ψ suit la loi de probabilité:

$$\frac{1}{(2\pi h)^3} |a(p)|^2 \; dp.$$

Par conséquent on définit:

$$\langle p \rangle_\psi = (\langle p_1 \rangle_\psi, \langle p_2 \rangle_\psi, \langle p_3 \rangle_\psi) \in \mathbb{R}^3 \qquad \text{par:}$$

$$(4) \qquad \langle p_j \rangle_\psi = (\frac{1}{2\pi h})^3 \int p_j \cdot |a(p)|^2 dp, \quad j=1,2,3$$

en supposant que $|p| \cdot a(p) \in L^2(\mathbb{R}^3)$ et en utilisant la formule de Plancherel on a alors:

$$\langle p_j \rangle_\psi = \int \overline{\psi(x)} \cdot (ih \frac{\partial}{\partial x_j} \psi) dx.$$

Plus généralement si $F \in C^\infty (\mathbb{R}^3)$ alors on définit:

$$(5) \qquad \langle F(x) \rangle_\psi = \int F(x) \, |\psi(x)|^2 dx$$

$$(6) \qquad \langle F(p) \rangle_\psi = (2\pi h)^{-3} \int F(p) \, |a(p)|^2 dp$$

et comme précédemment on a:

$$\langle F(p) \rangle_\psi = \int \overline{\psi(x)} \cdot F(-ih\nabla_x) \cdot \psi(x) dx$$

où $F(-ih\nabla_x) \cdot \psi(x)$ est défini par:

$$F(-ih\nabla_x)\psi(x) = (2\pi h)^{-3} \cdot \int e^{ih^{-1}\langle x,p \rangle} a(p) \cdot F(p) dp.$$

Bien sûr les conditions de validité de (5) et (6) sont respectivement:

$$F(x) \cdot \psi(x) \in L^2(\mathbb{R}^3) \quad \text{et} \quad F(p) \cdot a(p) \in L^2(\mathbb{R}^3).$$

Remarque:

Si F est une fonction à la fois de x et de p, $F \in C^{\infty}(\mathbb{R}^{2n})$ et vérifiant des conditions raisonnables à l'infini, nous verrons dans la suite du cours que l'on peut lui associer un opérateur non borné $F(x,-ih\nabla_x)$, autoadjoint si F est réelle. La valeur moyenne de F, $<F>_\psi$, dans l'état ψ, sera définie par:

$$<F>_\psi = \frac{(\psi|F(x,-ih\nabla_x)\psi)}{(\psi|\psi)}$$

où (|) désigne le produit scalaire usuel sur $L^2(\mathbb{R}^3)$. $(x,p) \longrightarrow F(x,p)$ est une observable classique c'est à dire associée à une particule classique de position x et d'impulsion p.

L'opérateur: $F(x,-i,h\nabla_x)$ est l'observable quantique associée. Par exemple:

$$x \longmapsto x_j \quad : \quad \psi \xmapsto{\ x_j\ } x_j \cdot \psi$$

$$p \longmapsto p_j \quad : \quad \psi \xmapsto{\ P_j\ } -ih\frac{\partial\psi}{\partial x_j}$$

L'interprétation probabiliste de la fonction d'onde conduit naturellement à définir l'écart quadratique moyen de la position et de l'impulsion d'une particule quantique dans l'état ψ:

$$\Delta_\psi X_j \;=\; \left(< (X_j \;-\; <X_j>_\psi)^2 >_\psi \right)^{1/2}$$

$$\Delta_\psi P_j \;=\; \left(< (<P_j \;-\; <P_j>_\psi)^2 >_\psi \right)^{1/2}$$

ces quantités sont bien définies dès que

$$x_j \cdot \psi \;\in\; L^2(\mathbb{R}^3) \qquad \text{et} \qquad \frac{\partial}{\partial x_j}\psi \;\in\; L^2(\mathbb{R}^3).$$

Théorème (Principe d'incertitude de Heisenberg):

$$(\Delta_\psi X_j) \cdot (\Delta_\psi P_j) \;\geq\; \frac{h}{2}$$

Preuve: on se ramène au cas où $<x_j> \;=\; <p_j> = 0$ et on introduit la fonction:

$$I(\lambda) \;=\; \int_{\mathbb{R}^3} \left| \lambda \cdot x_j \cdot \psi(x) \;+\; \frac{\partial}{\partial x_j}\psi(x) \right|^2 dx.$$

En utilisant les relations:

$$\int |\psi(x)|^2 dx \;=\; 1$$

$$\int x_j \cdot \frac{\partial}{\partial x_j} |\psi|^2 \; dx \;=\; - \int |\psi(x)|^2 dx$$

$$\int \psi \, \frac{\partial^2}{\partial x_j^2} \; \bar{\psi} \; dx \;=\; - \int \left| \frac{\partial \psi}{\partial x_j} \right|^2 dx.$$

Il vient:

$$I(\lambda) \;=\; \lambda^2 (\Delta_\psi X_j)^2 \;-\; \lambda \;+\; \frac{(\Delta_\psi P_j)^2}{h^2}$$

or $I(\lambda) \geq 0$ pour tout $\lambda \in \mathbb{R}$.

D'où:
$$1 \leq 4(\Delta_\psi X_j)^2 \frac{(\Delta_\psi P_j)^2}{h^2}.$$

§3 - Quantification

On a vu au §2 comment à certaines grandeurs classiques (position, impulsion) la mécanique quantique associe un opérateur (non borné) dans un espace de Hilbert (espace des états) que l'on peut réaliser comme étant l'espace $L^2(\mathbb{R}^3_x)$ des   fonctions d'onde: $\psi(x,t)$. On pourrait aussi bien prendre   l'espace $L^2(\mathbb{R}^3_p)$ des h-transformeés de Fourier des fonctions d'onde:

$$a(p,t) = \int e^{ih^{-1}(E.t-p.x)} \psi(x,t)dx.$$

Dans un premier temps on fixe t. On peut donc toujours supposer que t=0.

Sur $\mathbb{R}^3_p$ on met la mesure: $d_h p = (2\pi h)^{-3}dp$. De   sorte   que:

$\psi \xrightarrow{\mathscr{H}_h} a$ est une isométrie de $L^2(\mathbb{R}^3_x)$ sur $L^2(\mathbb{R}^3_p)$.

L'état d'une particule peut aussi bien être représenté   par la fonction d'onde $\psi(x)$ que par la fonction: $\mathscr{H}_h \psi(p)$. Dans le premier cas on dit que l'on a une représentation des états en variables de position dans le deuxiéme cas en   variables d'impulsion. On pourrait aussi considérer une représentation mixte; par exemple dans l'espace: $L^2(\mathbb{R}^3_{p_1,x_2,x_3})$ cela   veut dire que l'on opére une h-transformation de Fourier partielle par rapport à x_1:

$$\psi \longmapsto (\widetilde{\mathfrak{K}}_h^{(1,0,0)}\psi)(p_1,x_2,x_3) = \int e^{-ih^{-1}p_1 \cdot x_1}\psi(x)\,dx_1.$$

Pour avoir une isométrie, on munit $\mathbb{R}^3_{p_1,x_2,x_3}$ de la mesure:

$$(2\pi h)^{-1}\,dp_1 \otimes dx_2 \otimes dx_3.$$

Ces représentations mixtes jouent un rôle important dans la théorie de Maslov ([FE-MA]).

Question: Que deviennent les observables quantiques lorsqu'on change de représentation?

Considérons par exemple le changement de représentation $\widetilde{\mathfrak{K}}_h$. Soit L une observable quantique dans la représentation en position.

Pour $\psi \in D(L)$ (domaine de l'opérateur L) tel que $||\psi||_{L^2(\mathbb{R}^n_x)} = 1$; le produit scalaire: $(\psi|L\psi)$ s'interprète alors comme la mesure d'une caractérisque physique, par un appareil représenté par L, d'une particule dont l'état est représenté par ψ.

Maintenant si on représente le même état de la particule par $\widetilde{\mathfrak{K}}_h\psi$ l'appareil sera représenté par un opérateur $L^{\widetilde{\mathfrak{K}}_h}$ de $L^2(\mathbb{R}^h_p)$ de sorte que le résultat de la mesure soit inchangé. Ce qui donne:

$$\langle\psi|L\psi\rangle = \langle\langle\widetilde{\mathfrak{K}}_h\psi,\, L^{\widetilde{\mathfrak{K}}_h}\,\widetilde{\mathfrak{K}}_h\psi\rangle\rangle$$

où $<< \, , \, >>$ désigne le produit scalaire dans $L^2(\mathbb{R}^3_p)$.   En tenant compte du fait que $\widetilde{\mathfrak{K}}_h$ est unitaire on trouve:

$$L^{\widetilde{\mathfrak{K}}_h} = \mathfrak{K}_h . L . \widetilde{\mathfrak{K}}_h^{-1}$$

Naturellement cette formule est générale: on peut remplacer $L^2(\mathbb{R}^3)$ par un espace de Hilbert $\mathcal{H}$ et $\widetilde{\mathfrak{K}}_h$ par un opérateur unitaire, quelconques.

Dans la suite, lorsque l'espace de représentation n'est pas précisé il s'agira de la représentation en position. On a déjà défini les opérateurs de position et d'impulsion.   A partir de là on définit les observables quantiques suivantes associées à des observables classiques:

observables classiques	*observables quantiques associées* *dans la représentation en position*
- position : x_j	$X_j \; : \; \psi \; \longmapsto \; x_j \psi$
- impulsion : p_j	$P_j \; : \; \psi \; \longmapsto \; -ih \, \dfrac{\partial}{\partial x_j} \psi$
- énergie cinétique: $T(p) = \dfrac{\lvert p \rvert^2}{2m}$	$\left(\dfrac{-i\hbar}{\sqrt{2m}} \nabla_x \right)^2 = - \dfrac{\hbar^2}{2m} \Delta$
- énergie potentiel: $V(x)$	$\psi \; \longrightarrow \; V . \psi$
- fonction hamiltonienne: (enérgie totale) $(x,p) \longrightarrow T(p) + V(x)$	$\mathcal{H}_\hbar = - \dfrac{\hbar^2}{2m} \Delta + V$ (opérateur d'énergie ou encore hamiltonien quantique)

observables classiques	_observables quantiques associées_ _dans la représentation en position_
- moment cinétique: $(x,p) \overset{M}{\longmapsto} x \wedge p$ $M(x,p)=(M_1(x,p),M_2(x,p),M_3(x,p)$ $M_1(x,p) = x_2 \cdot p_3 - p_2 x_3$ $M_2(x,p) = x_3 p_1 - x_1 p_3$ $M_3(x,p) = x_1 \cdot p_2 - p_1 x_2$	 $M_1(x,-ih\nabla_x) = -i\hbar(x_2 \frac{\partial}{\partial x_3} - x_3 \frac{\partial}{\partial x_2})$ $M_2(x,-ih\nabla_x) = -i\hbar(x_3 \frac{\partial}{\partial x_1} - x_1 \frac{\partial}{\partial x_3})$ $M_3(x,-ih\nabla_x) = -i\hbar(x_1 \frac{\partial}{\partial x_2} - x_2 \frac{\partial}{\partial x_1})$
- carré du moment cinétique: $(x,p) \overset{\mathcal{M}}{\longmapsto} |M(x,p)|^2$	$\mathcal{M}(x,-ih\nabla_x) =$ $M_1^2(x,-ih\nabla_x) + M_2^2(x,-ih\nabla_x) + M_3^2(x,-ih\nabla_x)$
- hamiltonien d'une particule dans un champ magnétique de potentiel vecteur: $x \longmapsto A(x) \in \mathbb{R}^3$ et de potentiel scalaire V: $H(x,p) = \frac{1}{2m}\lvert p - \frac{e}{c}A(x)\rvert^2 + eV(x)$	 $H(x,-ih\nabla_x) = \frac{-1}{2m}(h.\nabla - \frac{ei}{c}A)^2 + eV$

Les observables de position et d'impulsion sont réliées par
les relations de commutation de Heisenberg:

$$[X_j, P_k] = ih.\delta_{jk}$$

où $[X_j, P_k] = X_j.P_k - P_k X_j$ \qquad (voir exercice 3)

Remarque:

Il y a des observables quantiques qui n'ont pas d'analogue classique: par exemple le spin nous n'en parlerons pas pour le moment car pour l'interpréter il faut se placer dans le cadre de la mécanique quantique relativiste (dont le formalisme est dû à P.M. Dirac), ce qui alourdirait considérablement ce chapitre d'introduction.

L'un des problèmes délicats en mécanique quantique est la mesure des grandeurs physiques attachées à l'état d'une particule. Soit L une observable que l'on mesure dans l'état ψ. On trouve: $\langle L \rangle_\psi = (\psi | L\psi)$. L'écart quadratique moyen de L est defini par:

$$(\Delta_\psi L)^2 = \langle (L - \langle L \rangle_\psi)^2 \rangle_\psi \qquad (\psi \in D(L^2))$$

Question: Pour quels états la grandeur L a-t-elle une valeur bien déterminée?

Réponse:

Pour qu'il en soit ainsi il faut et il suffit que: $(\Delta_\psi L)^2 = 0$. C'est à dire: $(\psi | (L - \langle L \rangle_\psi)^2 \psi) = 0$, L étant autoadjoint on trouve donc:

$$\{(L - <L>_\psi)\psi = 0\} \iff (\Delta_\psi L)^2 = 0$$

Autrement dit ψ est un vecteur propre de L associé à la valeur propre: $<L>_\psi$. Par extension, l'ensemble *des valeurs permises d'une grandeur* L *est défini par l'ensemble des points du spectre de* L (Il s'agit du spectre entier: spectre ponctuel et spectre continu).

Question: Quand peut-on mesurer simultanément deux grandeurs L_1 et L_2?

Réponse:

Pour pouvoir mesurer simultanément L_1 et L_2 dans l'état ψ il est nécessaire et suffisant que ψ soit vecteur propre commun de L_1 et L_2. Supposons que L_1 soit compact ou à résolvante compacte. Alors il existe une base orthonormée d'états sur lesquels L_1 et L_2 ont une valeur bien déterminée si et seulement si on a:

$$[L_1, L_2] = 0 \qquad \text{(exercice)}$$

Par extension on dira que deux observables (ou grandeurs) L_1 *et* L_2 *sont simultanément mesurables si l'on a:* $[L_1, L_2] = 0$.
Par exemple X_1 et P_1 ne sont pas simultanément mesurables de même que les projections des moments cinétiques. Par contre

X_j et P_k sont simultanément mesurables si $j \neq k$. Cette terminologie est justifiée par l'extension suivante du principe d'incertitude:

Proposition:

- *Soit* $\mathbb{H}$ *un espace de Hilbert complexe.*
- *Soient* L_1 *et* L_2 *deux observables sur* $\mathbb{H}$ *ie deux opérateurs (non bornés) autoadjoints.*
- *Soit* ψ *un état normalisé ie* $\psi \in \mathbb{H}$, $||\psi||=1$. *On a alors*

$$(\Delta_\psi L_1)(\Delta_\psi L_2) \geq \frac{1}{2} <i[L_1,L_2]>_\psi$$

Sous les conditions:

$$\psi \in D(L_1) \cap D(L_2) \quad tel \ que \quad L_1\psi \in D(L_2) \quad et \quad L_2\psi \in D(L_1)$$

Preuve:

Pour $\lambda \in \mathbb{R}$, posons: $J(\lambda) = ||(\tilde{L}_1+i\lambda\tilde{L}_2)\psi||^2$ où

$$\tilde{L}_1 = L_1 - <L_1>_\psi \quad et \quad \tilde{L}_2 = L_2 - <L_2>_\psi$$

on a clairement:

$$J(\lambda) = ||\tilde{L}_1\psi||^2 + i\lambda(<\tilde{L}_2\psi|\tilde{L}_1\psi> - <\tilde{L}_1\psi|\tilde{L}_2\psi>) + \lambda^2||\tilde{L}_2\psi||^2$$

$$J(\lambda) = ||\tilde{L}_1\psi||^2 + i.\lambda. <[\tilde{L}_1,\tilde{L}_2]\psi|\psi> + \lambda^2.||\tilde{L}_2\psi||^2$$

or d'une part $J(\lambda) \geq 0$ pour tout $\lambda \in \mathbb{R}$ et d'autre part $<i[L_1,L_2]\psi|\psi> \in \mathbb{R}$ d'où l'inégalité.

Remarque: Une particule quantique étant dans l'état $\psi \in L^2(\mathbb{R}^3)$, toute observable L telle que $\psi \in$ Dom L donne lieu à une mesure: $\langle\psi|L\psi\rangle$. Pour avoir un maximum de renseignements sur l'état de la particule il est donc intéressant de disposer d'une famille "maximale" d'observables $L_1, L_2, \ldots, L_N$ commutant deux à deux et telles que $\psi \in \bigcap_{1 \le j \le N}$ Dom L_j.

Dans l'exercice 4 on montre que les grandeurs quantiques telles que: le carré de l'énergie cinétique ou le moment cinétique par rapport à l'axe des x_3 sont quantifiées ie ne peuvent prendre qu'un ensemble discret de valeurs. Notons que les grandeurs classiques associées peuvent elles, prendre respectivement toute valeur dans $[0, +\infty[$ ou dans $]-\infty, +\infty[$. Examinons deux autres exemples, concernant la quantification de l'énergie:

Ex.1: l'atome d'hydrogène.

L'opérateur hamiltonien relatif à l'atome d'hydrogène s'écrit:

$$\mathcal{H}_\hbar = -\frac{\hbar^2}{2m}\Delta - \frac{e^2}{|x|}$$

on montre que cet opérateur est autoadjoint en lui donnant le domaine: $D(\mathcal{H}_\hbar) = H^2(\mathbb{R}^3)$ (voir l'annexe 1 du chapitre III).

De plus le spectre de $\mathcal{H}_\hbar$ se décompose de la manière suivante:
le spectre continu: $\sigma_c(\mathcal{H}_\hbar) = [0, +\infty[$ (ici absolument continu)
le spectre discret: $\sigma_d(\mathcal{H}_\hbar) \subseteq]-\infty, 0[$ (voir l'annexe 1 du chapitre III).

De plus le spectre discret est constitué d'une suite infinie
de valeurs propres de multiplicité finie ayant 0 comme seul
point d'accumulation. Il se trouve qu'ici on peut faire le
calcul explicite des valeurs propres (voir [BLO]).Le résultat
est:

$$E_n = - \frac{e^4 m}{2\hbar^2} \cdot \frac{1}{n^2} \; , \; n=1,2,\ldots$$

D'après l'interprétation précédente, les valeurs prises par
E_n, $n \geq 1$, sont les seules valeurs possibles pour   lesquelles
il existe des états où l'énergie est bien déterminée. L'électron
posséde l'énergie E_n s'il se trouve dans un état appartenant
au sous espace propre associé à E_n. Ce qui est remarquable,
c'est que cette formule donnant E_n avait été trouvée avant
l'introduction de l'opérateur $\mathcal{H}_\hbar$ par Schrödinger   (et
Heisenberg sous-forme matricielle) par des moyens empiriques
(Balmer, Rydberg...). L'espace des états d'énergie minimale

$E_1 = - \dfrac{e^4 . m}{2\hbar^2}$ est de dimension 1. Il est engendré par un vecteur

$\psi_1 \in L^2(\mathbb{R}^3)$, $||\psi_1||_{L^2(\mathbb{R}^3)} = 1$,   appelé   état   fondamental.

L'hamiltonien classique correspondant:

$$\mathcal{H}(x,p) = \frac{|p|^2}{2m} - \frac{|e|^2}{|x|}$$

prend toute valeur réelle.

On peut remarquer que si $\dfrac{m}{\hbar^2} \longrightarrow + \infty$ alors la suite $\{E_n\}_{n \geq 1}$

"tend" (en un sens vague pour le moment!) à recouvrir toute la demi-droite] - ∞,0].

Ex 2: l'oscillateur harmonique.

Considérons un point matériel se déplaçant sur une droite et soumis à une force de rappel proportionnelle à la longueur de l'élongation.

L'hamiltonien (classique) du système s'écrit:

$$H(x,p) = \frac{p^2}{2m} + m\frac{\omega^2}{2}x^2$$

    m: masse du point

    p: impulsion

    x: écart par rapport à la position d'équilibre

    ω: pulsation de l'oscillateur.

Dans la réalité physique l'hamiltonien a la forme indiquée si $|x|$ n'est pas trop grand.

L'hamiltonien quantique associé est l'opérateur différentiel en une variable:

$$H(x, -i\hbar\frac{d}{dx}) = -\frac{\hbar^2}{2m}\frac{d^2}{dx^2} + \frac{m.\omega^2}{2}.x^2$$

on montre alors (voir [BLO]) que les valeurs permises, E_n, de l'énergie sont constituées par la suite:

$$E_n = \hbar\,\omega.(n + \frac{1}{2}); \quad n=0,1,2,\ldots$$

De plus E_n est valeur propre simple de $H(x, -i\hbar \frac{d}{dx})$.
En particulier l'énergie minimale est:

$$E_0 \;=\; \frac{\hbar\omega}{2} \qquad\qquad \text{dans l'état:}$$

$$\psi_0(x) \;=\; \frac{1}{\sigma\,\sqrt{2\pi}}\; e^{-\frac{x^2}{2\sigma^2}} \qquad \text{où} \quad \sigma \;=\; \sqrt{\frac{\hbar}{2m\omega}}$$

E_0 est appeleé l'énergie au point 0.

$E_0 > 0$ alors que l'énergie minimale pour l'oscillateur classique est 0!

L'interprétation physique est la suivante: (voir [BLO]).
Admettons que l'oscillateur harmonique quantique modélise les oscillations de faible amplitude d'atomes (dans une molécule d'un corps cristallin).

Expérimentalement on observe les oscillations des atomes par la diffusion de la lumière lorsqu'on fait augmenter la température. Lorsqu'on fait tendre la température vers le zéro absolu on observe que l'intensité de la lumière diffusée tend vers une limite non nulle. On en déduit expérimentalement que même an zéro absolu les atomes continuent à osciller, conformément au modèle adopté.

§4 - Equation de Schrödinger et principe de correspondance

Jusqu'a maintenant on a travaillé au temps $t=0$. L'objet de la mécanique quantique est de prévoir comment évolue les états d'une particule quantique tout comme la mécanique classique exprime la loi du mouvement des points matériels. Rappelons qu'une particule classique de masse m soumise à une force dérivant d'un potentiel évolue suivant la loi de Newton:

$$m. \frac{d^2x}{dt^2} = - \frac{\partial V}{\partial x}(x).$$

Examinons d'abord le cas d'une particule quantique libre. Ses états sont représentés par les ondes planes:

$$\psi_p(x,t) = e^{i\hbar^{-1}(Et-p.x)} \qquad (p \in \mathbb{R}^3).$$

Dérivons cette égalité:

$$i\hbar \frac{\partial}{\partial t} \psi_p(x,t) = -E.\psi_p(x,t).$$

Or: $E = \frac{|p|^2}{2m}$ d'où ψ_p vérifie:

$$i.\hbar \frac{\partial \psi_p}{\partial t} = - \frac{\hbar^2}{2m} \Delta \psi_p$$

On remarque alors que $- \frac{\hbar^2}{2m}\Delta$ est l'hamiltonien quantique associé à une particule libre. Par analogie, E. Schrödinger (1927) a postulé que la fonction d'onde d'une particule soumise à une force dérivant du potentiel V évolue suivant l'équation:

$$(\text{Sch}) \begin{cases} i\hbar \frac{\partial \psi}{\partial t} = - \frac{\hbar^2}{2m} \Delta\psi + V.\psi = \mathcal{H}_\hbar \psi \\[2mm] \psi(0) = \chi \end{cases}$$

où χ représente l'état de la particule au temps t=0. De même, si l'on considére un système de N particules de masse: $m_1, m_2, \ldots, m_N$ soumises au potentiel d'inter-action:

$$V(x) = V(x_1^1, x_2^1, x_3^1, \ldots, x_1^N, x_2^N, x_3^N)$$

les états du système sont alors représentés par des fonctions d'onde: $\psi: \mathbb{R}^{3N} \times \mathbb{R} \longrightarrow C$ dont la loi d'évolution est donnée par l'équation:

$$\begin{cases} i\,\hbar\,\dfrac{\partial \psi}{\partial t} = \mathcal{H}_h \psi \\[2mm] \psi(0) = \chi \end{cases}$$

où:

$$\mathcal{H}_h = -\frac{h^2}{2} \sum_{j=1}^{N} \frac{\Delta_j}{m_j} + V$$

et:

$$\Delta_j = \left(\frac{\partial}{\partial x_1^j}\right)^2 + \left(\frac{\partial}{\partial x_2^j}\right)^2 + \left(\frac{\partial}{\partial x_3^j}\right)^3$$

L'équation d'évolution classique associée à (Sch) est le système de Hamilton:

$$(\mathcal{H}\text{ am}) \begin{cases} \dfrac{\partial x_j}{\partial t} = \dfrac{\partial H}{\partial p_j} \quad (x,p) \\[2em] \dfrac{\partial p_j}{\partial t} = - \dfrac{\partial H}{\partial x_j} \quad (x,p) \\[2em] x(0) = y, \ p(0) = q \end{cases}$$

Etant donné la forme particulière du hamiltonien, pour résoudre ($\mathcal{H}$ am) il suffit de résoudre l'équation de Newton:

$$(\text{New}) \begin{cases} \dfrac{\partial^2 x_j}{\partial t^2} = - \dfrac{1}{m} \dfrac{\partial V}{\partial x_j} \\[2em] x(0) = y \\[2em] x'(0) = z. \end{cases}$$

On constate donc que la mécanique quantique s'est construite par analogie avec la mécanique classique: le principe de correspondance nous dicte la manière dont on retrouve les lois classiques comme cas limites des lois quantiques (voir commentaires). Contrairement au principe d'incertitude, il est difficile de donner une formulation à la fois précise et générale du principe de correspondance de Bohr (1923). Pourtant c'est sur ce principe que s'est édifiée la mécanique quantique. (Voir [BOH]).

- Enoncé (général mais vague!) du principe de correspondance: Lorsque la constante de Planck h peut être considérée comme négligeable par rapport aux caractéristiques de la particule quantique considérée, alors cette particule tend à évoluer suivant les lois de la mécanique classique. (Exemple: les particules α dans la chambre de Wilson ont des trajectoires "classiques" *dans les conditions d'observations considérées).* L'objet de ce cours est en particulier de donner une formulation mathématique, précise, de ce principe sur des exemples.

Nous allons maintenant exprimé un résultat que l'on peut considérer comme une forme faible du principe de correspondance. Soit $\psi(x,t)$ la fonction d'onde d'un état quantique, solution de l'équation de Schrödinger:

$$(Sch) \qquad\qquad i\hbar\,\frac{\partial\psi}{\partial t} = \mathcal{H}_\hbar\psi, \quad \psi(0) = \chi.$$

On suppose que $\mathcal{H}_\hbar$ est autoadjoint comme opérateur non borné de $L^2(\mathbb{R}^3)$ et que $\mathcal{H}_\hbar$ est indépendant du temps. On suppose donc que $\chi \in \mathrm{Dom}(\mathcal{H}_\hbar)$. La solution de   (Sch) est donneé par:

$$\psi(x,t) = (e^{-i\hbar^{-1}.t.\mathcal{H}_\hbar}.\chi)(x).$$

Soit L une observable, supposée pour simplifier indépendante du temps.

Proposition:

On suppose que $\psi(t) \in \text{Dom } \mathcal{H}_h \cap \text{Dom } L$ *et que* $\mathcal{H}_h \psi(t) \in D(L)$; $L\psi(t) \in \text{Dom}(\mathcal{H}_h)$ *pour tout* $t \in \mathbf{R}$. *On a alors:*

$$\frac{d}{dt} \langle L \rangle_{\psi(t)} = \frac{1}{i\hbar} \langle [L, \mathcal{H}_h] \rangle_{\psi(t)}.$$

Preuve:

$$\frac{d}{dt} \langle L \rangle_{\psi(t)} = \left(\frac{\partial \psi}{\partial t} \mid L\psi\right)$$

$$= \left(\frac{\partial \psi}{\partial t} \mid L\psi\right) - \frac{1}{i\hbar} (\psi \mid LH\psi)$$

$$= \frac{1}{i\hbar} (\psi \mid [\mathcal{H}_h, L]\psi)$$

d'où le résultat.

Remarque:

L'analogue classique de la proposition précédente est la relation:

$$\frac{d}{dt} f(x(t), p(t)) = \{H, f\} (x(t), p(t))$$

où $t \longrightarrow (x(t), p(x))$ est la trajectoire dans l'espace de phase d'une particule soumise à l'Hamiltonien H et f est une observable classique.

$\{H, f\}$ désigne le crochet de Poisson:

$$\{f, H\}(x, p) = \frac{\partial f}{\partial p} \cdot \frac{\partial H}{\partial x} (x, p) - \frac{\partial f}{\partial x} \cdot \frac{\partial H}{\partial p} (x, p).$$

<u>*Théorème (Ehrenfest):*</u>

On suppose que $\psi(t)$ vérifie:

$$x_j \cdot \psi(t) \in L^2(\mathbb{R}^3), \quad \frac{\partial}{\partial x_j} \psi(t) \in L^2(\mathbb{R}^3)$$

et

$$\frac{\partial V}{\partial x_j} \cdot \psi(t) \in L^2(\mathbb{R}^3).$$

On a alors les équations suivantes:

$$(i) \quad \frac{d}{dt} \langle x \rangle_{\psi(t)} = \frac{1}{m} \cdot \langle P \rangle_{\psi(t)}$$

$$(ii) \quad \frac{d}{dt} \langle P \rangle_{\psi(t)} = - \langle \frac{\partial V}{\partial x} \rangle_{\psi(t)}$$

$$(iii) \quad \frac{d^2}{dt^2} \langle x \rangle_{\psi(t)} = - \frac{1}{m} \langle \frac{\partial V}{\partial x} \rangle_{\psi(t)}$$

<u>*Remarques:*</u>

(i) + (ii) constituent le système de Hamilton quantique

(iii) est l'équation de Newton quantique. Notons que en général:

$\langle \frac{\partial V}{\partial x} \rangle_{\psi(t)} \neq \frac{\partial V}{\partial x}(\langle x \rangle_{\psi(t)})$. *Lorsque cette égalité est satisfaite,*

(iii) entraine que la position moyenne de la particule dans

l'état initial χ évolue comme une particule classique placée

en ce point.

En particulier on a: $\langle \frac{\partial V}{\partial x} \rangle_{\psi(t)} = \frac{\partial V}{\partial x} \langle x \rangle_{\psi(t)}$. *Si V est*

polynomial de degré ≤ 2 (par exemple $\mathcal{H}_{\hbar} = - \frac{\hbar^2}{2} \Delta + \omega_1 \cdot x_1^2 + \omega_2 \cdot x_2^2 + \omega_3 \cdot x_3^2$).

Preuve du Théorème d'Ehrenfest:

Elle résulte facilement de la proposition et du calcul   de
$[P_j, \mathcal{H}_\hbar]$ et $[X_j, \mathcal{H}_\hbar]$, $j=1,2,3$.

Remarque:

De la proposition on peut tirer également la remarque suivante:
on dira que L est une intégrale premiére si $\frac{d}{dt} <L>_{\psi(t)} = 0$.
On a donc: L est une intégrale première si et   seulement
si $<[L, \mathcal{H}_\hbar]>_{\psi(t)} = 0$. On voit donc que   le   commutateur:
$[L, \mathcal{H}_\hbar]$ joue en mécanique quantique le même rôle   que   le
crochet de Poisson en mécanique classique. D'ailleurs   les
physiciens désignent souvent l'opérateur: $\frac{i}{\hbar} [L_1, L_2]$ comme
le crochet quantique des observables L_1 et L_2.

Terminons ce chapitre d'introduction par une présentation du
problème de l'approximation semi-classique. Le formalisme
hamiltonien de la mécanique classique du point matériel (voir
[ARN]) nous dit qu'il existe une fonction S: $[-T,T] \times \mathbb{R}^3 \longrightarrow \mathbb{R}$,
appelée "action" reliant la position et l'impulsion par   la
formule: $P = \nabla_x S$ (pour simplifier l'écriture on ne tient
pas compte des données initiales). Le point matériel se déplace
donc sur des trajectoires orthogonales   aux   hypersufaces:
S = constante. D'autre part S est solution de l'équation de
Hamilton-Jacobi (voir [ARN])

$$(H\text{-}J) \quad \frac{\partial S}{\partial t} = \frac{1}{2m} |\nabla_x S|^2 + V.$$

Supposons maintenant que l'on ait un flux de particules
identiques (de masse m, soumises au potentiel scalaire V)
de densité: $\rho(t,x)$. Alors ρ doit vérifier l'équation de
continuité:

$$(\text{Cont})_{c1} \qquad \frac{\partial \rho}{\partial t} - \frac{1}{m} \, \text{Div}(\rho . \nabla_x S) = 0$$

Physiquement, l'équation de continuité signifie que le flux
de particules se déplace comme un liquide. Remplaçons maintenant
le flux de particules classiques par le flux de particules
quantiques correspondant.

Des équations:

$$(\text{Sch}) \qquad i\hbar \, \frac{\partial \psi}{\partial t} = - \frac{\hbar^2}{2m} \, \Delta \psi + V\psi$$

$$(\overline{\text{Sch}}) \qquad - i\hbar \, \frac{\partial \overline{\psi}}{\partial t} = - \frac{\hbar^2}{2m} \, \Delta \overline{\psi} + V\overline{\psi}.$$

On tire facilement:

$$\frac{\partial}{\partial t} \, |\psi|^2 = \frac{i\hbar}{2m} \, \text{Div}(\psi . (\nabla \psi) - \psi . (\nabla \psi)).$$

Posons: $W = |\psi|^2$ (densité de la probabilité de présence)

$$\vec{j} = \frac{i\hbar}{2m} \, \{\psi . (\nabla \overline{\psi}) - \overline{\psi} . (\nabla \psi)\}.$$

On obtient l'analogue quantique de l'équation de continuité:

$$(\text{Cont})_{qu} \qquad \frac{\partial W}{\partial t} + \text{Div} \, \vec{j} = 0$$

On peut dire raisonnablement que $\vec{j}$ est le vecteur "densité de flux de probabilité de présence". Justifions cette interprétation:

Soit Ω un ouvert borné régulier de $\mathbb{R}^3$. D'après la formule de Green on a:

$$\frac{d}{dt} \{ \int_{\Omega} w(t,x)\,dx \} = - \int_{\partial\Omega} \vec{j}.\vec{\nu}\; d\sigma$$

$\vec{\nu}$ désignant la normale extérieure au bord $\partial\Omega$ de Ω. La dernière formule montre bien que $\vec{j}$ s'interprète comme un flux. En particulier si l'on fait "tendre" Ω vers $\mathbb{R}^3$ on obtient la conservation de la probabilité totale:

$$\frac{d}{dt} \{ \int_{\mathbb{R}^3} w(t,x)\,dx \} = 0.$$

Ecrivons la fonction d'onde ψ sous la forme:

$$(\mathrm{Osc}) \qquad \psi(t,x) = a(t,x,\hbar).e^{-i\hbar^{-1}S(t,x)};$$

a, S étant *réelles*. Cherchons les conditions sur a et S pour que ψ soit solution de (Sch).

L'équation de continuité s'écrit alors:

$$(\mathrm{Cont})_{qu} \qquad \frac{\partial\, a^2}{\partial t} - \frac{1}{m}\, \mathrm{Div}(a^2.(\nabla S)) = 0$$

on constate que la phase S joue le rôle de l'action en mécanique classique.

D'autre part on a:

$$\Delta(a\ e^{-i\hbar^{-1}S}) = e^{-i\hbar^{-1}S}.\{\Delta a - ih^{-1}(2\nabla a.\nabla S + a.\Delta S)$$
$$- \hbar^{-2}.a.|\nabla_x S|^2\}.$$

L'équation (Sch) devient alors:

$$(Sch)_1 \qquad i.\hbar\ \frac{\partial}{\partial t}\ a\ +\ a.\ \frac{\partial}{\partial t}\ S\ =$$
$$- \frac{\hbar^2}{2m}\ \Delta a\ +\ \frac{i\hbar}{2m}(2\nabla a.\nabla S + a\Delta S)\ +\ a(\frac{1}{2m}|\nabla_x S|^2 + V).$$

Comme il est trés difficile de trouver en **général** des solutions
exactes de (Sch) on cherche des solutions procheés en
considérant $\hbar$ comme un petit paramètre et on cherche à
déterminer la fonction d'onde (Osc) sous la forme:

$$a(t,x,h) = a_o(t,x)\ +\ h.a_1(t,x)+...+h^N.a_N(t,x)+...$$

(considérée comme série formelle en $\hbar$) on cherche alors à
déterminer S, $a_o, a_1, ...,$ en identifiant dans $(Sch)_1$ les
puissances de $\hbar$. (Cette méthode porte le nom de méthode
B-K-W).(Du nom des trois mathématiciens et physiciens:
Brillouin, Keller et Wentzel).Cela donne successivement:

$$(H\text{-}J)\ \frac{\partial}{\partial t}S\ =\ \frac{1}{m}|\nabla_x S|^2\ +\ V$$

c'est l'équation de Hamilton-Jacobi de la mécanique classique.

$(Tr)_0 \qquad \dfrac{\partial}{\partial t} a_0 = \dfrac{1}{2m}(a_0(\nabla S) + 2(\nabla a_0)(\nabla S)).$

En multipliant $(Tr)_0$ par $2a_0$ on retrouve l'équation de continuité pour a_0:

$(Cont)_{cl} \qquad \dfrac{\partial}{\partial t} a_0^2 = \dfrac{1}{m} Div(a_0^2 \nabla S)$

Toute solution de $(H-J) + (Tr)_0$ donne lieu à une solution approchée de (Sch):

$$i\hbar \dfrac{\partial}{\partial t} a_0 = -\dfrac{\hbar^2}{2m} \Delta(a_0.e^{-i\hbar S}) + V.a_0.e^{-i\hbar S} + O(\hbar^2)$$

où:

$$O(\hbar^2) = -\dfrac{\hbar^2}{2m}.(\Delta a_0).$$

Plus généralement on peut chercher des solutions approchées à $O(\hbar^{N+2})$ près, $N \in \mathbb{N}$, en résolvant successivement des équations dites de transport $(Tr)_j$.

On appelle solution semi-classique de l'équation de Schrödinger toute solution de (Sch) obtenue par le procédé précédent ie toute solution se présentant comme une série formelle en $\hbar$:

$$\psi(t,x) = \left\{ \sum_{j \geq 0} \hbar^j.a_j(t,x) \right\}.e^{-i\hbar^{-1}.S(t,x)}$$

où S est solution de $(H-J)$ et les a_j sont solution des équations $(Tr)_j$. Pour que les solutions semi-classiques soient bien déterminées on se donne une fonction d'onde à l'instant initial $t=0$. Par exemple:

$$\psi(0,x) = e^{-i\hbar^{-1}.x.p} \quad \text{ou} \quad \psi(0,x) = \phi(x).e^{i\hbar^{-1}x.p}$$

$\phi \in \mathcal{S}(\mathbb{R}^3)$. ($p \in \mathbb{R}^3$ étant l'impulsion, considérée comme un paramètre).

L'exemple de la donnée d'une onde plane

$$\psi(0,x) = \psi_p(x) = e^{i\hbar^{-1}.xp} \quad \text{à l'instant} \quad t=0$$

est important car il permet, par superposition, d'obtenir une solution semi-classique de (Sch) pour la donnée d'un état "raisonnable" quelconque $\phi_o(x)$ à l'instant initial $t=0$ (cf ch IV).

Pour voir cela livrons nous à des manipulations formelles. Désignons par $\psi_p(t,x)$ la solution semi-classique associée à la donnée initiale $\psi_p(x)$.

on a: $\quad \phi_o(x) = (\dfrac{1}{2\pi\hbar}) \displaystyle\int (\mathcal{F}_h \phi_o).(p)e^{+i.\hbar^{-1}x-p}dp$

D'où une solution semi-classique associée à la donnée initiale ϕ_o:

$$\psi(t,x,h) = (\dfrac{1}{2\pi\hbar})^3. \displaystyle\int (\mathcal{F}_h \phi_o)(p).\psi_p(t,x)dp.$$

Que l'on écrit *formellement* sous la forme:

$$\psi(t,x,h) = (\frac{1}{2\pi h})^3 \iint (\sum_{j \geq 0} h^j.a_j(t,x,p))e^{-ih^{-1}[S(t,x,p)-y.p]}\phi_0(y).dydp.$$

Sous cette forme on constate que l'on a obtenu une écriture formelle du noyau distribution de l'opérateur

$$e^{-ith^{-1}.\mathcal{H}_h} = U_\hbar(t)$$

soit:

$$U_\hbar(t)(x,y) = (\frac{1}{2\pi h})^3. \int a(t,x,;\hbar)e^{-ih^{-1}[S(t,x,p)-yp]}dp.$$

Le but de ce cours est en particulier de donner un sens mathématique à toutes ces manipulations formelles.

CHAPITRE II

OPÉRATEURS h-ADMISSIBLES

§1 - Introduction

Dans ce chapitre nous étudierons le problème de la quantification des observables classiques. Il s'agit de trouver un procédé qui permette d'associer à toute fonction raisonnable $a:\mathbb{R}^n_x \times \mathbb{R}^n_p \longrightarrow \mathbb{R}$ un opérateur autoadjoint (en général non borné) de l'espace des états: $L^2(\mathbb{R}^n_x)$. Ce procédé devra en outre respecter la correspondance suivante:

$$(1) \qquad \begin{cases} x \longmapsto X \\ p \longmapsto -i\hbar\nabla_x = \hbar.D_x \quad (D_x \underset{\text{def}}{=} -i\nabla_x) \end{cases}$$

Remarquons tout de suite que la correspondance symbole $\longrightarrow$ opérateur utiliseé habituellement en mathématiques ne convient pas car un symbole réel ne donne pas toujours un opérateur autoadjoint. Par exemple à

$$(x,p) \longmapsto \sum_{j=1}^{n} x_j \cdot p_j$$

est associé l'opérateur différentiel:

$$-i \sum_{j=1}^{n} x_j \cdot \frac{\partial}{\partial x_j}$$

qui n'est pas symétrique. On peut alors prendre la partie symétrique:

$$DL = - \frac{i}{2} \sum_{j=1}^{n} (x_j \cdot \frac{\partial}{\partial x_j} + \frac{\partial}{\partial x_j} \cdot x_j) \qquad \text{(voir exercice (II-1))}$$

Plus généralement si a est une fonction raisonnable, $a \in C^\infty(\mathbb{R}^n_x \times \mathbb{R}^n_p)$, on peut lui associer l'opérateur:

$$(2) \qquad Op^F(a) = \frac{1}{2} (a(x,\hbar D) + a^*(x,\hbar D))$$

où

$$a(x,hD)\psi(x) = (2\pi)^{-n} \cdot \int a(x,hp)\hat{\psi}(p)e^{i<x,p>}dp$$

Le procédé (2) peut être appelé quantification de Feynman. Antérieurement à R. Feynman, H. Weyl (1928) a proposé une autre formule de quantification:

$$(3) \qquad [Op^W a(x,hD)]\psi(x) = (2\pi)^{-n} \cdot \int\int e^{i<x-y,p>} \cdot a(\frac{x+y}{2},hp)\psi(y)dydp$$

La formule (3) est bien définie si $a \in \mathcal{S}(\mathbb{R}^n_x \times \mathbb{R}^n_p)$ et elle définit clairement un opérateur symétrique si a est réelle. Dans le §2 nous donnerons un sens à (3) dans un cadre plus général. Le choix fait par H. Weyl [WEY] a été dicté par les considérations suivantes: soit L une forme linéaire sur $\mathbb{R}^n_x \times \mathbb{R}^h_p$.

Posons: $u_t(x,p) = e^{-i.t.L(x,p)}$; $L(x,D)$ est essentiellement autoadjoint dans $L^2(\mathbb{R}^n)$ (voir §3). On a alors:

$$(4) \qquad Op^W u_t(x,D) = e^{-i.t.L(x,D)}$$

De plus la quantification de Weyl est l'unique procédé pour lequel (4) est vérifiée pour toute forme linéaire L. (Faire une décomposition de Fourier de a, voir la proposition II-18). Dans le paragraphe suivant nous étudions une classe d'opérateurs, assez générale pour contenir tous les exemples évoqués dans cette introduction. Elle contient aussi les exemples à venir! Ce paragraphe est extrait d'un travail de B. Helffer et D. Robert [HE-RO]$_1$ (voir aussi [HEL]).

§2 - Une classe générale d'opérateurs intégraux de Fourier

Posons: $\nu = \frac{1}{\hbar}$ ($\nu \in [1, +\infty[$). La plupart des opérateurs que nous rencontrerons dans ce cours seront de la forme suivante (au moins localement): $\psi \longmapsto I(a,\phi,\nu)\psi$ où $\psi \in \mathcal{S}(\mathbb{R}^n)$ et

$$(5) \quad I(a,\phi,\nu)\psi(x) = \iint\limits_{\mathbb{R}^n_y \times \mathbb{R}^N_\theta} e^{i\nu\phi(x,\theta,y)} . a(x,\theta,y,\nu)\psi(y)\,dy\,d\theta$$

où n est un entier ≥ 1, $N \in \mathbb{N}$ avec la convention que si N=0 alors θ n'apparait pas dans (5) et l'intégrale a lieu sur $\mathbb{R}^n_y$. Le premier point à traiter est de donner un sens à (5) pour des amplitudes a assez générales. (Pour ces amplitudes (5) ne sera pas une intégrale absolument convergente). Pour cela nous utilisons un procédé connu sous le nom de technique des intégrales oscillantes développée par L. Hörmander ($[HOR]_1$, $[HOR]_2$). Auparavant nous allons préciser les hypothèses sur la phase $\underline{\phi}$ et l'amplitude $\underline{a}$.

(H_1) $$\phi \in C^\infty(\mathbb{R}^n_x \times \mathbb{R}^N_\theta \times \mathbb{R}^n_y, \mathbb{R})$$

Posons:

$$\lambda(x,\theta,y) = (1 + |x|^2 + |\theta|^2 + |y|^2)^{1/2}$$

(H_2) $$|\partial_y^\gamma \partial_\theta^\beta \partial_x^\alpha \phi| \leq C_{\alpha\beta\gamma} \cdot \lambda(x,\theta,y)^{(2-|\alpha|-|\beta|-|\gamma|)_+}$$

(H_3) Il existe K_1, $K_2 > 0$ telles que:

$$K_1 \cdot \lambda(x,\theta,y) \leq \lambda(\nabla_y\phi, \nabla_\theta\phi, y) \leq K_2 \cdot \lambda(x,\theta,y)$$

pour tout $(x,\theta,y) \in \mathbb{R}^n_x \times \mathbb{R}^N_\theta \times \mathbb{R}^n_y$

(H_3^*) Il existe K_1^*, $K_2^* > 0$ telles que:

$$K_1^* \cdot \lambda(x,\theta,y) \leq \lambda(x, \nabla_\theta\phi, \nabla_x\phi) \leq K_2^* \cdot \lambda(x,\theta,y)$$

pour tout $(x,\theta,y) \in \mathbb{R}^n_x \times \mathbb{R}^N_\theta \times \mathbb{R}^n_y$.

Soit Ω un ouvert de $\mathbb{R}^n_x \times \mathbb{R}^N_\theta \times \mathbb{R}^n_y$ et soient $\mu \in \mathbb{R}$, $\rho \in [0,1]$. On pose:
$$\Gamma_\rho^\mu(\Omega) = \{a \in C^\infty(\Omega \times]1,+\infty[) \text{ tels que:}$$

$$|\partial_\nu^k \partial_y^\gamma \partial_\theta^\beta \partial_x^\alpha a| \leq C_{\alpha,\beta,\gamma,k} \cdot \lambda(x,\theta,y)^{\mu-\rho(|\alpha|+|\beta|+|\gamma|)}$$

uniformément sur $\Omega \times]1,+\infty[\}$.

Proposition (II-1):

(1) $\Gamma_\rho^\mu(\Omega)$ *est un espace de Fréchet pour la famille de semi-normes:*

$$a \longmapsto q_j(a) = \underset{[|\alpha|+|\beta|+|\gamma|+k \leq j]}{\mathrm{Max}} \{ \underset{\Omega \times]1,+\infty[}{\mathrm{Sup}} \lambda^{-\mu+\rho(|\alpha|+|\beta|+|\gamma|)} \cdot |\partial_\nu^k \partial_y^\gamma \partial_\theta^\beta \partial_x^\alpha a| \}$$

(2)   *Si* $a \in \Gamma_\rho^\mu(\Omega)$ *et* $b \in \Gamma_\rho^{\mu'}(\Omega)$ *alors* $a.b \in \Gamma_\rho^{\mu+\mu'}(\Omega)$

(3)   *S'il existe* $C_o>0$, $\mu_o \in \mathbb{R}$ *tels que* $|a| \geq C_o \cdot \lambda^{\mu_o}$ *uniformément*

sur $\Omega \times [1,+\infty[$ *alors:* $\dfrac{1}{a} \in \Gamma_\rho^{\mu-2\mu_o}$

Preuve: exercice.

Notation: On pose: $\Gamma_\rho^\mu = \Gamma_\rho^\mu(\mathbb{R}^n \times \mathbb{R}^N \times \mathbb{R}^n \times]1,\infty[)$.

Pour donner un sens à (5) on fixe $\nu=1$. Soit: $g \in \mathcal{S}(\mathbb{R}_x^n \times \mathbb{R}^N \times \mathbb{R}_y^n)$

vérifiant $g(0)=1$ (par exemple: $g(x,\theta,y)=e^{-(|x|^2+|\theta|^2+|y|^2)}$).

Soit $a \in \Gamma_o^\mu$. Posons:

$$a_\sigma(x,\theta,y) = g(\tfrac{x}{\sigma},\tfrac{\theta}{\sigma},\tfrac{y}{\sigma}) a(x,\theta,y) \; ; \; \sigma>0$$

Proposition (II-2):

(1)   *Pour tout* $\psi \in \mathcal{S}(\mathbb{R}^n)$, $\underset{\sigma \to +\infty}{\lim} [I(a_\sigma,\phi)\psi](x)$ *existe et est*

indépendante de g. *On pose alors:*

$$[I(a,\phi)\psi](x) \underset{\mathrm{def}}{=} \underset{\sigma \to +\infty}{\lim} [I(a_\sigma,\phi)\psi](x)$$

(2)   *On a: I(a,ϕ) est un opérateur linéaire et continu de* $\mathcal{J}(\mathbb{R}^n)$ *dans lui-même.*

Preuve:

On a:

$$(6) \qquad \frac{\partial}{\partial y_j} e^{i\phi} = i \frac{\partial \phi}{\partial y_j} e^{i\phi}$$

et

$$(7) \qquad \frac{\partial}{\partial \theta_k} e^{i\phi} = i \frac{\partial \phi}{\partial \theta_k} e^{i\phi}$$

d'où:

$$(8) \qquad \frac{1}{i}\left(\sum_{j=1}^{n} \frac{\partial \phi}{\partial y_j} \frac{\partial}{\partial y_j} + \sum_{k=1}^{N} \frac{\partial \phi}{\partial \theta_k} \frac{\partial}{\partial \theta_k}\right) e^{i\phi} = \left(|\nabla_y \phi|^2 + |\nabla_\theta \phi|^2\right) e^{i\phi}$$

Par conséquent dans la zône: $|\nabla_y \phi|^2 + |\nabla_\theta \phi|^2 \neq 0$ on a:

$$(9) \qquad L e^{i\phi} = e^{i\phi}$$

où:

$$L = \frac{1}{i(|\nabla_y \phi|^2 + |\nabla_\theta \phi|^2)} (\nabla_y \phi \cdot \nabla_y + \nabla_\theta \phi \cdot \nabla_\theta)$$

La technique des intégrales oscillantes consiste à intégrer par parties à l'aide de L là où c'est possible. Pour cela on fait une partition de l'unité. Soit $\chi \in C_o^\infty(\mathbb{R})$, supp $\chi \subset [-1,2]$ et vérifiant $\chi \equiv 1$ sur $[0,1]$. Pour $\varepsilon > 0$, posons:

$$\omega_\varepsilon(x,\theta,y)=\chi\left(\frac{|\nabla_y\phi|^2+|\nabla_\theta\phi|^2}{\varepsilon.\lambda(x,\theta,y)^2}\right)$$

Sur le support de ω_ε on a:

$$|\nabla_y\phi|^2+|\nabla_\theta\phi|^2\leq 2\varepsilon.\lambda^2(x,\theta,y)$$

En utilisant (H_3) il vient:

$$K_1^2.\lambda^2(x,\theta,y)\leq 2\varepsilon.\lambda^2(x,\theta,y)+|y|^2$$

Par conséquent si ε est assez petit, fixé à la valeur $\varepsilon=\varepsilon_0$, on a:

$$(10)\qquad\qquad\lambda^2(x,\theta,y)\leq C(\varepsilon_0).|y|^2$$

pour tout $(x,\theta,y)\in\text{supp }\omega_{\varepsilon_0}$.

Comme $\psi\in\mathcal{S}(\mathbb{R}^n)$, (10) entraîne que $[I(\omega_{\varepsilon_0}.a,\phi)]\psi$ est défini par une intégrale absolument convergente et on a, par le théorème de convergence dominée:

$$\lim_{\sigma\to+\infty}[I(\omega_{\varepsilon_0}a_\sigma,\phi).\psi](x)=[I(\omega_{\varepsilon_0}.a,\phi)\psi](x)$$

Examinons ce qu'il se passe sur $\text{supp}(1-\omega_{\varepsilon_0})$. On a clairement:

$$\text{supp}(1-\omega_{\varepsilon_0})\subseteq\Omega_0=\{(x,\theta,y)\mid|\nabla_y\phi|^2+|\nabla_\theta\phi|^2\geq\varepsilon_0\lambda^2\}$$

On utilise maintenant le:

Lemme (II-3):

Pour tout $b \in C^\infty(\mathbb{R}^n_y \times \mathbb{R}^N_\theta)$ *et tout entier* $k \in \mathbb{N}$ *on a:*

$$({}^tL)^q[(1-\omega_{\varepsilon_0})b] = \sum_{|\alpha|+|\beta| \leq k} g^{(k)}_{\alpha\beta} \partial^\alpha_y \partial^\beta_\theta ((1-\omega_{\varepsilon_0})b)$$

où ${}^tL$ *désigne le transposé de l'opérateur* L *et où* $g^{(k)}_{\alpha,\beta} \in \Gamma^{-k}_0(\Omega_0)$ *ne dépendent pas de* ϕ *ni de* b.

Preuve:

On procède par récurrence sur k en remarquant que l'hypothèse (H_2) entraîne:

$$^tL = \sum_{j=1}^{n} F_j \cdot \frac{\partial}{\partial y_j} + \sum_{j=1}^{N} G_j \cdot \frac{\partial}{\partial \theta_j} + H$$

où

$$F_j \in \Gamma^{-1}_0(\Omega_0), \quad G_j \in \Gamma^{-1}_0(\Omega_0), \quad H \in \Gamma^{-2}_0(\Omega_0)$$

fin de la preuve de la proposition (II-2).

On a:

$$(11) \qquad I((1-\omega_{\varepsilon_0})a_\sigma,\phi)\psi(x) = \iint e^{i\phi(x,\theta,y)}({}^tL)^k(1-\omega_{\varepsilon_0}) \cdot a_\sigma \psi \, dy \, d\theta$$

Or il résulte du lemme (II-3) que $({}^tL)^k(1-\omega_{\varepsilon_0})a_\sigma \cdot \psi$ décrit un borné de $\Gamma^{\mu-k}_0(\Omega_0)$ pour $\sigma \in [1,+\infty[$. Par conséquent en prenant k assez

-46-

grand, (11) converge lorsque $\sigma \longrightarrow +\infty$ vers l'intégrale absolument
convergente:

$$\iint e^{i\phi(x,\theta,y)} ({}^t L)^k (1-\omega_{\varepsilon_o}) a.\psi.dyd\theta$$

Ce qui termine la preuve de la première partie de la proposition.
Le point (2) se démontre de la même manière, en utilisant à
nouveau le lemme (II-3) pour mettre en évidence une semi-norme
de ψ dans $\mathcal{S}(\mathbb{R}^n)$.

Proposition (II-4):

*On fait les mêmes hypothèses que dans la proposition (II-2)
et on suppose de plus que (H_3^*) est satisfaite. On a alors:*

$$^t I(a,\phi) = I(\check{a},\check{\phi})$$

où

$$\begin{cases} \check{a}(x,\theta,y) = a(y,\theta,x) & et \\ \check{\phi}(x,\theta,y) = \phi(y,\theta,x) \end{cases}$$

*En particulier $I(a,\phi)$ se prolonge en un opérateur linéaire
continu de $\mathcal{S}'(\mathbb{R}^n)$ dans lui-même.*

Preuve:

Exercice (revenir à des intégrales absolument convergentes
comme précédemment).
Nous allons voir maintenant que les opérateurs que nous avons
définis se composent. Soient

$$\phi_1 \in C^\infty(\mathbb{R}^n_x \times \mathbb{R}^{N_1}_{\theta_1} \times \mathbb{R}^n_y), \quad \phi_2 \in C^\infty(\mathbb{R}^n_x \times \mathbb{R}^{N_2}_{\theta_2} \times \mathbb{R}^n_y)$$

vérifiant (H_1), (H_2), (H_3) et (H_3^*). Soient

$$a_1 \in \Gamma_o^{\mu_1}(\mathbb{R}^n_x \times \mathbb{R}^{N_1}_{\theta_1} \times \mathbb{R}^n_y), \quad a_2 \in \Gamma_o^{\mu_2}(\mathbb{R}^n_x \times \mathbb{R}^{N_2}_{\theta_2} \times \mathbb{R}^n_y).$$

On a la:

Proposition (II-5):

Soient

$$\theta = (\theta_1, y, \theta_2)$$

$$a(x,\theta,z) = a_1(x,\theta_1,y) \cdot a_2(y,\theta_2,z)$$

$$\phi(x,\theta,z) = \phi_1(x,\theta_1,y) + \phi_2(y,\theta_2,z)$$

On a alors:

(1) $\quad a \in \Gamma_o^{\mu_1 + \mu_2}$ *et* ϕ *vérifie* (H_1), (H_2), (H_3) *et* (H_3^*)

(2) $\quad I(a_1,\phi_1) \circ I(a_2,\phi_2) = I(a,\phi)$

Preuve:

Il est clair que l'on a: $a \in \Gamma_o^{\mu_1 + \mu_2}$ et que ϕ vérifie (H_1) et (H_2). Montrons que ϕ vérifie (H_3) (pour (H_3^*) la preuve est analogue). On a:

$$\nabla_z \phi = \nabla_z \phi_2(y, \theta_2, z)$$

$$\nabla_x \phi = \nabla_x \phi_1(x, \theta_1, y)$$

$$\nabla_\theta \phi = (\nabla_{\theta_1} \phi_1(x, \theta_1, y), \nabla_y \phi_1 + \nabla_y \phi_2, \nabla_{\theta_2} \phi_2(y, \theta_2, z))$$

Il est clair qu'il existe $\tilde{K}_1 > 0$ telle que:

$$\lambda(\nabla_z \phi, \nabla_\theta \phi, z) \leq \tilde{K}_1 \cdot \lambda(x, \theta, z)$$

Pour l'inégalité opposée on a, en utilisant (H_3) pour ϕ_1 et ϕ_2:

$$(12) \qquad \lambda(x, \theta_1, y) \leq c_1 \cdot \lambda(\nabla_y \phi_1, \nabla_{\theta_1} \phi_1, y)$$

$$(13) \qquad \lambda(y, \theta_2, z) \leq c_2 \cdot \lambda(\nabla_z \phi_2, \nabla_{\theta_2} \phi_2, z)$$

D'où il résulte:

$$(14) \qquad \lambda(x, \theta, z) \leq c_3 \cdot \lambda(\nabla_y \phi_1, \nabla_{\theta_1} \phi_1, y, \nabla_z \phi_2, \nabla_{\theta_2} \phi_2, z)$$

on majore alors $|y|$ en utilisant (13) puis on remarque que l'on a:

$$(15) \qquad |\nabla_y \phi_1| \leq |\nabla_y(\phi_1 + \phi_2)| + |\nabla_y \phi_2|$$

et

$$(16) \qquad |\nabla_y \phi_2| \leq c_4 \cdot \lambda(y, \theta_2, z)$$

Il résulte alors de (14), (15) et (16) que l'on a:

-49-

$$\lambda(x,\theta,z) \le c_5 \cdot \lambda(\nabla_z\phi, \nabla_\theta\phi, z)$$

D'où ϕ vérifie bien (H_3).

Exemples de transformations du type $I(a,\phi)$:

(1)   La transformation de Fourier:

$$\psi \xrightarrow{\;\mathscr{F}\;} \hat{\psi}(x) = \int e^{-ixy}\psi(y)\,dy$$

ici on a $N=0$ et $\lambda(\nabla_y\phi, y)=\lambda(x,y)$. Notons que la formule d'inversion de Fourier peut s'écrire, au sens des intégrales oscillantes:

$$\psi(x) = (2\pi)^{-n} \iint e^{i\langle x-y,\theta\rangle}\psi(y)\,dy\,d\theta$$

(2)   Les transformations de Fourier partielles: par composition il suffit de le vérifier pour les transformations de Fourier portant sur une variable. Par exemple:

$$\psi \longrightarrow \mathscr{F}_{x_1 \to p_1}\psi(p_1,x') = \int e^{-ip_1 x_1}\psi(x_1,x')\,dx_1$$

on a encore:

$$\mathscr{F}_{x_1 \to p_1}\psi(p_1,x') = (2\pi)^{1-n} \iint e^{i(p'\cdot x'-p\cdot y)}\psi(y)\,dy\,dp'$$

on a ici: $\theta=p' \in \mathbb{R}^{n-1}$; $x=(p_1,x')$. D'où:

$$|\nabla_\theta \phi| = |x'-y'|$$
$$|\nabla_y \phi| = |p|$$

on voit facilement que H_1, H_2, H_3 et H_3^* sont satisfaites.

(3)   Les changements de variables:

$$\psi \longmapsto \psi \circ Q$$

on suppose que Q est un C^∞-difféomorphisme de $\mathbb{R}^n$ sur lui-même et que Q est affine en dehors d'un compact (voir exercice (II-2)).

(4) $\psi \longmapsto e^{iq}.\psi$ où q est une forme quadratique réelle sur $\mathbb{R}^n$ (voir exercice (II-2)).

(5)   Les opérateurs différentiels et pseudodifférentiels:

$$\psi \longrightarrow \mathrm{Op}(a)\psi(x) = \int\int e^{i<x-y,p>} a(x,y,p)\psi(y)\,dy\,d\!\!\!/p$$

avec $a \in \Gamma_o^\mu(\mathbb{R}_x^n \times \mathbb{R}_y^n \times \mathbb{R}_p^n)$ $(d\!\!\!/p=(2\pi)^{-n}dp)$

(6)   Les opérateurs aux différences finies:
Soit $\{e_1, e_2, \ldots, e_n\}$ la base canonique de $\mathbb{R}^n$. Posons:

$$\Delta_t^k \psi(x) = \psi(x+te_k) - \psi(x)$$

On a alors:

$$\Delta_t^k \psi(x) = \int\int e^{i<x-y,p>}(e^{it.p_k}-1)\psi(y)\,dy\,d\!\!\!/p$$

Δ_t^k est un opérateur pseudodifférentiel.

Remarque (II-6):

La classe générale d'opérateurs que nous venons d'étudier est insuffisante pour les applications. L'un de ses défauts est qu'il n'y a pas unicité de la représentation d'un opérateur sous la forme I(a,ϕ). Par exemple considérons l'identité:

$$\psi \longmapsto \psi(x) = \int\int e^{i<x-y,p>}\psi(y)\,dy\,d\!\!\!\!\!\;p$$

Appliquons le théorème de composition. On a alors:

$$\psi \longmapsto \psi(x) = \int\int\int\int e^{i(<x-y,p>+<y-z,q>)}\psi(z)\,dz\,d\!\!\!\!\!\;q\,dy\,d\!\!\!\!\!\;p$$

Pour terminer ce paragraphe signalons une variante des transformations du type I(a,ϕ). On peut remplacer les hypothèses (H_2) et (H_3) par des estimations uniformes par rapport à x ie:

$(\tilde{H}_2)$ $\qquad |\partial_y^\gamma \partial_\theta^\beta \partial_x^\alpha \phi| \leq C_{\alpha\beta\gamma} \lambda(\theta,y)^{(2-|\gamma|-|\beta|)_+}$

$(\tilde{H}_3)$ $\qquad \tilde{K}_1 . \lambda(\theta,y) \leq \lambda(\nabla_\theta\phi, \nabla_y\phi) \leq \tilde{K}_2 . \lambda(\theta,y)$

Désignons par $\mathcal{B}^\infty(\mathbb{R}^n)$ l'espace des fonctions C^∞ et bornées sur $\mathbb{R}^n$ ainsi que toutes leurs dérivées.

Proposition (II-7):

(1) *Pour tout* $\psi \in \mathcal{B}^{\infty}(\mathbb{R}^n)$, $\lim\limits_{\sigma \to \infty} [I(a_{\sigma},\phi)\psi](x)$ *existe et est indépendante de g. On pose alors:*

$$I(a,\phi)\psi = \lim\limits_{\sigma \to +\infty} (I(a_{\sigma},\phi)\psi)$$

(2) $I(a,\phi)$ *définit un opérateur linéaire continu de* $\mathcal{B}^{\infty}(\mathbb{R}^n)$ *dans* $\Gamma_o^{\mu}(\mathbb{R}^n)$.

(3) *On a les mêmes propriétés que précédemment concernant la composition.*

Preuve:

On adapte la preuve de la proposition (II-2) en remplaçant $\lambda(x,\theta,y)$ par $\lambda(\theta,y)$ et en utilisant $(\tilde{H}_3)$.

Remarque (II-8):

Si l'amplitude a dépend d'un paramètre supplémentaire $\xi \in \mathbb{R}^d$ *et si* $a = a(x,\theta,y,\xi) \in \Gamma_o^{\mu}(\mathbb{R}_x^n \times \mathbb{R}_\theta^N \times \mathbb{R}_y^n \times \mathbb{R}_\xi^d)$ *alors il n'est pas difficile de voir que:* $I(a,\phi)$ *opère continûment de* $\mathcal{B}^{\infty}(\mathbb{R}_x^n)$ *dans* $\Gamma^{\mu}(\mathbb{R}_x^n \times \mathbb{R}_\xi^n)$ *(Cf. exercice (II-4)).*

§3 - Opérateurs h-admissibles, premières propriétés

Ce paragraphe et le suivant empruntent les idées développées par L. Hörmander dans $[HOR]_3$. Notre point de vue est cependant un peu différent puisque nous introduisons un petit paramètre h qu'il faudra contrôler dans toute la théorie. Pour simplifier l'exposé nous ne considérons ici que des classes de symboles défines par des métriques diagonales particulières. Nous renvoyons le lecteur à $[HOR]_3$ pour un point de vue plus général.

Définition (II-9):

On appelle poids tempéré sur $\mathbb{R}^d$ ($d \in \mathbb{N}^*$) toute fonction continue $m : \mathbb{R}^d \longmapsto [0,+\infty[$ vérifiant: il existe C_0, $N_0 > 0$ tels que:

$$m(X) \leq C_0 \cdot m(X_1) \cdot (1+|X_1 - X|)^{N_0} \quad \text{pour tous} \quad X, X_1 \in \mathbb{R}^d.$$

Définition (II-10):

Soient Ω un ouvert de $\mathbb{R}^d$, $\rho \in [0,1]$ et m un poids tempéré. On appelle symbole de poids (m,ρ) dans Ω toute fonction $a \in C^\infty(\Omega)$ vérifiant:

$$|\partial^\alpha a(X)| \leq C_\alpha \cdot m(X) \cdot (1+|X|)^{-\rho|\alpha|} \quad \text{pour tout} \quad X \in \Omega.$$

On désigne par $\sum_{\rho}^{m}(\Omega)$ l'espace des symboles de poids (m,ρ). C'est un espace de Fréchet pour la famille de semi-normes naturelle.

Définition (II-11):

Avec les notations de la définition (II-10), on appelle symbole h-admissible de poids (m,ρ) dans Ω toute application $C^\infty : h \longmapsto a(h)$ de $]0,h_0]$ ($h_0 > 0$) dans $\sum_{\rho}^{m}(\Omega)$ telle que pour tout $N \geq 0$ on ait:

$$a(h) = a_o + h \cdot a_1 + \ldots + h^N \cdot a_N + h^{N+1} \cdot r_{N+1}(h)$$

où $a_j \in \sum_{\rho}^{m,-2j}(\Omega)$ *et* $r_{N+1}(h)$ *décrit une partie bornée de* $\sum_{\rho}^{m,-2(N+1)}(\Omega)$ *pour* $h \in {]}0,h_o]$. *Pour* $k \in \mathbb{Z}$, $\sum_{\rho}^{m,k}(\Omega)$ *désigne la classe de symboles de poids* $(m.(1+|X|)^{k\rho},\rho)$.

<u>*Conventions:*</u>

i)   Si $\rho=0$ on dira alors que l'on a un symbole de poids m.

ii)   Pour $\Omega=\mathbb{R}^n$ on posera $\sum_{\rho}^{m}(\mathbb{R}^n) = \sum_{\rho}^{m}$ lorsqu'il n'y a pas de risque de confusion.

Soit $a \in \sum_{0}^{m}(\mathbb{R}_x^n \times \mathbb{R}_y^n \times \mathbb{R}_p^n)$. Posons:

$$(17) \qquad (Op_h a)\psi(x) = \int\!\int e^{i<x-y,p>} a(x,y,hp)\psi(y)\,dy\,\bar{d}p$$

pour $\psi \in \mathcal{J}(\mathbb{R}^n)$.

D'après le §2 on sait que $Op_h(a)$ est un opérateur linéaire continu de $\mathcal{J}(\mathbb{R}^n)$ dans $\mathcal{J}(\mathbb{R}^n)$ et de $\mathcal{J}'(\mathbb{R}^n)$ dans $\mathcal{J}'(\mathbb{R}^n)$. Dans la suite on préfèrera souvent écrire (17) sous la forme:

$$(18) \qquad (Op_h a)\psi(x) = \int\!\int e^{ih^{-1}<x-y,\xi>} a(x,y,\xi)\psi(y)\,dy\,\bar{d}_h\xi$$

où $\bar{d}_h\xi = (2\pi h)^{-n}.d\xi$.

<u>*Remarque (II-12):*</u>

La constante $h>0$ *dont il sera question à partir de maintenant* n'est pas nécessairement la constante de Planck introduite dans le chapitre I. Pour plus de clarté désignons par h_p la constante de Planck. Dans le cas de l'hamiltonien: $a(x,p) = \dfrac{|p|^2}{2m} + V(x)$ on pourra prendre par exemple: $h = \dfrac{2\pi.h_p}{\sqrt{2m}}$ où m est la masse de la particule.

Définition (II-13):

On appelle opérateur h-admissible de poids m toute application C^∞: $A:]0,h_o]\longmapsto \mathcal{L}(\mathcal{S}(\mathbb{R}^n),L^2(\mathbb{R}^n))$ telle qu'il existe une suite $a_j \in \sum_o^m$ et une suite $R_N \in \mathcal{L}(L^2(\mathbb{R}^n))$ pour $N \geq N_o$ (N_o assez grand) de sorte que:

$$A(h)=\sum_{j=0}^{N}h^j.Op_h a_j + h^{N+1}.R_N(h) \quad et \quad \sup_{h\in]0,h_o]}||R_N(h)||_{\mathcal{L}(L^2(\mathbb{R}^n))} < +\infty.$$

Remarque (II-14):

Il résulte du théorème de continuité (Cf. §5) que si $m\in L^\infty(\mathbb{R}^n)$ alors $A(h)=Op_h a(h)$, où $a(h)$ est un symbole admissible de poids m, définit un opérateur h-admissible.

Dans l'écriture (18) de $Op_h(a)$ on n'a pas unicité du symbole a. On introduit alors d'autres représentations:

Définition (II-15):

Soit $A(h)$ un opérateur h-admissible. On appelle t-symbole de $A(h)$, $0\leq t\leq 1$, tout symbole admissible: $b(h) \in \sum_o^m(\mathbb{R}^n\times\mathbb{R}^n)$ tel que:

-56-

$$A(h)\psi(x) = \int\int e^{ih^{-1}<x-y,\xi>}.b((1-t)x+ty,\xi;h)\psi(y)dy\,\bar{d}_h\xi$$

pour tout $\psi \in \mathcal{S}(R^n)$ *et tout* $h \in]0,h_o]$.

Notation:

$$Op_{h,t}b(h)\psi(x) = \int\int' e^{ih^{-1}<x-y,\xi>}b((1-t)t+ty,\xi;h)\psi(y)dy\,\bar{d}_h\xi$$

$$Op_{h,1/2}b(h) = Op_h^W b(h) \qquad \text{(quantification de Weyl)}$$

$$Op_1^W b = b^W(x,D_x) \quad \text{et} \quad Op_h^W b = b^W(x,hD_x)$$

Nous allons maintenant étudier quelques propriétés de la quantification de Weyl.

Proposition (II-16):

Soit L une forme linéaire sur $\mathbb{R}^{2n}$. *Alors pour tout* $a \in \sum_{o}'^{m}$ *on a:*

$$L(x,hD).Op_h^W a = Op_h^W b$$

où $b(h) = L.a + \dfrac{h}{2i}\{L,a\}$, $\{\ ,\ \}$ *désignant le crochet de Poisson:*

$$\{f,g\} = \nabla_\xi f . \nabla_x g - \nabla_\xi g . \nabla_x f, \quad f,\ g \in C^\infty(\mathbb{R}^{2n})$$

Preuve:

Un calcul immédiat donne:

$$X_j.a^W(x,hD_x) = Op_h^W(x_j a(x,\xi) - \frac{h}{2i}\frac{\partial}{\partial\xi_j}a(x,\xi))$$

$$P_j.a^W(x,hD_x) = Op_h^W(\xi_j a(x,\xi) + \frac{h}{2i}\frac{\partial}{\partial x_j}a(x,\xi))$$

L s'écrit: $L(x,hD_x)=\alpha.X+\beta.P$, α, $\beta \in \mathbb{C}^n$ on en déduit la proposition.

Proposition (II-17):

(i)   *Pour toute forme linéaire réelle L sur $\mathbb{R}^n$, $L(x,hD_x)$ est un opérateur essentiellement autoadjoint de $L^2(\mathbb{R}^n)$.*

(ii)   *Pour $t \in \mathbb{R}$ posons: $a_t(x,p) = e^{-\frac{it}{h}L(x,p)}$.*

On a alors l'égalité: $Op_h^w a_t = e^{-ith^{-1}L(x,hD_x)}$ *où* $e^{-ith^{-1}L(x,hD_x)}$ *est l'opérateur unitaire défini par le théorème spectral.*

Preuve:

Pour montrer que $L(x,hD_x)$ est essentiellement autoadjoint, on étudie l'équation de Schrödinger:

$$(19) \quad \begin{cases} ih\dfrac{\partial \psi}{\partial t} = L(x,hD).\psi \\[2mm] \psi(0) = \psi_o \quad , \quad \psi_o \in \mathcal{S}(\mathbb{R}^n) \end{cases}$$

$$L(x,p) = \alpha.x+\beta.p \quad , \quad \alpha, \beta \in \mathbb{R}^n.$$

(19)   est une équation aux dérivées partielles linéaire du 1er ordre, on peut donc l'intégrer explicitement à l'aide du système caractéristique:

$$(20) \quad \begin{cases} \dfrac{dt}{d\tau} = h \\[2mm] \dfrac{dx}{d\tau} = \beta.h \end{cases}$$

On trouve alors:

$$(21) \qquad \psi(t,x) = e^{\frac{i}{h}t.\alpha(\frac{\beta t}{2} - x)}.\psi(0,x-t.\beta)$$

De (21) nous retiendrons seulement la propriété suivante:

$$\psi(t) \in \mathcal{S}(\mathbb{R}^n) \quad \text{pour tout} \quad t \quad \text{si} \quad \psi_0 \in \mathcal{S}(\mathbb{R}^n).$$

Soit alors $V \in L^2(\mathbb{R}^n)$ tel que $L(x,hD)V=iV$. Montrons alors que $V \equiv 0$. Soit donc $\psi_0 \in \mathcal{S}(\mathbb{R}^n)$ comme précédemment. Posons:

$$f(t) = <\psi(t),V>$$

on a:

$$f'(t) = <\psi'(t),V> = \frac{1}{ih}<L(x,hD)\psi(t),V>$$

d'où:

$$f'(t) = - \frac{1}{h} f(t)$$

Par conséquent on a:

$$f(t) = f(0).e^{-\frac{t}{h}} \quad \text{pour tout } t \in \mathbb{R}$$

Or

$$|f(t)| \leq ||\psi(t)|| \; ||V||$$

$L(x,hD)$ étant symétrique, $||\psi(t)||=||\psi(0)||$ pour tout $t \in \mathbb{R}$. D'où $f(0)=0$. ψ_0 étant quelconque on en déduit que $V=0$. On a évidemment la même conclusion si $LV=-iV$. On en déduit donc que $L(x,hD)$ est essentiellement autoadjoint (Cf. Appendice 1).

Démontrons maintenant le point (ii). Pour cela il suffit de montrer que pour tout $\psi_o \in \mathcal{S}(\mathbb{R}^n)$, $\tilde{\psi}(t,x)=(Op_h^W a_t)\psi_o(x)$ est solution de (19). Or on a:

$$ih\frac{\partial}{\partial t}\tilde{\psi}(t,x)=\int\int e^{ih^{-1}<x-y,\xi>}.L(\frac{x+y}{2},\xi)e^{-\frac{it}{h}L(\frac{x+y}{2},\xi)}.\psi_o(y)dy d_h\xi$$

On utilise alors la proposition (II-16) en remarquant qu'ici on a: $\{L,a_t\}=0$. On obtient donc:

$$ih\frac{\partial\tilde{\psi}}{\partial t} = L(x,hD)\tilde{\psi}.$$

Proposition (II-18):

Pour tout $a \in \mathcal{S}(\mathbb{R}^{2n})$ *on a:*

$$Op_h^W a=\int\int e^{i(<u,x>+h<\mu,D_x>)}\hat{a}(u,\mu)d u d\mu$$

où $\hat{a}$ *désigne la transformée de Fourier totale de* a. *En particulier la quantification de Weyl est complètement déterminée pour la propriété (ii) de la proposition (II-17).*

Preuve:

Elle est immédiate en utilisant la formule d'inversion de Fourier.

Corollaire (II-19):

$$||Op_h^W a||_{\mathcal{L}(L^2(\mathbb{R}^n))} \leq \int\int|\hat{a}(u,\mu)|d u d\mu \quad \textit{pour tout} \quad a \in \mathcal{S}(\mathbb{R}^{2n}).$$

Pour certaines questions que nous verrons dans la suite la notion d'opérateur admissible précédemment introduite n'est pas assez forte. Supposons que $\rho \in \,]0,1]$. Soient m un poids tempéré et $a \in \sum_{\rho}^{m}(R^{2n})$. Posons: $\tilde{a}_t(x,y,p)=a(tx+(1-t)y,p)$ où $t \in [0,1]$. Il n'est pas difficile de voir que, en général, $\tilde{a}_t$ n'appartient pas à $\sum_{\rho}^{\tilde{m}}(\mathbb{R}^{3n})$ où $\tilde{m}(x,y,p)=m(tx+(1-t)y,p)$. On est conduit à introduire une autre classe de symboles définis sur $\mathbb{R}^{3n}$:

Définition (II-20):

On dit que $a \in \sum_{\rho}^{\tilde{m}}$ *si* $a \in \sum_{o}^{m}(\mathbb{R}^{3n})$ *et s'il existe* $\delta>0$ *tel que:*

$$a \in \sum_{\rho}^{m}\{(x,y,p) \in \mathbb{R}^{3n}; |x-y|<\delta\}$$

Définition (II-21):

On appelle opérateur fortement h-admissible toute famille d'opérateurs de la forme: $A(h)=Op_h\,a(h)$ *où* $a(h)$ *est un symbole admissible de poids* m *dans* $\mathbb{R}^{3n}$ *et de poids* (m,ρ) *dans* Ω_δ *pour un* $\delta>0$, *où* $\Omega_\delta=\{(x,y,p) \in \mathbb{R}^{3n}; |x-y|<\delta\}$.

§4 - Calcul symbolique sur les opérateurs h-admissibles

Il s'agit d'étudier les lois de transformation des symboles lorsqu'on fait subir des transformations aux opérateurs ou encore lorsqu'on modifie la représentation des opérateurs par d'autres symboles.

Soient:

$$a \in \sum_{\rho}^{\tilde{m}}(\mathbb{R}^{3n}) \quad \text{et} \quad A_h \psi(x) = \int\int e^{\frac{i}{h}<x-y,\xi>} a(x,y,\xi) \psi(y) \, dy \, d_h\xi$$

Proposition (II-22):

Pour tout $h \in]0,h_o]$ et pour tout $t \in [0,1]$, A_h admet un t-symbole unique $b_t(h,x,\xi)$ donné par l'intégrale oscillante:

$$b_t(h,x,\xi) = \int\int e^{\frac{i}{h}<u,\theta>} a(x+tu, x-(1-t)u, \theta+\xi) \, d_h\theta \, du$$

On a en outre: $b_t(h) \in \Gamma_{\rho}^{\tilde{m}}(\mathbb{R}^{2n})$ où $\tilde{m}(x,\xi) = m(x,x,\xi)$.

Preuve:

Faisons d'abord les calculs pour $a \in \mathcal{S}(\mathbb{R}^{3n})$. A_h admet alors un noyau $K_{a,h} \in \mathcal{S}(\mathbb{R}^{2n})$ donné par:

$$(22) \qquad K_{a,h}(x,y) = \int e^{\frac{i}{h}<x-y,\eta>} a(x,y,\eta) \, d_h\eta$$

Si A_h admet $b_t(h)$ comme t-symbole on doit avoir:

$$(23) \qquad K_{a,h}(x,y) = \int e^{\frac{i}{h}<x-y,\xi>} b_t(h;(1-t)x+ty,\xi) \, d_h\xi$$

A l'aide du changement de variables $x=\tilde{x}+tu$ et $y=\tilde{x}-(1-t)u$, de (23) on tire:

$$b_t(h;x,\xi) = \int e^{-\frac{i}{h}<u,\xi>} K_{a,h}(x+tu, x-(1-t)u) \, du$$

D'où en utilisant (22):

$$(24) \qquad b_t(h;x,\xi) = \int\int e^{\frac{i}{h}<u,\theta>} a(x+tu,x-(1-t)u,\theta+\xi)\, \overline{d}_h\theta\, du$$

Pour passer de $\mathcal{J}$ à $\overline{\Gamma}_\rho^m$ on procede comme dans le §2: on remplace a par $g_\sigma \cdot a$ et on fait $\sigma \longrightarrow +\infty$ après avoir fait des intégrations par parties.

Nous allons dans ce qui suit préciser la proposition (II-22) en montrant que $b_t(h)$ est un symbole admissible. On commence par faire une troncature. Soit $\chi \in C_o^\infty(\mathbb{R})$, $\chi=1$ sur $[-1,+1]$ et $\chi=0$ sur $]-\infty,-2] \cup [2,+\infty[$. Soit $\omega_\varepsilon(u,\theta) = \chi(\dfrac{|u|^2+|\theta|^2}{\varepsilon . \lambda(x,\xi)^{2\rho}})$. Posons :

$a_1 = \omega_\varepsilon \cdot a$, $a_2 = (1-\omega_\varepsilon)a$ et désignons respectivement par $b_t^{(1)}(h)$ et $b_t^{(2)}(h)$ les t-symboles correspondant à a_1 et a_2 par la formule (24).

Etude de $b_t^{(2)}(h)$:

Sur le support de a_2 on a $|u|^2+|\theta|^2 \geq \varepsilon . \lambda(x,\xi)^{2\rho}$. On intègre alors par parties à l'aide de l'opérateur:

$$M = (|u|^2+|\theta|^2)^{-1} [\sum_{j=1}^n \theta_j \frac{\partial}{\partial u_j} + u_j \frac{\partial}{\partial \theta_j}]$$

On remarque que:

$$\frac{h}{i} M(e^{i<u,\theta>}) = e^{i<u,\theta>}.$$

On a alors:

$$(25) \quad b_t^{(2)}(h;x,\xi) = \left(\frac{h}{i}\right)^k \int\int e^{\frac{i}{h}<u,\theta>} (^t M)^k [a(x+tu, x-(1-k)u, \theta+\xi).(1-\omega_\varepsilon(u,\theta))].d\theta du$$

On a donc clairement le:

Lemme (II-23):

Pour tout $\quad k \in \mathbb{N} \quad$, $\quad h^{-k}.b_t^{(2)}(h) \in \Gamma_\rho^{m}.\lambda^{-k\rho} \quad$ *uniformément par rapport à* $\quad h$, $h \in]0,h_o]$.

Pour étudier $b_t^{(1)}(h)$ nous utilisons la méthode de la phase stationnaire.

Lemme (II-24):

Soit B une matrice symétrique, inversible, m×m. Alors la fonction:

$$\mathbb{J} \longmapsto e^{\frac{i}{2}<B\mathbb{J},\mathbb{J}>}$$

, définie sur $\mathbb{R}^m$, *a pour transformée de Fourier:*

$$z \longmapsto (2\pi)^{\frac{m}{2}} |\det B|^{-\frac{1}{2}} e^{i\frac{\pi}{4}\operatorname{sgn}B} . e^{-\frac{i}{2}<B^{-1}z,z>}$$

(où $\operatorname{sgn}B$ *désigne la signature de la matrice B).*

Preuve:

Dans une base orthonormée convenable de $\mathbb{R}^m$. On a:

$$<B\mathbb{J},\mathbb{J}> = \sum_{1\leq j \leq m_+} \lambda_j^+ \mathbb{J}_j^2 - \sum_{m_+ +1 \leq j \leq m} \lambda_j^- . \mathbb{J}_j^2$$

où $\lambda_j^+ > 0$ et $\lambda_j^- > 0$.

On est donc ramené au cas où m=1 et à calculer:

$$G(z,\lambda) = \int e^{\frac{i}{2}\lambda\theta^2} . e^{-i.\theta.z} d\theta \quad \text{où} \quad \lambda \in \mathbb{R} \setminus (0)$$

Pour cela on part de l'intégrale de Gauss:

$$(26) \qquad \int e^{-\frac{x^2}{2}} . e^{-ipx} dx = \sqrt{2\pi} \, e^{-\frac{p^2}{2}}$$

On déduit de (26):

$$(27) \qquad \mathcal{F}_{x \to p}(e^{-\frac{\alpha.x^2}{2}})(p) = \sqrt{\frac{2\pi}{\alpha}} \, e^{-\frac{p^2}{2\alpha}}$$

pour $\mathrm{Re}\,\alpha > 0$.

On a choisi la détermination Arg de l'argument de α de sorte que: $-\pi < \mathrm{Arg}\,\alpha < \pi$. On remarque ensuite que

$$\alpha \longmapsto \mathcal{F}(e^{-\alpha\frac{x^2}{2}})$$

est holomorphe dans $\{\mathrm{Re}\,\alpha > 0\}$ et continue dans $\{\mathrm{Re}\,\alpha \geq 0\}$. On en déduit alors:

$$(28) \qquad G(z,\lambda) = \sqrt{2\pi} . |\lambda|^{-\frac{1}{2}} e^{i\frac{\pi}{4}(\mathrm{sgn}\lambda)} e^{-i\frac{z^2}{2\lambda}}$$

Ce qui prouve le lemme (II-24).

Lemme (II-25):

Pour tout $s \in \mathbb{R}$, *posons* $r_N(s) = e^{is} - \sum_{j=0}^{N-1} \frac{(is)^k}{k!}$ *où* N *entier* ≥ 1.
On a alors: $\left|(\frac{d}{ds})^j r_N(s)\right| \leq \frac{s^{N-j}}{(N-j)!}$ *pour tout* j, $0 \leq j \leq N$.

Preuve:

Pour j=0 on applique la formule de Taylor avec reste intégral.
Ensuite on dérive l'égalité définissant r_N.
Soit $(X,\mathbb{J}) \longmapsto C(X,\mathbb{J},h)$ une fonction C^∞ sur $\mathbb{R}^d \times \mathbb{R}^m$ dépendant
du paramètre $h \in]0,h_o]$. On suppose que $\mathbb{J} \longmapsto C(X,\mathbb{J},h)$ est à
support compact pour tout $X \in \mathbb{R}^d$ et tout $h \in]0,h_o]$. On a alors:

Proposition (II-26):

Soit A *une matrice symétrique inversible* m×m. *Posons:*

$$J(X;h) = \int e^{\frac{i}{2h}<A\mathbb{J},\mathbb{J}>} C(X,\mathbb{J};h)d\mathbb{J}$$

On a alors:

$$J(X;h) = (2\pi)^{\frac{m}{2}} |detA|^{-\frac{1}{2}} e^{i\frac{\pi}{4}(sgnA)} \cdot h^{\frac{m}{2}}[J_o(X,h)+hJ_1(X,h)+\ldots$$

$$\ldots + h^N J_N(X,h) + h^{N+1} \cdot R_{N+1}(X;h)]$$

où:

$$J_k(X,h) = \frac{(-1)^k}{k!}(\frac{i}{2}<A^{-1}D_{\mathbb{J}},D_{\mathbb{J}}>)^k C(X,\mathbb{J},h)\Big|_{\mathbb{J}=0}$$

et R_{N+1} *vérifie: il existe une constante* $\gamma(m)$ *ne dépendant*
que de la dimension telle que:

$$|R_{N+1}(X,h)| \leq \gamma(m) \cdot \left\|\frac{(<A^{-1}D_{\mathbb{J}},D_{\mathbb{J}}>)^{N+1}}{(N+1)!}C(X,\mathbb{J},\nu)\right\|_{H^{[\frac{m}{2}]+1}(\mathbb{R}^m_{\mathbb{J}})}$$

Preuve:

D'après le théorème de Plancherel on a, en utilisant le lemme (II-24):

$$(29) \quad J(X,h)=(2\pi)^{-\frac{m}{2}}h^{\frac{m}{2}}|detA|^{-\frac{1}{2}}e^{i\frac{\pi}{4}(sgnA)}\cdot\int e^{-\frac{i}{2}h<A^{-1}z,z>}\hat{c}(X,z,h)dz$$

où $\hat{c}(X,z,h) = \mathfrak{F}_{\zeta\to z}c(X,z,h)$.

(29) s'écrit encore:

$$(30) \quad J(X,h)=(2\pi)^{\frac{m}{2}}h^{\frac{m}{2}}|detA|^{-\frac{1}{2}}e^{i\frac{\pi}{4}(sgnA)}\cdot e^{-\frac{i}{2}h<A^{-1}D_J,D_J>}\cdot c(X,J,h)\big|_{J=0}$$

or on a:

$$(31) \qquad e^{-\frac{i}{2}h<A^{-1}D_J,D_J>}c(X,J,h)=$$

$$\sum_{k=0}^{N}\frac{1}{k!}(-\frac{i}{2}<hA^{-1}D_J,D_J>)^k c(X,J,h)+r_{N+1}(-\frac{i}{2}h<A^{-1}D_J,D_J>)c(X,J,h)$$

et d'après l'inégalité de Sobolev on a:

$$\big|r_{N+1}(-\frac{i}{2}h<A^{-1}D_J,D_J>)c(X,J,h)\big|_{J=0}\big|\leq$$

$$\gamma_m\big|\big|r_{N+1}(-\frac{i}{2}h<A^{-1}D_J,D_J>)\cdot c(X,J,h)\big|\big|_{H^{[\frac{m}{2}]+1}(\mathbb{R}_J^m)}$$

On conclut alors en utilisant le lemme (II-25).

Revenons maintenant à l'étude de $b_t^{(1)}(h)$:

On a:

$$(32) \qquad b_t^{(1)}(h,x,\xi)=\iint e^{\frac{i}{h}<u,\theta>}\,\omega_\varepsilon(u,\theta).a(x+tu,x-(1-t)u,\theta+\xi)\,d_h\theta du$$

Appliquons la proposition (II-26). On a ici: $m=2n$.

Dans la base canonique de $\mathbb{R}^{2n}$ la matrice de A est:

$$\begin{pmatrix} 0 & I_n \\ \hline I_n & 0 \end{pmatrix} \qquad \text{d'où} \quad |\det A|=1, \ \text{sgn} A=0 \quad \text{et} \quad A^{-1}=A$$

On obtient alors:

$$(33) \quad b_t^{(1)}(h;x,\xi)=a_o(x,\xi)+ha_1(x,\xi)+\ldots+h^N a_N(x,\xi)+h^{N+1}r_{N+1}(h;x,\xi)$$

avec

$$(34) \qquad a_j(x,\xi)=\frac{(-i)^j}{j!}(D_u.D_\xi)^j a(x+tu,x-(1-t)u,\xi+\theta)\Big|_{\substack{u=0\\ \theta=0}}$$

D'autre part on a:

$$(35) \qquad |r_{N+1}(h;x,\xi)|\leq\tilde\gamma_n.\lambda(x,\xi)^{n\rho}\ \underset{\substack{|\alpha|+|\beta|\leq n+1\\ (u,\theta)\in\mathbb{R}^{2n}}}{\text{Sup}}\ |\partial_u^\alpha\partial_\theta^\beta(D_u D_\theta)^{N+1}\omega_\varepsilon.\,a|$$

Or sur le support de ω_ε on a:

$$|u|^2+|\theta|^2\leq\varepsilon\lambda(x,\xi)^{2\rho}$$

Par conséquent en choisissant ε assez petit on a:

$$(36) \qquad \lambda(x,\xi) \leq 2.\lambda(x+tu, x-(1-t).u, \xi+\theta)$$

m étant un poids tempéré on a:

$$(37) \qquad m(x+tu, x-(1-t)u, \xi \leq C \; \tilde{m}(x,\xi) \lambda(x,\xi)^{N_0 \rho}$$

on déduit alors de (35), (36) et (37):

$$(38) \qquad |r_{N+1}(h;x,\xi)| \leq C_{N+1}.\tilde{m}(x,\xi).\lambda^{(N_0+n-2N+1)\rho}(x,\xi)$$

En remplaçant $b_t^{(1)}$ par $\partial_x^\alpha \partial_\xi^\beta b_t^{(1)}$ on a une estimation analogue pour les dérivées.

En définitive on a obtenu le:

Théorème (II-27):

Soient $\quad a \in \sum_\rho^{\tilde{7}m}(\mathbb{R}^{3n}) \quad$ *et*

$$A_h \psi(x) = \int\int e^{\frac{i}{h}<x-y,\xi>} a(x,y,\xi) \psi(y) \, dy \, d_h \xi$$

Alors A_h *admet, pour tout* $\quad t \in [0,1], \quad$ *un unique* *t-symbole admissible* $\quad b_t(h) \in \sum_\rho^{\tilde{m}}(\mathbb{R}^{2n}) \quad$ *où* $\quad \tilde{m}(x,\xi) = m(x,x,\xi).$
On a en outre:

$$b_t(h) = a_0 + h.a_1 + \ldots + h^N.a_N + \ldots$$

où

$$a_j = \frac{(-i)^j}{j!} (D_u.D_\xi)^j . a(x+tu, x-(1-t)u, \xi) \Big|_{u=0}$$

En particulier:

$$\begin{cases} a_o(x,\xi)=a(x,x,\xi) \\ a_1(x,\xi)=(1-t)\partial_y D_\xi a(x,x,\xi)-t\partial_x D_\xi a(x,x,\xi) \end{cases}$$

<u>*Corollaire (II-28):*</u>

Soit

$$A_h\psi(x)=\iint e^{\frac{i}{h}\langle x-y,\xi\rangle} b((1-t_1)x+t_1 y,\xi)\psi(y)\,dy\,\bar{d}_h\xi$$

où $t_1 \in [0,1]$. *Alors pour tout* $t_2 \in [0,1]$, *$A(h)$ admet un t_2-symbole admissible:*

$$b_{t_2}(h)=b_{t_2,0}+hb_{t_2,1}+\ldots+h^j\cdot b_{t_2,j}+$$

avec

$$b_{t_2,j}(x,\xi)=\frac{(t_1-t_2)^j}{j!}\cdot(\partial_x\cdot D_\xi)^j b_{t_1}(x,\xi)$$

<u>*Remarque (II-29):*</u>

Soient deux opérateurs admissibles A_h et B_h donnés par:

$$A_h\psi(x)=\iint e^{\frac{i}{h}\langle x-z,\xi\rangle} a_t((1-t)x+tz,\xi)\psi(z)\,dz\,\bar{d}_h\xi$$

$$B_h\psi(z)=\iint e^{\frac{i}{h}\langle z-y,\eta\rangle} b_t((1-t)z+ty,\eta)\psi(y)\,dy\,\bar{d}_h\eta$$

Grâce aux résultats précédents on peut encore écrire:

$$A_h \psi(x) = \int\int e^{\frac{i}{h}<x-z,\xi>} (\sum_{j\geq 0} h^j . a_o^{(j)}(x,\xi))\psi(z)dz\bar{d}_h\xi$$

$$B_h \psi(z) = \int\int e^{\frac{i}{h}<z-y,\eta>} (\sum_{j\geq 0} h^j b_1^j(y,\eta))\psi(y)dy\bar{d}_h\eta$$

Or on a:

$$\mathcal{F}_h^e[B_h\psi](\xi) = \int e^{-\frac{i}{h}<y,\xi>} (\sum_{j> 0} h^j b_1^{(j)}(y,\xi)\psi(y)dy$$

D'où:

$$A_h B_h \psi(x) = \int\int e^{\frac{i}{h}<x-y,\xi>} (\sum_{j\geq 0} h^j a_o^j(x,\xi))(\sum_{k> 0} h^k . b_1^k(y,\xi))dy\bar{d}_h\xi$$

On peut alors utiliser le théorème (II-27) pour montrer que $A_h . B_h$ est un opérateur admissible ayant un t-symbole. Nous allons établir ce résultat par une approche plus directe (voir exercice (II-5)).

Soient A_h et B_h deux opérateurs admissibles:

$$A_h \psi(x) = \int\int e^{\frac{i}{h}<x-z,J>} a((1-t)x+tz,J)\psi(z)dz\bar{d}_h J$$

$$B_h \psi(z) = \int\int e^{\frac{i}{h}<z-y,\eta>} b((1-t)z+ty,\eta)\psi(y)dy\bar{d}_h\eta$$

Le noyau $K_{A_h\circ B_h}$ de $A_h\circ B_h$ s'écrit:

$$K_{A_h \circ B_h}(x,y) = \iiint e^{\frac{i}{h}(<x-z,\mathfrak{z}>+<z-y,\eta>)} \cdot a((1-t)x+tz,\mathfrak{z}) \cdot b((1-t)z+ty,\eta) \cdot đ_h\mathfrak{z} đ_h\eta dz$$

D'où $A_h \circ B_h$ admet pour t-symbole:

$$(39) \qquad c(x,\xi;h) = \iiiint e^{\frac{i}{h}(<x+tu-z,\mathfrak{z}>+<z-(x-(1-t)u),\eta>-<u,\xi>)}$$

$$\cdot a((1-t)(x+tu)+tz,\mathfrak{z}) \cdot b(1-t)z+t(x-(1-t)u),\eta) đ_h\mathfrak{z} đ_h\eta dzdu$$

Notons que, comme précédemment, on établit (39) en prenant d'abord a et $b \in \mathcal{J}(\mathbb{R}^{2n})$. On passe ensuite au cas $a \in \sum_\rho^m$ et $b \in \sum_\rho^q$, m et q étant des poids tempérés, en interprétant (39) comme une intégrale oscillante. En effet, la phase

$$\phi(x,\xi,z,u,\mathfrak{z},\eta) = <x-z,\mathfrak{z}-\eta>+t<u,\mathfrak{z}>+(1-t)<u,\eta>-<u,\xi>$$

vérifie:

$$\begin{cases} \nabla_z\phi = \mathfrak{z}-\eta \\[2mm] \nabla_u\phi = t\mathfrak{z}+(1-t)\eta-\xi \\[2mm] \nabla_{\mathfrak{z}}\phi = x-z+tu \\[2mm] \nabla_\eta\phi = z-x+(1-t)u \end{cases}$$

On en déduit que ϕ satisfait aux conditions du §2.
Ce sera plus évident encore après le changement de variables suivant:

$$\begin{cases} \mu = \mathfrak{J}-\eta \\[2mm] \nu = t\mathfrak{J}+(1-t)\eta-\xi \\[2mm] v = z-x \\[2mm] u = u \end{cases}$$

C'est à dire encore:

$$\begin{cases} u = u \\[2mm] z = x+v \\[2mm] \eta = \nu-t\mu+\xi \\[2mm] \mathfrak{J} = \nu+(1-t)\mu+\xi \end{cases}$$

Le déterminant jacobien de ce changement de variables vaut 1. D'où:

$$(40) \qquad c(x,\xi;h)=\iiiint e^{-\frac{i}{h}(<v,\mu>-<u,v>)} \; .$$

$$.a(x+tv+t(1-t)u,v+(1-t)\mu+\xi).b(x+(1-t)v-t(1-t)u,\nu-t\mu+\xi).d_h v \, d_h \mu \, du \, dv$$

$(v,\mu,u,v)\longmapsto <v,\mu>-<u,v>$ est une forme quadratique sur $\mathbb{R}^{4n}$ de matrice associée A,

$$A = \begin{pmatrix} 0 & I_n & 0 & 0 \\ I_n & 0 & 0 & 0 \\ 0 & 0 & 0 & -I_n \\ 0 & 0 & -I_n & 0 \end{pmatrix}$$

Il est clair que l'on a:

$$\mathrm{sgn}A=0 \quad , \quad A^{-1}=A \quad \text{et} \quad \det A=1$$

On peut alors utiliser la proposition (II-26) pour estimer $c(x,\xi;h)$. Auparavant introduisons la notation suivante: on désigne par σ la forme symplectique sur $\mathbb{R}^{2n}$ ie la forme bilinéaire antisymétrique et non dégénérée:

$$((u,\mu);(v,\nu))\longmapsto\sigma(u,\mu;v,\nu)=\langle v,\mu\rangle-\langle u,\nu\rangle$$

(40) s'écrit alors en utilisant la proposition (II-26):

$$(41) \qquad c(x,\xi;h)=e^{ih\sigma(D_u,D_\mu;D_v,D_\nu)}.[a(x+tv+t(1-t)u,\nu+(1-t)\mu+\xi)$$

$$.b(x+(1-t)v-t(1-t)u,\nu-t\mu+\xi)]\Big|_{\substack{u=v=0\\ \mu=\nu=0}}$$

Théorème (II-30):

Sous les hypothèses précédentes l'opérateur: $C_h=A_h.B_h$ est fortement admissible. On a de plus: $C_h=\mathrm{Op}_{t,h}c(h)$ où $c(h)$ est un symbole admissible vérifiant la propriété suivante: Pour tout entier $N\geq 0$ on a:

$$c(h)=\sum_{j=0}^{N}h^j c_j+h^{N+1}.\delta_{N+1}(a,b;h)$$

avec

$$c_j(x,\xi) = \frac{(i\sigma(D_u,D_\mu;D_v,D_\nu))^j}{j!} [\tilde{a}(x,\xi;u,v,\mu,\nu).\tilde{b}(x,\xi;u,v,\mu,\nu)]\Big|_{\substack{u=v=0 \\ \mu=\nu=0}}$$

où

$$\tilde{a}(x,\xi,u,v,\mu,\nu) = a(x+tv+t(1-t)u,\nu+(1-t)\mu+\xi)$$

$$\tilde{b}(x,\xi,u,v,\mu,\nu) = b(x+(1-t)v-t(1-t)u,\nu-t\mu+\xi)$$

et $\delta_{N+1}(a,b;h)$ *vérifie: pour tous multiindices* α, β, *il existe* $C(N,\alpha,\beta)$ *indépendante de a et b et un entier* $M \geq 1$ *tels que:*

$$|\partial_x^\alpha \partial_\xi^\beta \delta_{N+1}(a,b;x,\xi;h)| \leq C(N,\alpha,\beta) p_{m,M}(a) p_{q,M}(b).m(x,\xi).q(x,\xi)\lambda^{-2\rho(N+1)}(x,\xi)$$

pour tout $(x,\xi) \in \mathbb{R}^{2n}$ *et tout* $h \in]0,h_o]$.

Preuve:

On procède comme dans la preuve du théorème (II-27).

Soit $\chi \in C_o^\infty(\mathbb{R})$, $\chi=1$ si $|s| \leq 1$ et $\chi=0$ si $|s| \geq 2$.

On pose:

$$\omega_{1,\varepsilon}(x,\xi;v,\mu,u,\nu) = \chi\left(\frac{|v|^2+|\mu|^2+|u|^2+|\nu|^2}{\varepsilon.\lambda^{2\rho}(x,\xi)}\right)$$

et $\omega_{2,\varepsilon}=1-\omega_{1,\varepsilon}$.

Enfin soit:

$$d_j(x,\xi,v,\mu,u,\nu) =$$

$$\omega_{j,\varepsilon}(x,\xi,v,\mu,u,\nu).a(x+tv+t(1-t)u,\nu+(1-t)\mu+\xi).$$

$$.b(x+(1-t)v-t(1-t)u,\nu-t\mu+\xi)$$

Soit $c^{(1)}$ (resp. $c^{(2)}$) l'intégrale obtenue comme dans (40) en remplaçant l'amplitude par d_1 (resp. d_2).

Sur le support de d_2 on a:

$$|v|^2+|\mu|^2+|u|^2+|\nu|^2 \geq \varepsilon.\lambda^{2\rho}(x,\xi)$$

Par des intégrations par parties on obtient pour $c^{(2)}$ l'estimation suivante:

(42) Pour tout entier $N \geq 0$, pour tous multiindices α, β, il existe une constante $C_1(N,\alpha,\beta)$ (indépendante de a et b) et un entier M tels que:

$$|\partial_x^\alpha \partial_\xi^\beta c^{(2)}(x,\xi;h)| \leq C_1(N,\alpha,\beta).h^N.m(x,\xi).q(x,\xi).\lambda^{-\rho N}(x,\xi)p_{m,M}(a)p_{q,M}(b)$$

où

$$p_{m,M}(a) = \sup_{\substack{|\alpha|+|\beta| \leq M \\ (x,\xi)\in\mathbb{R}^{2n}}} [m^{-1}(x,\xi).|\partial_x^\alpha \partial_\xi^\beta a(x,\xi)|.\lambda^{\rho(|\alpha|+|\beta|)}(x,\xi)]$$

Estimons maintenant $\delta_{N+1}(a,b;x,\xi;h)$.

Il résulte de la proposition (II-26) que l'on a:

$$(42)' \qquad \delta_{N+1}(a,b;x,\xi;h)=h^{-N-1}\{c^{(2)}(x,\xi;h)+$$

$$r_{N+1}(ih\sigma(D_u,D_\mu;D_v,D_\nu)[d_1(x,\xi,v,\mu,u,\nu)]_{\substack{u=v=0 \\ \mu=\nu=0}}\}$$

Posons:

$$\tilde{r}_{N+1}(x,\xi;h)=h^{-N-1}.r_{N+1}(ih\sigma(D_u,D_\mu;D_v,D_\nu))d_1(x,\xi,v,\mu,u,\nu)\Big|_{\substack{u=v=0\\ \mu=\nu=0}}$$

D'après la proposition (II-26) on a:

$$(43) \quad |\tilde{r}_{N+1}(x,\xi;h)|\le \frac{\gamma(4n)}{(N+1)!}||\sigma(D_u,D_\mu;D_v,D_\nu)^{N+1}d_1(x,\xi,v,\mu,u,\nu)||_{H^{2n+1}(\mathbb{R}^{4n})}$$

Or sur le support de d_1 on a:

$$|v|^2+|\mu|^2+|u|^2+|\nu|^2\le 2\varepsilon.\lambda^{2\rho}(x,\xi).$$

Il résulte alors de (43):

$$(44) \qquad |\tilde{r}_{N+1}(x,\xi,h)\le C(n,N).\lambda^{4n\rho}(x,\xi).$$

$$\underset{\substack{|\gamma|\le 2n+1\\ \{|v|^2+|\mu|^2+|u|^2+|\nu|^2\le 2\varepsilon\lambda^{2\rho}(x,\xi)\}}}{\text{Sup}}\quad [|\sigma(D_u,D_\mu;D_v,D_\nu)^{N+1}.\partial^\gamma_{v,\mu,u,\nu}d_1(x,\xi,v,\mu,u,\nu)|]$$

Or on a:

$$(45) \qquad |(\sigma(D_u,D_\mu;D_v,D_\nu))^{N+1}.\partial^\gamma_{v\mu u\nu}d_1(x,\xi,v,\mu,u,\nu)|$$

$$\le \tilde{C}(N+1).p_{m;M}(a)p_{q,M}(b).m(x+tv+t(1-t)u,v+(1-t)\mu+\xi)\times$$

$$\times q(x+(1-t)v-t(1-t)u,\nu-t\mu+\xi)\times$$

$$\times \underset{2(N+1)\le j+k+\ell\le 2(N+1)+|\gamma|}{\sum}\lambda^{-j\rho}(x+tv+t(1-t)u,v+(1-t)\mu+\xi)$$

$$\lambda^{-k\rho}.(x+(1-t)v-t(1-t)u,\nu-t\mu+\xi).\lambda^{-\ell\rho}(x,\xi)$$

Or pour ε assez petit, $|v|^2+|\mu|^2+|u|^2+|\nu|^2\leq 2\varepsilon\lambda^{2\rho}(x,\xi)$ entraîne:

$$(46)\qquad\begin{cases}\lambda^{-1}(x+tv+t(1-t)u,\nu+(1-t)\mu+\xi)\leq 2\lambda^{-1}(x,\xi)\\[2mm]\lambda^{-1}(x+(1-t)v-t(1-t)u,\nu-t\mu+\xi)\leq 2\lambda^{-1}(x,\xi)\end{cases}$$

D'autre part en utilisant la propriété des poids tempérés il vient:

$$(47)\qquad\begin{cases}m(x+tv+t(1-t)u,\nu+(1-t)\mu+\xi)\leq C_1 m(x,\xi).\lambda(x,\xi)^{N_o\rho}\\[2mm]q(x+(1-t)v-t(1-t)u,\nu-t\mu+\xi)\leq C_1 q(x,\xi).\lambda(x,\xi)^{N_o\rho}\end{cases}$$

toujours sous la condition: $|v|^2+|\mu|^2+|u|^2+|\nu|^2\leq 2\varepsilon.\lambda^{2\rho}(x,\xi)$.
De (44) à (47) on déduit alors:

$$(48)\qquad |\tilde{r}_{N+1}(x,\xi,h)|\leq C_2(n,N)p_{m,M}(a).$$
$$\cdot p_{q,M}(b).m(x,\xi).q(x,\xi).\lambda^{-\rho(2N+2-2N_o-4n)}(x,\xi)$$

On obtient facilement le même type d'estimation pour

$$\partial_x^\alpha\partial_\xi^\beta\tilde{r}_{N+1}(x,\xi,h).$$

Pour obtenir l'estimation sur $\delta_{N+1}(a,b;h)$ on utilise alors
(42), (48) et (42)' en poussant le développement un peu plus
loin c'est à dire en écrivant:

$$\delta_{N+1}(a,b;h)=hc_{N+1}+\ldots+h^N.c_{N+K}+h^{K+1}\delta_{N+1+K}(a,b,h)$$

et en choisissant $K\geq 2N_o+4n$.

Cas particuliers (II-31):

(1)   t=0 : 0-symboles (symboles des mathématiciens).

Dans ce cas l'amplitude ne dépend pas de u et l'on trouve:

$$c(x,\xi;h)=e^{ih<D_\xi,D_y>}[a(x,\xi)b(y,\eta)]\Big|_{\substack{\eta=\xi\\y=x}}$$

d'où:

$$c_j(x,\xi) = \sum_{|\alpha|=j} \frac{1}{\alpha!}\,\partial_\xi^\alpha a(x,\xi)D_x^\alpha b(x,\xi)$$

(2)   t=1 : 1-symboles.

On obtient alors:

$$c(x,\xi,h)=e^{-ih<D_\xi,D_y>}[a(y,\eta).b(x,\xi)]\Big|_{\substack{\eta=\xi\\y=x}}$$

$$c_j(x,\xi) = (-1)^j \sum_{|\alpha|=j} \frac{1}{\alpha!}\,\partial_x^\alpha a(x,\xi).D_\xi^\alpha b(x,\xi)$$

(3) $t=\frac{1}{2}$: $\frac{1}{2}$ - symboles ou symboles de Weyl.

Reprenons la formule (40) avec $t=\frac{1}{2}$

(49) $$c(x,\xi;h)=\int e^{-\frac{i}{h}(<v,\mu>-<u,\nu>)}\, a(x+\frac{v}{2}+\frac{u}{4},\nu+\frac{\mu}{2}+\xi).$$

$$.b(x+\frac{v}{2}-\frac{u}{4},\nu-\frac{\mu}{2}+\xi)\,đ_h\nu\,đ_h\mu\,dudv$$

On fait le changement de variables:

$$\frac{1}{2}v + \frac{1}{4}u = w \quad ; \quad \frac{\mu}{2} + \nu = \rho$$

$$\frac{1}{2}v - \frac{1}{4}u = r \quad ; \quad \nu - \frac{\mu}{2} = \tau$$

Le déterminant jacobien de ce changement de variables est 2^{2n} et possède, vis à vis de la forme symplectique, la propriété suivante:

$$\sigma(u,\mu;v,\nu) = 2.\sigma(w,\rho;r,\tau)$$

On obtient alors:

$$(50) \quad c(x,\xi;h) = 2^{2n}.\int e^{-\frac{2i}{h}\sigma(w,\rho;r,\tau)} .a(x+w,\rho+\xi).b(x+r,\tau+\xi).d_h\rho d_h\tau.drdw$$

La proposition (II-26) donne:

$$(51) \qquad c(x,\xi;h) = e^{\frac{ih}{2}\sigma(D_x,D_\xi;D_y,D_\eta)} [a(x,\xi)b(y,\eta)]\Big|_{\substack{y=x\\ \eta=\xi}}$$

$$(52) \quad c_j(x,\xi) = (\frac{i}{2})^j.\frac{1}{j!}[\sigma(D_x,D_\xi;D_y,D_\eta)]^j \, a(x,\xi)b(y,\eta)\Big|_{\substack{y=x\\ \eta=x}}$$

On peut réécrire (52) sous la forme plus classique:

$$(53) \quad c_j(x,\xi) = \frac{1}{2^j} \sum_{|\alpha+\beta|=j} \frac{(-1)^{|\beta|}}{\alpha!\beta!}(\partial_\xi^\alpha D_x^\beta a).(\partial_\xi^\beta D_x^\alpha b)(x,\xi)$$

En procédant comme dans la preuve du théorème (II-30). On peut montrer que les opérateurs fortement admissibles forment une algèbre. Plus précisemment on a le:

Théorème (II-32):

Soient deux opérateurs fortement admissibles $A(h)$ *et* $B(h)$:

$$A(h) = Op_h^W a(h) \quad , \quad B(h) = Op_h^W b(h)$$

où $a(h)$ *et* $b(h)$ *sont des symboles admissibles de poids respectifs* (m,ρ) *et* (q,ρ).

Alors: $A(h).B(h)$ *est un opérateur fortement admissible, de symbole* $C(h)$ *de poids* $(m.q,\rho)$. *De plus pour tout* $N \geq 0$ *on a:*

$$C(h) = \sum_{j=0}^{N} h^j . c_j + h^{N+1} . \delta_{N+1}(a(h),b(h),h)$$

où:

i) $\quad c_j = \displaystyle\sum_{|\alpha|+|\beta|+k+\ell=j} \frac{1}{\alpha!\beta!} \left(\frac{1}{2}\right)^{|\alpha|} \left(-\frac{1}{2}\right)^{|\beta|} . (\partial_\xi^\alpha D_x^\beta a_k)(\partial_\xi^\beta D_x^\alpha b_\ell)$

si:

$$a(h) = \sum_{k \geq 0} h^k . a_k \quad et \quad b(h) = \sum_{\ell \geq 0} h^\ell . b_\ell$$

Posons:

$$a(h) = \sum_{1 \leq k \leq N} h^k a_k + h^{N+1} . r_{N+1}(a(h))$$

et de même pour $b(h)$.

ii) *Pour tous multiindices* α, β *il existe* $C(N,\alpha,\beta)$ *indépendante* *de a et b et un entier M$\geq$1 tels que:*

$$|\partial_x^\alpha \partial_\xi^\beta \delta_{N+1}(a(h),b(h);x,\xi;h)| \leq C(N,\alpha,\beta)m(x,\xi)q(x,\xi)\lambda^{-\rho(|\alpha|+|\beta|+2N+2)}(x,\xi).$$

$$[\sum_{j=0}^{N}{}'\{p_{mM}(a_j) \cdot p_{qM}(r_{N+1}(b(h))) + p_{qM}(b_j)p_{mM}(r_{N+1}(a(h)))\} + \sum_{N\leq j+k\leq 2N}{}' p_{mM}(a_j)p_{qM}(b_k)$$

$$+p_{m,M}(r_{N+1}(a(h))) \cdot p_{q,M}(r_{N+1}(b(h)))]$$

<u>*Preuve:*</u>

Revoir la preuve du théorème (II-30).

<u>*Définitions (II-33):*</u>

Soit A(h) *un opérateur admissible ie*

$$A(h) = Op_h^W(a_{(N)}(h)) + h^{N+1}R_{N+1}(h) \quad (def. \ II-13)$$

ou fortement admissible: $A(h) = Op_h^W(a(h))$.

(i)   *On appelle symbole de* A(h) *la série formelle:*

$$\sum_{j=0}^{\infty} h^j a_j \quad notée: \quad \sigma(A)(h).$$

(ii)   *On appelle symbole principal de* A(h) *la fonction*

$$a_o \in C^\infty(\mathbb{R}^{2n}) \quad notée: \quad \sigma_p(A)$$

(iii)   *On appelle symbole sous-principal de* A(h) *la fonction*

$$a_1 \in C^\infty(\mathbb{R}^{2n}) \quad \textit{notée:} \quad \sigma_{SP}(A).$$

Exemples (II-34):

(i)   Si $A(h)$ et $B(h)$ sont deux opérateurs admissibles on a:

$$\sigma_P(A.B) = \sigma_P(A).\sigma_P(B)$$

(ii) $$\sigma_{SP}(A.B) = \sigma_P(A)\sigma_{SP}(B)+\sigma_{SP}(A).\sigma_P(B)$$

$$+\frac{1}{2i}\{\sigma_P(A),\sigma_P(B)\}.$$

(iii) $\frac{i}{h}[A(h),B(h)]$ est un opérateur admissible si $A(h)$ et $B(h)$ le sont et

$$\sigma_P(\frac{i}{h}[A(h),B(h)])=\{\sigma_P(A),\sigma_P(B)\}.$$

Cette formule explicite le lien mentionné dans le Chapitre I entre le commutateur de deux observables quantiques et le crochet de Poisson des deux observables classiques correspondantes.

§5 - Théorèmes de Continuité et de Compacité

Il résulte du §2 (II) que les opérateurs fortement admissibles sont continus de $\mathcal{S}(\mathbb{R}^n)$ dans lui-même et de $\mathcal{S}'(\mathbb{R}^n)$ dans lui-même. Dans ce paragraphe nous étudierons la continuité des opérateurs admissibles dans des espaces hilbertiens compris entre $\mathcal{S}(\mathbb{R}^n)$ et $\mathcal{S}'(\mathbb{R}^n)$. Nous commencerons par l'espace de Lebesgue $L^2(\mathbb{R}^n)$. Nous suivons la présentation de [HOR]$_3$. La méthode repose sur un lemme d'analyse hilbertienne:

Lemme (II-35) (Cotlar-Knapp-Stein):

Soit H *un espace de Hilbert. Alors pour toute suite finie:* $A_1, A_2, \ldots, A_N$
d'opérateurs bornés sur H *vérifiant:*

$$\sum_k ||A_j^* . A_k||^{1/2} \leq M \quad et \quad \sum_k ||A_j . A_k^*||^{1/2} \leq M$$

On a: $\quad ||\sum_k A_k|| \leq M$

Preuve:

Posons: $A = \sum_{k=1}^{N} A_k .$

On a classiquement: $||A||^2 = ||A^* . A||$ et plus généralement pour tout entier m on a:

$$(54) \qquad ||A||^{2m} = ||(A^* . A)^m||$$

(54) résulte du fait que pour tout opérateur autoadjoint et borné B on a:

$$||B|| = \sup\{|\lambda| \ | \ \lambda \in \text{spectre } B\}$$

d'où l'on déduit que $||B||^m = ||B^m||$ pour tout $m \in \mathbb{N}$.
On a:

$$(55) \quad (A^* . A)^m = \sum_{1 \leq j_1 \leq \ldots \leq j_{2m} \leq N} A_{j_1}^* . A_{j_2} . \ldots . A_{j_{2m-1}}^* . A_{j_{2m}}$$

Or:

$$||A^*_{j_1} \cdot A_{j_2} \cdots A^*_{j_{2m-1}} \cdot A_{j_{2m}}|| \leq$$

$$\min\{||A^*_{j_1} A_{j_2}||\cdots ||A^*_{j_{2m-1}} A_{j_{2m}}||, ||A^*_{j_1}||\;||A_{j_2} A^*_{j_3}||\cdots ||A_{j_{2m-2}} A^*_{j_{2m-1}}||\;||A_{j_{2m}}||\}$$

On utilise alors l'inégalité: $\min\{a,b\} \leq \sqrt{a.b}$ et on remarque que

les hypothèses entraînent: $||A^*_{j_1}||\leq M$ et $||A_{j_{2m}}||\leq M$. On obtient:

$$(56) \quad ||A^*_{j_1} A_{j_2} \cdots A^*_{j_{2m-1}} A_{j_{2m}}|\leq M.||A^*_{j_1} A_{j_2}||^{1/2}||A_{j_2} A^*_{j_3}||^{1/2}\cdots ||A^*_{j_{2m-1}} A_{j_{2m}}||^{1/2}$$

On utilise alors (55) en sommant successivement sur $j_{2m}, j_{2m-1}, \cdots j_2$:

$$(57) \quad\quad\quad ||A||^{2m} \leq N.M^{2m}$$

D'où l'on déduit, en faisant $m \longrightarrow +\infty$:

$$||A|| \leq M. \quad\quad\quad\quad\quad\quad \text{cqfd.}$$

<u>*Théorème (II-36)   (Calderon-Vaillancourt):*</u>

Soit $a \in \sum_0^m {}^{!}(\mathbb{R}^{2n})$ où m est un poids tempéré borné. Alors il existe

un réel $\gamma(n)$ et un entier $k(n)$ ne dépendant que de la dimension

n tels que:

$$||(Op^W a)\psi||_{L^2(\mathbb{R}^n)} \leq \gamma(n) \begin{cases} \displaystyle\sup_{\substack{|\alpha|\leq k(n)\\ |\beta|\leq k(n)\\ (x,\xi)\in\mathbb{R}^{2n}}} |\partial_\xi^\alpha \partial_x^\beta a(x,\xi)| \end{cases} ||\psi||_{L^2(\mathbb{R}^n)}$$

pour tout $\psi \in \mathcal{S}(\mathbb{R}^n)$.

En particulier $\mathrm{Op}^W a$ *se prolonge en un opérateur linéaire continu de* $L^2(\mathbb{R}^n)$ *dans lui-même.*

<u>*Preuve:*</u>

On commence par construire une partition de l'unité sur l'espace de phase $\mathbb{R}^{2n}$:

Soit $\chi \in C_o^\infty(\mathbb{R}^{2n})$, $0 \leq \chi \leq 1$ vérifiant:

$$\chi(x,\xi) = \begin{cases} 1 & \text{si} \quad |x|^2 + |\xi|^2 \leq n \\ 0 & \text{si} \quad |x|^2 + |\xi|^2 \geq 2n \end{cases}$$

on a alors:

$$\sum_{(j,k) \in \mathbb{Z}^{2n}} \chi(x-j,\xi-k) > 0 \quad \text{sur} \quad \mathbb{R}^{2n}$$

et on pose:

$$\phi(x,\xi) = \frac{\chi(x,\xi)}{\displaystyle\sum_{(j,k) \in \mathbb{Z}^{2n}} \chi(x-j,\xi-k)}$$

Dans la suite nous utiliserons les notations suivantes:

$$\gamma = (j,k) \in \mathbb{Z}^{2n} \quad ; \quad \phi_\gamma(x,\xi) = \phi(x-j,\xi-k).$$

Soit $a_\gamma = \phi_\gamma \cdot a$ et $A_\gamma = \mathrm{Op}^W(a_\gamma)$.

On a clairement d'après le corollaire (II-19):

$$A_\gamma \in \mathcal{L}(L^2(\mathbb{R}^n)) \quad \text{pour tout} \quad \gamma \in \mathbb{Z}^{2n}$$

D'autre part on a: $A_\gamma^* = Op^W(\bar{a}_\gamma)$.

Lemme (II-37):

$$\sum_{\gamma \in \mathbb{Z}^{2n}} A_\gamma \quad \textit{converge vers} \quad A=Op^W a \quad \textit{dans} \quad \mathcal{L}(\mathcal{J}(\mathbb{R}^n), \mathcal{J}'(\mathbb{R}^n)).$$

Preuve:

Exercice: considérer ψ, $\textcircled{H} \in \mathcal{J}(\mathbb{R}^n)$ et écrire $<A_\gamma \psi, \textcircled{H}>$ en revenant à la définition de A_γ.

Il résulte du lemme (II-37) qu'il suffit d'établir l'inégalité:

$$(58) \qquad \left\| \sum_{\gamma \in \Gamma} A_\gamma \right\|_{\mathcal{L}(L^2(\mathbb{R}^n))} \leq \gamma(n) \left\{ \substack{\sup \\ |\alpha| \leq k(n) \\ |\beta| \leq k(n) \\ (x,\xi) \in \mathbb{R}^{2n}} \left| \partial_\xi^\alpha \partial_x^\beta a(x,\xi) \right| \right\}$$

pour toute partie finie Γ de $\mathbb{Z}^{2n}$.

Pour établir (58) nous utiliserons le lemme (II-35). Auparavant nous devons contrôler les normes:

$$\|A_\gamma^* . A_{\gamma'}\| \quad \text{et} \quad \|A_\gamma . A_{\gamma'}^*\| \quad \text{pour tous} \quad \gamma, \gamma' \in \mathbb{Z}^{2n}.$$

Il est clair qu'il suffit de faire ce contrôle sur $A_\gamma^* . A_{\gamma'}$. D'après le théorème de composition (appliqué avec h=1). On a:

$$(59) \qquad \qquad A_\gamma^* . A_{\gamma'} = Op^W(a_{\gamma,\gamma'})$$

où:

$$(60) \quad a_{\gamma\gamma'}(x,\xi) = e^{\frac{i}{2}\sigma(D_x,D_\xi;D_y,D_\eta)}[\overline{a}_\gamma(x,\xi) \cdot a_{\gamma'}(y,\eta)]\Big|_{\substack{y=x\\ \eta=\xi}}$$

avec la propriété suivante:

$$(61) \quad \text{Supp } a_\gamma \subseteq B(\gamma,\sqrt{2n})$$

Pour exploiter (60) et (61) nous utilisons le:

Lemme (II-38):

Soit   B   une forme quadratique réelle sur $\mathbb{R}^{2m}$.

Alors pour tout réel   R>0   et tout entier $N \geq 1$ il existe une

constante   C(R,N)>0   telle que:

$$\left| (e^{i \cdot B(D)} \cdot u)(X) \right| \leq C(R,N)(1+|X-X_0|^2)^{-N} \left\{ \sup_{\substack{|\alpha| \leq 2N+m+1 \\ X \in B(X_0,h)}} \right\} \left| \partial_X^\alpha u(X) \right|$$

pour tout $u \in C_0^\infty(B(X_0,R))$ et tout $X_0 \in \mathbb{R}^{2m}$.

Preuve:

Pour $X_0=0$ et $N=0$, l'inégalité résulte de l'inégalité de Sobolev.
Ensuite on considére le cas $X_0=0$ et N quelconque. On a alors:

$$\underset{X \to \xi}{\mathcal{F}} [(1+|X|^2)^N e^{iB(D)} u](\xi) = e^{iB(\xi)} \cdot \sum_{|\alpha|+|\beta| \leq 2N} C_{\alpha\beta} \mathcal{F}[X^\beta \partial^\alpha u](\xi)$$

où $C_{\alpha\beta} \in \mathbb{C}$ et ne dépendent que de B et N.
On est donc ramené au cas où N=0.
On obtient le cas X_0 quelconque en utilisant que l'opérateur

de convolution $e^{iB(D)}$ commute aux translations.

Fin de la preuve du théorème (II-36):

En tenant compte du lemme (II-38), des propriétés de support des ϕ_γ et des propriétés du poids m on a:

$$(62) \quad |a_{\gamma\gamma'}(x,\xi)| \leq c_1(n,N)(1+|(x,\xi)-\gamma|^2+|(x,\xi)-\gamma'|^2)^{-N}.$$
$$.m(\gamma).m(\gamma').q_{4n+1+2N}^2(a)$$

En réécrivant (60) à l'aide de la transformation de Fourier on obtient le même type d'estimation pour les dérivées de $a_{\gamma\gamma'}$ à savoir:

$$(62)' \qquad |\partial_\xi^\alpha \partial_x^\beta a_{\gamma\gamma'}(x,\xi)| \leq$$
$$\leq c_2(n,N,j)m(\gamma)m(\gamma')(1+|(x,\xi)-\gamma|^2+|(x,\xi)-\gamma'|^2)^{-N}.$$
$$.q_{4n+2N+j+1}^2(a)$$

pour $|\alpha+\beta| \leq j$.

Or d'après le corollaire (II-19) on a:

$$(63) \quad ||A_\gamma^*.A_{\gamma'}||_{\mathcal{L}(L^2(\mathbb{R}^n))} \leq (2\pi)^{-2n}\int\int |\hat{a}_{\gamma\gamma'}(u,\mu)|\,du\,d\mu$$

D'où:

$$(63)' \quad ||A_\gamma^*.A_{\gamma'}||_{\mathcal{L}(L^2(\mathbb{R}^n))} \leq c_3(n)||a_{\gamma\gamma'}||_{H^{n+1}(\mathbb{R}^{2n})}$$

Il résulte alors de (62)':

$$(64) \quad ||A_\gamma^* . A_{\gamma'}||_{\mathcal{L}(L^2(\mathbb{R}^n))} \leq c_4(n,N) m(\gamma) m(\gamma') . q_{5n+2N+2}^2(a) .$$

$$\cdot \int_{\mathbb{R}^{2n}} (1+|(x,\xi)-\gamma|^2 + |(x,\xi)-\gamma'|^2)^{-N} dx d\xi$$

D'où:

$$(65) \quad ||A_\gamma^* . A_{\gamma'}||_{\mathcal{L}(L^2(\mathbb{R}^n)} \leq c_5(n,N) . m(\gamma) . m(\gamma')(1+|\gamma-\gamma'|^2)^{-N+n+1} . q_{5n+2N+2}^2(a)$$

On choisit alors N=5n+2 pour pouvoir appliquer le lemme (II-35). On obtient le théorème (II-36) et son inégalité en choisissant $m\equiv 1$.

Corollaire (II-39):

Tout opérateur fortement admissible A(h) de poids (m,ρ), $\rho>0$, *est admissible.*

Preuve: voir exercice 9.

Théorème (II-40):

Soit $a \in \sum_0^{'m}(\mathbb{R}^{2n})$ *où m est un poids tempéré vérifiant:* $\lim\limits_{|x|+|\xi| \to +\infty} m(x,\xi)=0$.
Alors $Op^w(a)$ *se prolonge en un opérateur compact de* $L^2(\mathbb{R}^n)$ *dans lui-même.*

Preuve:

Reprenons la preuve du théorème (II-36).

Il résulte de (65) et du lemme (II-35) que l'on a:

$$(66) \qquad || \sum_{|\gamma| \geq K} A_\gamma || \leq c_6 \left(\sup_{|\gamma| \geq K} m(\gamma) \right) q_{10n+6}(a)$$

Or par hypothèse on a:

$$(67) \qquad \lim_{|\gamma| \to +\infty} m(\gamma) = 0$$

(66) et (67) entraîne que la série d'opérateurs: $\sum_{\gamma \in \mathbb{Z}^{2n}} A_\gamma$ converge en norme vers $Op^w(a)$. D'autre part pour tout $\gamma \in \mathbb{Z}^{2n}$, A_γ est un opérateur compact de $L^2(\mathbb{R}^n)$ car il a un noyau dans $\mathcal{J}(\mathbb{R}^{2n})$. Ce qui prouve le théorème (II-40).

En plus de la classe des opérateurs bornés et des opérateurs compacts, on rencontre en mécanique quantique statistique deux autres classes d'opérateurs dans l'espace de Hilbert $\mathbb{H}=L^2(\mathbb{R}^n)$: les opérateurs de classe Hilbert-Schmidt et les opérateurs de classe trace (ou nucléaire). Dans ce qui suit nous étudions d'abord abstraitement ces opérateurs puis nous donnons des critères pour qu'une observable quantique soit dans l'une de ces classes; enfin nous esquissons des applications de ces classes à la mécanique quantique statistique.

Soit $\mathbb{H}$ un espace de Hilbert séparable.

On désigne par $\mathcal{L}(\mathbb{H})$ (resp. $C^\infty(\mathbb{H})$) l'espace des opérateurs bornés (resp. compact) de $\mathbb{H}$ dans lui-même.

Définition (II-41):

Soit $T \in \mathcal{L}(\mathbb{H})$. *On dit que* T *est de classe Hilbert-Schmidt s'il existe une base orthonormale* $\{e_j\}_{j \in \mathbb{N}}$ *de* H *telle que:* $\sum_{j \in \mathbb{N}} ||Te_j||^2 < +\infty$.

On désigne par $C^2(\mathbb{H})$ l'ensemble des opérateurs de classe Hilbert-Schmidt dans $\mathbb{H}$.

Proposition (II-42):

(1)   *Pour toutes bases orthonormales* $\{e_j\}_{j \in \mathbb{N}}$, $\{f_j\}_{j \in \mathbb{N}}$ *de* $\mathbb{H}$ *on a:* $\sum_{j \in \mathbb{N}} ||Te_j||^2 = \sum_{j \in \mathbb{N}} ||Tf_j||^2$. *On pose alors:* $||T||_{HS}^2 = \sum_{j \in \mathbb{N}} ||Te_j||^2$. *On a:* $||T|| \leq ||T||_{HS}$.

(2) $C^2(\mathbb{H})$ *est un espace de Hilbert pour la norme* $||\cdot||_{HS}$ *tel que* $C^2(H) \subseteq C^\infty(\mathbb{H})$ *avec injection continue de norme* 1.

(3) $T \in C^2(\mathbb{H})$ *si et seulement* $T^* \in C^2(H)$ *et* $||T||_{HS} = ||T^*||_{HS}$.

(4)   *Soit* $\mathbb{K}$ *un deuxième espace de Hilbert séparable. Alors pour tous* $A \in \mathcal{L}(\mathbb{K},\mathbb{H})$, $T \in C^2(\mathbb{H})$, $B \in \mathcal{L}(\mathbb{H},\mathbb{K})$ *on a:* $B.T.A \in C^2(\mathbb{K})$ *et* $||B.T.A||_{HS} \leq ||B|| \cdot ||T||_{HS} \cdot ||A||$.

Preuve:

(1) et (3): D'après le théorème de Parseval on a:

$$||Te_j||^2 = \sum_{k \in \mathbb{N}} |<Te_j|f_k>|^2$$

D'où il résulte:

$$\sum_j ||Te_j||^2 = \sum_k ||T^*f_k||^2$$

D'autre part on a:

$$||Tx||^2 = \sum_j |<Tx|e_j>|^2$$

d'où:

$$||T||^2 \leq ||T||^2_{HS}$$

ce qui prouve (1) et (3).

Nous laissons au lecteur la preuve de (2) et (4).

Proposition (II-43):

On réalise $\mathbb{H}$ *sous la forme:* $\mathbb{H}=L^2(\Omega,\beta,\mu)$, *où* (Ω,β,μ) *est un espace mesuré,* σ*-fini (*β *étant la tribu des parties mesurables et* μ *la mesure).*

Soit $T \in \mathcal{L}(\mathbb{H})$. *Alors* $T \in C^2(\mathbb{H})$ *si et seulement si il existe un noyau* $K \in L^2(\Omega\times\Omega,\beta\otimes\beta,\mu\otimes\mu)$ *tel que:* $Tu(x)=\int K(x,y)u(y)d\mu(y)$, *pour tout* $u\in\mathbb{H}$. *On a de plus:* $||T||_{HS}=||K||_{L^2(\Omega\times\Omega)}$.

Preuve:

Supposons d'abord que $T \in C^2(\mathbb{H})$.

Soit $\{e_j\}_{j\in\mathbb{N}}$ une base orthonormale de $\mathbb{H}$.

Pour tout $u \in \mathbb{H}$ on a:

$$Tu = \sum_{j\in\mathbb{N}} <u|T^*e_j>e_j$$

Posons alors:

$$K(x,y) = \sum_{j \in \mathbb{N}} e_j(x)(T^*e_j)(y)$$

Comme $T^* \in C^2(\mathbb{H})$, la série converge dans $L^2(\Omega \times \Omega)$ et on en déduit que:

$$(68) \qquad\qquad Tu(x) = \int K(x,y)u(y)d\mu(y),$$

pour tout $u \in \mathbb{H}$ avec $K \in L^2(\Omega \times \Omega)$.

Supposons maintenant que T vérifie (68).

Alors $f_{jk}(x,y) = e_j(x).\bar{e}_k(y)$; $(j,k) \in \mathbb{N}^2$ étant une base orthonormale de $L^2(\Omega \times \Omega)$ on pose:

$$K_N(x,y) = \sum_{j,k \leq N} <K|f_{jk}> f_{jk}$$

Soit alors T_N l'opérateur de noyau K_N.

Un calcul élémentaire donne:

$$(69) \qquad\qquad ||T_N||_{HS}^2 = \sum_{j,k \leq N} |<K|f_{jk}>|^2$$

En faisant $N \longrightarrow +\infty$ on en déduit:

$$||T||_{HS}^2 = ||K||_{L^2(\Omega \times \Omega)}^2 .$$

Proposition (II-44):

Soit $A = Op^W(a)$, $a \in \sum_0^m(\mathbb{R}^{2n})$, m *étant un poids tempéré. On a alors:*

$$\|A\|_{HS}^2 = \int\int |a(x,\xi)|^2 dx\, \mathchar'26\mkern-9mu d\xi$$

Preuve:

Soit $\{e_j\}_{j\in\mathbb{N}}$ une base orthonormale de $L^2(\mathbb{R}^n)$ telle que $e_j \in \mathcal{S}(\mathbb{R}^n)$ pour tout $j\in\mathbb{N}$ (voir la preuve du lemme (II-54)).

On a:

$$<Ae_j,e_k> = \int\int\int e^{i<x-y,\xi>}\cdot a(\tfrac{x+y}{2},\xi)e_j(y)\cdot\overline{e}_k(x)\,dxdy\,\mathchar'26\mkern-9mu d\xi$$

(au sens des intégrales oscillantes).

Posons:

$$\overset{\vee}{a}(X,z) = \int e^{i<z,\xi>}a(X,\xi)\,\mathchar'26\mkern-9mu d\xi.$$

Par le théorème de Parseval il vient:

$$\sum_{j\in\mathbb{N}}' \|Ae_j\|^2 = \int\int |\overset{\vee}{a}(\tfrac{x+y}{2},x-y)|^2 dxdy$$

On fait alors le changement de variables:

$$\frac{x-y}{2}=z \quad , \quad \frac{x+y}{2}=w$$

et on utilise le théorème de Plancherel pour aboutir à:

$$\sum_{j\in\mathbb{N}}' \|Ae_j\|^2 = \int\int |\overset{\vee}{a}(x,\xi)|^2 dx\,\mathchar'26\mkern-9mu d\xi.$$

L'étude des opérateurs de classe trace est un peu moins aisée.

Définition (II-45):

T *est dit de classe trace (ou nucléaire) dans l'espace de Hilbert* $\mathbb{H}$ *s'il existe* T_1, $T_2 \in C^2(\mathbb{H})$ *tels que* $T = T_1 \cdot T_2$.

On désigne par $C^1(\mathbb{H})$ la classe des opérateurs à trace.

Proposition (II-46):

(i) $T \in C^1(\mathbb{H})$ *si et seulement si pour tout couple de bases orthonormales* $\{e_j\}_{j \in \mathbb{N}}$, $\{f_j\}_{j \in \mathbb{N}}$ *de* $\mathbb{H}$ *on a:*

$$\sum_{j \in \mathbb{N}} |<Te_j, f_j>| < +\infty$$

(ii) $C^1(\mathbb{H})$ *est un espace de Banach pour la norme:*

$$||T||_{tr} = \inf_{T = T_1 \cdot T_2} ||T_1||_{HS} \cdot ||T_2||_{HS} = \sup_{\{e_j\}, \{f_j\}} \sum_{j \in \mathbb{N}} |<Te_j, f_j>|$$

(iii) $T \in C^1(\mathbb{H})$ *si et seulement* $T^* \in C^1(\mathbb{H})$ *et on a:*

$$||T||_{tr} = ||T^*||_{tr}$$

(iv) $C^1(\mathbb{H}) \subseteq C^2(\mathbb{H})$ *avec injection continue de norme 1.*

(v)   *Soit* $\mathbb{K}$ *un deuxième espace de Hilbert et soient:* $A \in \mathcal{L}(\mathbb{K}, \mathbb{H})$, $T \in C^1(\mathbb{H})$, $B \in \mathcal{L}(\mathbb{H}, \mathbb{K})$. *Alors*

$$B.T.A \in C^1(\mathbb{K}) \quad et \quad ||B.T.A||_{tr} \leq ||B|| \cdot ||T||_{tr} \cdot ||A||.$$

Preuve:

(1)   Soit $T = T_1 \cdot T_2$, T_1, $T_2 \in C^2(\mathbb{H})$.

On a: $|<Te_j, f_j>| \leq ||T_2 e_j|| \ ||T_1^* f_j||$.

D'où l'inégalité:

$$(70) \qquad \sum_{j \in \mathbb{N}} |<Te_j, f_j>| \leq ||T_2||_{HS} \cdot ||T_1||_{HS}$$

Inversement supposons que pour toutes bases orthonormales $\{e_j\}_{j \in \mathbb{N}}$ et $\{f_j\}_{j \in \mathbb{N}}$ on ait $\sum_j |<Te_j, f_j>| < +\infty$.

Posons: $S = (T^* . T)^{1/2}$ et soit $N = \ker T$.

On a: $||Tx||^2 = ||Sx||^2$ pour tout $x \in \mathbb{H}$.

$Sx \xrightarrow{U} Tx$ définit alors une isométrie de $N^\perp$ (supplémentaire orthogonal de N dans $\mathbb{H}$) dans H car on a: $\overline{\mathrm{Im}S} = N^\perp$.

On a alors: $T = U.S$.

Soit maintenant $\{e_j\}_{j \in \mathbb{N}}$ une base orthonormale de $N^\perp$. Posons: $f_j = Ue_j$.

On a:

$$\sum_{j \in \mathbb{N}} |<Te_j, f_j>| = \sum_{j \in \mathbb{N}} |<USe_j, Ue_j>| = \sum_{j \in \mathbb{N}} <Se_j, e_j>$$

(on complète $\{e_j\}$ et $\{f_j\}$ pour avoir des bases orthonormales de $\mathbb{H}$ et on prolonge U par 0 sur N).

Soit: $R = S^{1/2}$. $R(N) = 0$ d'où:

$$\text{(71)} \qquad\qquad \sum_j |<Te_j,f_j>| = ||R||^2_{HS}$$

Par conséquent on a:

$$\text{(72)} \qquad T = US^{1/2}.S^{1/2} \quad \text{avec} \quad US^{1/2}, \ S^{1/2} \in C^2(\mathbb{H}).$$

(70), (71) et (72) prouvent (i) et l'égalité de (ii); on en déduit que $C^1(\mathbb{H})$ est un espace vectoriel normé pour $||.||_{tr}$.

Nous laissons au lecteur la preuve de (iii), (iv) et (v).

Montrons que $C^1(\mathbb{H})$ est complet.

Soit $\{T_k\}_{k\in\mathbb{N}}$ une suite de Cauchy de $C^1(\mathbb{H})$.

D'après (4) et la proposition (II-42), T_k converge vers T dans $C^2(\mathbb{H})$.

Or: $||T_k||_{tr} = \underset{\{e_j\},\{f_j\}}{Sup} \sum_j |<T_k e_j,f_j>|$ d'où l'on déduit facilement que

$T \in C^1(\mathbb{H})$ et que $\{T_k\}$ converge vers T dans $C^1(\mathbb{H})$.

Proposition (II-47):

(i) $\quad T \longmapsto \sum_{j\in\mathbb{N}} <Te_j,e_j>$ *est une forme linéaire continue de*

norme 1 *sur* $C^1(\mathbb{H})$, *indépendante de la base orthonormale*

$\{e_j\}_{j\in\mathbb{N}}$ *de* $\mathbb{H}$. *On pose:* $\operatorname{tr} T = \sum_{j\in\mathbb{N}} <Te_j,e_j>$. *On a:* $\operatorname{tr} T^* = \overline{\operatorname{tr} T}$

pour tout $T \in C^1(\mathbb{H})$.

(ii) $\quad \operatorname{tr}$ *vérifie la propriété de commutativité:* $\operatorname{tr}(A.T) = \operatorname{tr}(T.A)$

pour tout $T \in C^1(\mathbb{H})$ *et tout* $A \in \mathcal{L}(\mathbb{H})$.

(iii) *Soit* $T \in C^1(\mathbb{H})$, *supposé autoadjoint pour simplifier.*

On a alors: $\text{tr } T = \sum_{j \in \mathbb{N}} \lambda_j$ *où* $\{\lambda_j\}$ *est la suite des valeurs propres de* T *comptées avec leur multiplicité. (Le point* (iii) *est encore vrai sans la condition autoadjoint: c'est alors un théorème fin dû à Lidskij [GH-KR]).*

<u>*Preuve:*</u>

(i)   Il résulte de la proposition (II-46) que: $T \longmapsto \sum_j <Te_j, e_j>$ est une forme linéaire continue de norme 1 sur $C^1(\mathbb{H})$. Or il est clair que le produit scalaire sur $C^2(\mathbb{H})$ est donné par:

$$(R,S) \longmapsto tr(R.S^*) = (R,S)_{C^2(\mathbb{H})}.$$

On en déduit que tr est indépendante de la base $\{e_j\}_{j \in \mathbb{N}}$.

(ii)   Il résulte de (i) que $tr(A.T) = tr(T.A)$ pour tout A unitaire. Supposons maintenant A autoadjoint. L'opérateur: $U = (A+i).(A-i)^{-1}$ est unitaire. Or: $A(U-1) = i(U+1)$. Mais: $U-1 = 2i(A-i)^{-1}$. D'où: U-1 est bijectif et:

$$A = i(U+1)(U-1)^{-1}.$$

Or on a:

$$tr[(U-1)^{-1}.S.(U-1)] = tr(S) \quad \text{pour tout} \quad S \in C^1(\mathbb{H}).$$

D'où: $tr(A.T) = tr(T.A)$ pour tout $T \in C^1(\mathbb{H})$ et tout $A \in \mathcal{L}(\mathbb{H})$ autoadjoint. On passe alors au cas général en écrivant:

$$A = \frac{A+A^*}{2} + i\left(\frac{A-A^*}{2i}\right).$$

Remarques (II-48):

(i)   *Soit* $T \in C^1(\mathbb{H})$ *un   opérateur   autoadjoint   et positif.*
On a alors: $\mathrm{tr}\, T = ||T||_{\mathrm{tr}}.$
En effet il suffit de montrer que $||T||_{\mathrm{tr}} \leq \mathrm{tr}\, T.$
Pour voir cela, diagonalisons $T:$ $T = \sum_{j \in \mathbb{N}} \lambda_j \cdot \overline{\psi}_j \otimes \psi_j$ *où* $\{\psi_j\}_{j \in \mathbb{N}}$
est une   base   orthonormale   de   vecteurs   propres   de $\mathbb{H}$*, et*
où $\overline{\psi} \otimes \phi$ $(\psi, \phi \in \mathbb{H})$ *désigne l'opérateur de rang un:* $u \mapsto \langle u | \psi \rangle \cdot \phi,\ u \in \mathbb{H}.$
Soient $\{e_j\}_{j \in \mathbb{N}},\ \{f_j\}_{j \in \mathbb{N}}$ *deux bases orthonormales de* $\mathbb{H}$*. Soit*
U *l'opérateur   unitaire   déterminé   par* $U e_j = \psi_j.$ *On a alors:*

$$\sum_{j \geq 0} |\langle U \cdot T \cdot U^{-1} e_j, f_j \rangle| = \sum_{j \geq 0} |\langle T \psi_j, U^{-1} f_j \rangle| \leq \sum_{j \geq 0} \lambda_j$$

d'où:

$$||T||_{\mathrm{tr}} = ||U T U^{-1}||_{\mathrm{tr}} \leq \sum_{j \geq 0} \lambda_j.$$

(ii)   *Les notions d'analyse fonctionnelle que nous venons d'exposer*
sont appliquées au formalisme de la mécanique quantique statistique.
(pour plus de détails voir le   livre   de   G. W. Mackey [MAC]).
Rappelons que le formalisme hamiltonien de la   mécanique classique
analytique a pour cadre un espace de phase qui est en   général
une variété symplectique   que nous   prendrons   pour simplifier
égale à $\mathbb{R}^n_x \times \mathbb{R}^n_p.$

— *Les états sont les points* $(x,p) \in \mathbb{R}^n_x \times \mathbb{R}^n_p$ *de l'espace de phase* (x *est le vecteur position et* p *le vecteur impulsion de l'état:* (x,p)).

— *Les observables sont les fonctions définies sur l'espace de phase, assez régulières (par exemple de classe* C^1). *En mécanique classique statistique on appelle état statistique toute mesure de probabilité borélienne sur l'espace de phase* $\mathbb{R}^n_x \times \mathbb{R}^n_p$. *Etant donnés un état statistique* μ *et une observable* $F \in L^1(\mu)$ *on appelle valeur moyenne de* F *dans l'état* μ *le nombre:*

$$<F>_\mu = \int_{\mathbb{R}^n_x \times \mathbb{R}^n_p} F(x,p)\,d\mu(x,p)$$

Le formalisme de la mécanique quantique statistique se présente de la manière suivante: soit $\mathbb{H}$ *un espace de Hilbert complexe.*

— *Les états dynamiques (ou pur) sont les vecteurs de norme un de* $\mathbb{H}$.

— *Les états statistiques sont les opérateurs positifs de trace* 1.

— *Les observables sont les opérateurs autoadjoints de* $\mathbb{H}$.

Soient ρ *un état statistique (quantique) et* A *une observable quantique (bornée). On appelle valeur moyenne de* A *dans l'état* ρ *le nombre:*

$$<A>_\rho = \omega_\rho(A) = \mathrm{tr}(\rho.A).$$

Remarquons que $<A>_\rho$ *est réel. En effet:*

$$\mathrm{tr}\ T = \overline{\mathrm{tr}\ T^*}\quad \textit{pour tout}\quad T \in C^1(\mathbb{H})$$

et $(\rho.A)^*=A.\rho$ *entraînent que:* $<A>_\rho = \overline{<A>}_\rho$.

Remarquons également que l'on peut identifier les états purs (modulo un facteur de phase) aux états statistiques de rang un via l'application: $\psi \longmapsto \overline{\psi} \otimes \psi$ *car on a:*

$$tr(\psi \otimes \psi) = ||\psi||^2 \quad pour \ tout \quad \psi \in H$$

d'où il résulte que $|<\phi|\psi>| = |<\phi|\psi'>|$ *pour tout* $\phi \in H$ *si* $\overline{\psi} \otimes \psi = \overline{\psi}' \otimes \psi'$.

Nous allons maintenant donner une condition suffisante pour qu'une observable du type: $A=Op^W a$, $a \in \sum_0^m (\mathbb{R}^{2n})$ soit de classe trace.

Théorème (II-49):

Il existe un réel $T(n)>0$ *ne dépendant que de la dimension* n *tel que:*

$$||Op^W a||_{tr} \leq T(n) \left[\sum_{|\alpha|+|\beta| \leq 2n+2} \int \int |\partial_x^\alpha \partial_\xi^\beta a(x,\xi)| dx d\xi \right]$$

pour tout $a \in \sum_0^1 (\mathbb{R}^{2n})$.

La preuve repose sur l'étude d'un opérateur modèle. Considérons l'opérateur d'Hermite (ou oscillateur harmonique) dans $\mathbb{R}^n$: $\mathcal{H}_n = -\Delta + |x|^2$. On sait que $\mathcal{H}_n$ est un opérateur essentiellement autoadjoint dans $L^2(\mathbb{R}^n)$, à spectre discret, dont les valeurs propres sont données par:

$$\lambda_j = (2j_1+1) + (2j_2+1) + \ldots + (2j_n+1)$$

où

$$j = (j_1, j_2, \ldots, j_n) \in \mathbb{N}^n.$$

Pour tout entier $k \geq 1$, on a donc:

$$||\mathcal{H}_n^{-k}||_{tr} = \sum_{j \in \mathbb{N}^n}{}' [(2j_1+1)+(2j_2+1)+\ldots+(2j_n+1)]^{-k}$$

d'où il résulte le:

Lemme (II-50):

$||\mathcal{H}^{-k}||_{tr} < +\infty$ *pour tout entier* $k > n$.

Pour $\gamma \in \mathbb{Z}^{2n}$ désignons par $Q(\gamma)$ le cube:

$$Q(\gamma) = \{w \in \mathbb{R}^{2n} : |\gamma - w|_\infty < 1\}$$

où

$$|w|_\infty = \max_{j=1,\ldots,2n} |w_j|$$

Proposition (II-51):

Il existe $\tilde{T}(n) > 0$ *tel que:*

$$||Op^w a||_{tr} \leq \tilde{T}(n) \left[\sum_{|\alpha|+|\beta| \leq 2n+2}{}' \iint |\partial_x^\alpha \partial_\xi^\beta a(x,\xi)| \, dx d\xi \right]$$

pour tout $a \in C_o^\infty(Q(\gamma))$ *et pour tout* $\gamma \in \mathbb{Z}^{2n}$.

Preuve:

Commençons par prouver la proposition dans le cas particulier $\gamma=0$.
Fixons $k>n$ et écrivons:

$$Op^W a = \mathcal{H}_n^{-k} \cdot \mathcal{H}_n^{k} \cdot (Op^W a).$$

On a:

$$(73) \qquad ||Op^W a||_{tr} \leq ||\mathcal{H}_n^{-k}||_{tr} ||\mathcal{H}_n^{k} \cdot (Op^W a)||_{\mathcal{L}(L^2(\mathbb{R}^n))}$$

On calcule alors le symbole de $\mathcal{H}_n^{k} \cdot Op^W a$ et on applique le lemme
suivant qui nous a été signalé par J. Hounie de l'Université
de Récife:

Lemme (II-52):

$$||Op^W b||_{\mathcal{L}(L^2(\mathbb{R}^n))} \leq 2 \cdot (2\pi)^{-n} \cdot \int |b(u,p)| \, dudp$$

pour tout $b \in C_o^\infty(\mathbb{R}^{2n})$.

Preuve du lemme (II-52):

Soient $\phi, \psi \in C_o^\infty(\mathbb{R}^n)$. On a:

$$<(Op^W b)\phi, \psi> = (2\pi)^{-n} \cdot \int\int\int b(\tfrac{x+y}{2}, p) e^{i<x-y,p>} \cdot \phi(y)\psi(x) \, dpdxdy$$

Par le changement de variables: $x+y=2u$, $x-y=2v$, il vient:

$$(74) \qquad |<(Op^W b)\phi, \psi>| \leq 2 \cdot (2\pi)^{-n} \int\int |b(u,p)| \, |\phi(u-v)| \, |\psi(u+v)| \, dpdudv$$

On applique alors l'inégalité de Cauchy-Schwarz par rapport à v dans (74) et on en déduit le lemme.

Fin de la preuve de la proposition (II-51):

Soit: $a_\gamma(x,\xi) = a(x-u,\xi-v)$ où $\gamma = (u,v) \in \mathbb{Z}^n \times \mathbb{Z}^n$.

Un calcul facile montre que l'on a:

$$Op^W a_\gamma = (T_u \cdot U_v)(Op^W a)(U_{-v} \cdot T_{-u})$$

où T_u et U_v sont les opérateurs unitaires de $L^2(\mathbb{R}^n)$ définis par:

$$(U_v f)(x) = e^{-iv \cdot x} f(x)$$

$$(T_u f)(x) = f(x-u)$$

Or il résulte des propriétés de la norme trace que:

$$||Op^W a_\gamma||_{tr} = ||Op^W a||_{tr}$$

Ce qui termine la preuve de la proposition (II-51).

Il nous reste à faire une partition de l'unité pour déduire le théorème (II-49) de la proposition (II-51).

Soit $\phi \in C_o^\infty(Q(0))$, $0 \leq \phi \leq 1$ telle que $\phi \equiv 1$ sur $\{w; w \in \mathbb{R}^{2n}, |w|_\infty \leq \frac{2}{3}\}$.

On pose alors:

$$\phi_\gamma(w) = \frac{\phi(w-\gamma)}{\sum_{\gamma' \in \mathbb{Z}^{2n}} \phi(w-\gamma')} \quad , \quad w \in \mathbb{R}^{2n}.$$

Il résulte de la proposition (II-51) et de la formule de Leibnitz que l'on a:

$$(75) \quad \sum_{\gamma \in \mathbb{Z}^{2n}} ||Op^W(\phi_\gamma \cdot a)||_{tr} \leq \tilde{T}(n) \left[\sum_{|\alpha|+|\beta| \leq 2n+2} \sum_{\gamma \in \mathbb{Z}^{2n}} \iint_{Q(\gamma)} |\partial_x^\alpha \partial_\xi^\beta a(x,\xi)| \, dx \, d\xi \right]$$

Désignons par d_n le nombre de 2n-uplets:

$$\varepsilon = (\varepsilon_1, \ldots, \varepsilon_{2n}) \quad \text{où} \quad \varepsilon_j \in \{0,1\} \quad (d_n = 2^{2n})$$

On a alors:

$$(76) \quad \sum_{\gamma \in \mathbb{Z}^{2n}} \int_{Q(\gamma)} |F(w)| \, dw = d_n \cdot \int_{\mathbb{R}^{2n}} |F(w)| \, dw$$

pour toute fonction $F : \mathbb{R}^{2n} \longrightarrow \mathbb{C}$, mesurable.

On montre (76) en découpant $Q(\gamma)$ en cubes élémentaires de côté 1 dont les sommets sont les points du réseau $\mathbb{Z}^{2n}$.

(75) et (76) entraînent le théorème (II-49).

Théorème (II-53):

Soit $a \in \sum_{0}^{m} (\mathbb{R}^{2n})$ _tel que pour tous multiindices_ α, β _on ait:_ $\partial_x^\alpha \partial_\xi^\beta a \in L^1(\mathbb{R}^{2n})$. _Alors_ $Op^W a$ _est de classe trace et:_

$$tr(Op^W a) = \iint a(x,\xi) \, dx \, d\xi.$$

Preuve:

$Op^w a$ est de classe trace par le théorème (II-49).

En utilisant (75) et la continuité de tr, il suffit d'établir

la formule donnant la trace pour $a \in C_o^\infty(\mathbb{R}^{2n})$.

Soit $k > \dfrac{5n}{4}$. On a:

$$Op^w a = \mathcal{H}_n^{-k} \; (\mathcal{H}_n^k (Op^w a))$$

It est clair que les opérateurs $T_1 = \mathcal{H}^{-k}$ et $T_2^* = \mathcal{H}^k . (Op^w a)$ sont

de classe Hilbert-Schmidt.

Désignons par K_1 (resp. K_2) le noyau de T_1 (resp. T_2). Il résulte

de la proposition (II-43) et de la preuve de la proposition (II-47)

(1) que l'on a:

$$(77) \qquad \operatorname{tr}(T_1 . T_2^*) = \iint K_1(x,z) . \overline{K_2(x,z)} \, dx \, dz$$

Or $T_1 . T_2^*$ a un noyau $K \in L^2(\mathbb{R}^n \times \mathbb{R}^n)$ donné par:

$$(78) \qquad K(x,y) = \int K_1(x,z) . \overline{K_2(y,z)} \, dz$$

On peut alors réécrire (77) sous la forme:

$$(79) \qquad \operatorname{tr}(T_1 . T_2^*) = \int K(x,x) \, dx$$

Admettons pour le moment le:

Lemme (II-54):

$x \longmapsto K_1(x,.)$ *est continue de* $\mathbb{R}^n$ *à valeurs dans* $L^2(\mathbb{R}^n)$.

Il résulte alors du lemme (II-54), de (78) et du fait que $K_2 \in \mathcal{S}(\mathbb{R}^{2n})$, que K est continu sur $\mathbb{R}^{2n}$. Or $Op^w a$ a pour noyau:

$$(80) \qquad \tilde{K}(x,y) = \int e^{i<x-y,\xi>} a\left(\frac{x+y}{2},\xi\right) d\xi$$

qui est continu sur $\mathbb{R}^{2n}$ (car $a \in C_0^\infty(\mathbb{R}^{2n})$).

D'où: $K(x,y) = \tilde{K}(x,y)$ pour *tout* $(x,y) \in \mathbb{R}^{2n}$ (79) et (80) donnent donc:

$$tr(Op^w a) = \int\int a(x,\xi) \, dx\, d\xi.$$

Preuve du lemme (II-54):

Pour tout ouvert borné $\Omega \subseteq \mathbb{R}^n$ et tout entier $\ell \in \mathbb{N}$ il existe $c(\ell,\Omega) > 0$ telle que

$$(81) \qquad ||u||_{H^{2\ell}(\Omega)} \leq c(\ell,\Omega) \, ||\mathcal{H}_n^\ell u||_{L^2(\mathbb{R}^n)}$$

pour tout $u \in \mathcal{S}(\mathbb{R}^n)$.

(81) est un cas particulier d'inégalités a priori locales pour les opérateurs elliptiques (Cf. [AGM]). Ici étant donné la forme particulièrement simple de l'opérateur, le lecteur pourra établir (81) directement par pertubation en introduisant l'opérateur $(-\Delta+1)^\ell$.

Soit ℓ fixé, $\ell \in \mathbb{N}$, $\ell > \frac{n}{4}$.

On déduit alors de (81) et de l'inégalité de Sobolev:

$$(82) \qquad \sup_{x \in \Omega} |u(x)| \leq \tilde{c}(\ell,\Omega) \, ||\, \mathcal{H}_n^\ell u\, ||_{L^2(\mathbb{R}^n)}$$

Soit ϕ_j le vecteur propre de $\mathcal{H}_n$ associé à la valeur propre:

$$\lambda_j = (2j_1+1) + (2j_2+1) + \ldots + (2j_n+1)$$

$(\phi_j(x_1,\ldots,x_n) = \phi_{j_1}(x_1)\phi_{j_2}(x_2)\ldots\phi_{j_n}(x_n)$ où $\{\phi_k\}_{k \in \mathbb{N}}$ est la base orthonormale de $L^2(\mathbb{R})$ des fonctions propres de: $\mathcal{H}_1 = -\dfrac{d^2}{dx^2} + x^2)$. $\phi_j \in \mathcal{S}(\mathbb{R}^n)$ et (82) donne:

$$(83) \qquad \sup_{x \in \Omega} |\phi_j(x)| \leq \tilde{c}(\ell,\Omega) \cdot \lambda_j^\ell.$$

Or on a:

$$(84) \qquad K_1(x,y) = \sum_{j \in \mathbb{N}^n} \lambda_j^{-k} \cdot \phi_j(x) \cdot \overline{\phi_j(y)}$$

Choisissons alors $k > n + \ell$.

Il résulte de (83) que la série de (84) converge uniformément sur tout compact en x à valeurs $L^2(\mathbb{R}^n_y)$. Ce qui achève la preuve du lemme (II-54).

Remarque (II-55):

On peut donner une preuve plus simple du théorème (II-53) pour $a \in \mathcal{S}(\mathbb{R}^{2n})$ en utilisant une autre décomposition de T (voir commentaires sur ce chapitre et exercices (II-15) et (II-16)).

§6 - Quelques compléments sur la quantification de Weyl

Proposition (II-56):

Soit $a \in \sum_{0}^{m}(\mathbb{R}^{2n})$ _où_ m _est un poids tempéré._
Alors pour tout symbole $b \in \mathcal{S}(\mathbb{R}^{2n})$ _on a:_

$$\mathrm{tr}[(\mathrm{Op}^W a).(\mathrm{Op}^W b)] = \iint a(x,p).b(x,p)\,dx\,dp$$

Preuve:

Commençons par le cas particulier où $B=\mathrm{Op}^W b$ est de rang 1 ie

$$B = \psi \otimes \phi : u \longmapsto <u,\phi>.\psi \quad (\phi,\psi \in \mathcal{S}(\mathbb{R}^n))$$

On a alors:

$$(85) \qquad\qquad \mathrm{tr}(A.B) = <A\psi,\phi> \qquad (A=\mathrm{Op}^W a)$$

Un calcul facile donne d'autre part:

$$(86) \qquad <A\psi,\phi> = \iint a(x,p) \left[\int e^{-iu.p}.\psi(x+\tfrac{u}{2}).\phi(x-\tfrac{u}{2})\,du\right]dx\,dp$$

or $[\ldots]$ est précisément le symbole de B au point (x,p).
On en déduit la proposition pour tout B de rang fini:

$$B = \sum_{\text{finie}} \psi_j \otimes \phi_j.$$

Utilisons alors la base $\{\phi_j\}_{j \in \mathbb{N}}$ de $L^2(\mathbb{R}^n)$ constituée des fonctions d'Hermite (cf. Lemme II-54). On a alors:

$$B = \sum_{j \in \mathbb{N}} B\phi_j \otimes \phi_j$$

Puisque $B \in \mathcal{L}(\mathcal{J}'(\mathbb{R}^n), \mathcal{J}(\mathbb{R}^n))$ il n'est pas difficile de voir que la série converge au sens de $\mathcal{L}(\mathcal{J}'(\mathbb{R}^n), \mathcal{J}(\mathbb{R}^n))$. (Considérer $\mathcal{H}^m . B . \mathcal{H}^m$, $m \in \mathbb{N}$ et l'échelle d'espaces B^{2m} comme dans la preuve de la proposition (II-57).

Désignons alors par b_N le symbole de $\sum_{j=0}^{N} B\psi_j \otimes \psi_j$. Alors b_N converge vers b dans $\mathcal{J}(\mathbb{R}^{2n})$ (passer par l'intermédiaire des noyaux). On en déduit la proposition.

La trace permet de définir une forme bilinéaire sur:

$$Op^W \left(\sum{}^m (\mathbb{R}^{2n}) \right) \times \mathcal{L}(\mathcal{J}'(\mathbb{R}^n), \mathcal{J}(\mathbb{R}^n)):$$

$$(A,B) \longmapsto tr(A.B) = <A,B>$$

On étend cette forme bilinéaire à $\mathcal{L}(\mathcal{J}(\mathbb{R}^n), \mathcal{J}'(\mathbb{R}^n)) \times \mathcal{L}(\mathcal{J}'(\mathbb{R}^n), \mathcal{J}(\mathbb{R}^n))$ de la manière suivante: Soit $A \in \mathcal{L}(\mathcal{J}(\mathbb{R}^n), \mathcal{J}'(\mathbb{R}^n))$. Il résulte des propriétés de $\mathcal{J}(\mathbb{R}^n)$ qu'il existe $k_o \in \mathbb{N}$ tel que: $\mathcal{H}^{-k_o} . A . \mathcal{H}^{-k_o} \in \mathcal{L}(L^2(\mathbb{R}^n))$. On pose alors:

$$<A,B> = tr(\mathcal{H}^{-k_o} . A . \mathcal{H}^{-k_o} . \mathcal{H}^{-k_o} . B . \mathcal{H}^{k_o}) \text{ pour } B \in \mathcal{L}(\mathcal{J}'(\mathbb{R}^n), \mathcal{J}(\mathbb{R}^n))$$

Il est facile de voir que cette définition est indépendante de k_o. De la même manière on a un prolongement de cette forme bilinéaire à $\mathcal{L}(\mathcal{S}'(\mathbb{R}^n),\mathcal{S}(\mathbb{R}^n)\times\mathcal{L}(\mathcal{S}(\mathbb{R}^n),\mathcal{S}'(\mathbb{R}^n))$ et on a la propriété: $\langle A,B\rangle=\langle B,A\rangle$. On fera alors l'abus de notation suivante: tr$(A.B)=\langle A,B\rangle$ si l'un des opérateurs est dans $\mathcal{L}(\mathcal{S}'(\mathbb{R}^n)),\mathcal{S}(\mathbb{R}^n))$ et l'autre dans $\mathcal{L}(\mathcal{S}(\mathbb{R}^n),\mathcal{S}'(\mathbb{R}^n))$.

Proposition (II-57):

Soit $A\in\mathcal{L}(\mathcal{S}(\mathbb{R}^n),\mathcal{S}'(\mathbb{R}^n))$. *Alors il existe une unique distribution tempérée* $\sigma^W(A)$ *telle que:*

$$\text{tr }A.(Op^Wb)=(2\pi)^{-n}.\langle b,\sigma^W(A)\rangle \quad pour\ tout \quad b\in\mathcal{S}(\mathbb{R}^n)$$

$\sigma^W(A)$ *est, par définition, le symbole distribution de* A. *Inversement à toute distribution tempérée* $a\in\mathcal{S}'(\mathbb{R}^{2n})$ *on associe* $Op^Wa\in\mathcal{L}(\mathcal{S}(\mathbb{R}^n),\mathcal{S}'(\mathbb{R}^n))$ *par la formule:*

$$\langle(Op^Wa)\phi,\psi\rangle=(2\pi)^{-n}\langle a,\pi_{\phi,\psi}\rangle$$

où:

$$\pi_{\phi,\psi}(x,p)=\int e^{-iup}.\psi(x+\tfrac{u}{2})\phi(x-\tfrac{u}{2})du$$

Preuve:

Introduisons l'échelle d'espaces de Sobolev:

$$m\in\mathbb{N},\ B^m=\{u\in L^2(\mathbb{R}^n)\,|\,x^\alpha.\partial_x^\beta u\in L^2(\mathbb{R}^n)\quad pour\quad |\alpha|+|\beta|\leq m\}$$

On pose:

$$B^{-m}=(B^m)'$$

Pour $m \in \mathbb{N}$, B^{2m} coïncide avec le domaine de $(-\Delta + |x|^2 + 1)^m$ (cf. [HEL]). $\mathcal{S}(\mathbb{R}^n)$ étant un espace de Fréchet dont la topologie est engendrée par les normes des espaces B^m on en déduit qu'il existe $m \in \mathbb{N}$ tel que $A \in \mathcal{L}(B^{2m}, B^{-2m})$.

On utilise le:

Lemme (II-58):

Soient $C \in \mathcal{L}(\mathcal{S}'(\mathbb{R}^n), \mathcal{S}(\mathbb{R}^n))$ et $L \in \mathcal{L}(\mathcal{S}(\mathbb{R}^n), \mathcal{S}'(\mathbb{R}^n))$.

On suppose qu'il existe $N \in \mathbb{N}$ tel que $L \in \mathcal{L}(B^{2N}, L^2) \cap \mathcal{L}(L^2, B^{-2N})$.

On a alors: $\mathrm{tr}(C.L) = \mathrm{tr}(L.C)$.

Preuve du lemme (II-58):

$$\mathrm{tr}(C.L) = \mathrm{tr}(\mathcal{H}^N . C . L . \mathcal{H}^{-N}) \qquad (\mathcal{H} = -\Delta + |x|^2 + 1)$$

$$= \mathrm{tr}((L\,\mathcal{H}^{-N}) . (\mathcal{H}^N C))$$

$$= \mathrm{tr}(L.C)$$

La première égalité vient de $\mathcal{H}^N . C . L \in \mathcal{L}(L^2(\mathbb{R}^n))$ et la deuxième de $L\mathcal{H}^{-N} \in \mathcal{L}(L^2(\mathbb{R}^n))$.

Fin de la preuve de la proposition (II-57):

$$\mathrm{tr}(A.\mathrm{Op}^W b) = \mathrm{tr}((\mathrm{Op}^W b).A) = \mathrm{tr}[\mathcal{H}^{\tilde{N}} . (\mathrm{Op}^W b) . \mathcal{H}^{\tilde{N}} . \mathcal{H}^{-\tilde{N}} . A \mathcal{H}^{-\tilde{N}}]$$

où $\tilde{N}$ est à choisir assez grand.

$$(87) \qquad |\mathrm{tr}(A.\mathrm{Op}^W b)| \leq ||\mathcal{H}^{\tilde{N}}(\mathrm{Op}^W b)\mathcal{H}^{\tilde{N}}||_{\mathrm{tr}} ||\mathcal{H}^{-\tilde{N}} . A . \mathcal{H}^{-\tilde{N}}||$$

Or d'après le théorème (II-49) il existe $K(n,\bar{N})$ et $N(n,\tilde{N})>0$ tels que:

$$(88) \qquad ||\mathcal{H}^{\bar{N}}(Op^W b)\,\mathcal{H}^{\bar{N}}||_r \leq K(n,\bar{N}) \sum_{|\alpha|+|\beta|\leq N(n,\tilde{N})} \int |\partial_x^\alpha \partial_p^\beta b(x,p)|\,dxdp$$

d'où il résulte de (87) et (88) que $b \longmapsto tr(A.(Op^W b))$ est dans l'espace de Sobolev $(W^{N(n,\tilde{N}),1}(\mathbb{R}^{2n}))'$ donc en particulier dans $\mathcal{J}'(\mathbb{R}^{2n})$. La réciproque est une vérification facile.

Exemples (II-59):

1) $\qquad Op^W(\pi^n . \delta_{(0,0)}) = S_{(0,0)}$, $\delta_{(0,0)}$ étant la masse de Dirac en $(0,0)$ où $S_{(0,0)}\psi(x) = \psi(-x)$.

2) $\qquad$ Plus généralement on a:

$$Op^W(\pi^n . \delta_{(x_0,p_0)}) = S_{(x_0,p_0)}$$

où:

$$S_{(x_0,p_0)}\psi(x) = e^{-2i(x_0-x)p_0} . \psi(2x_0-x)$$

$S_{(x_0,p_0)}$ est un opérateur unitaire de $L^2(\mathbb{R}^n)$.

Proposition (II-60):

Soit $A \in \mathcal{L}(\mathcal{J}(\mathbb{R}^n), \mathcal{J}'(\mathbb{R}^n))$.

On pose:

$$M_j A = [A, X_j]$$

$$L_j A = [A, P_j]$$

Puis:

$$M_j^k A = M_j (M_j (\ldots (M_j A) \ldots)) \quad et \quad M^\alpha = M_1^{\alpha_1} (\ldots (M_n^{\alpha_n} A) \ldots), \quad \alpha = (\alpha_1, \ldots, \alpha_n)$$

On fait de même pour L.

Enfin on pose: $\quad A^{(\alpha, \beta)} = L^\alpha (M^\beta A)$.

On a alors:

$$\mathrm{tr}(A.\mathrm{Op}^W(D_x^\alpha D_p^\beta b)) = (-1)^{|\beta|} . \mathrm{tr}(A^{(\alpha, \beta)}(\mathrm{Op}^W b))$$

pour tout $\quad b \in \mathcal{S}(\mathbb{R}_x^n \times \mathbb{R}_p^n)$.

<u>*Preuve:*</u>

En procédant par récurrence on se ramène au cas où $\quad |\alpha| + |\beta| = 1$.
Supposons par exemple $\beta = 0$ et $\alpha = (1, 0, \ldots, 0)$. Posons:

$$P_\varepsilon = e^{-\varepsilon \mathcal{H}} \quad et \quad A_\varepsilon = P_\varepsilon . A . P_\varepsilon$$

Or:

$$\mathrm{Op}^W(D_{x_1} b) = -[\mathrm{Op}^W b, D_{x_1}]$$

D'où:

$$A_\varepsilon . \mathrm{Op}^W(D_{x_1} b) = [A_\varepsilon, D_{x_1}] B - [A_\varepsilon . B, D_{x_1}]$$

On utilise alors le lemme (II-58):

(89)
$$\mathrm{tr}(A_\varepsilon . \mathrm{Op}^W . (D_{x_1} b)) = \mathrm{tr}([A_\varepsilon, D_{x_1}].B)$$

Il est aisé de voir qu'il existe N assez grand tel que A_ε et $[A_\varepsilon, D_{x_1}]$ convergent dans $\mathcal{L}(B^N, B^{-N})$ lorsque $\varepsilon \longrightarrow 0$. On en déduit que l'on peut passer à la limite dans (89), d'où la proposition.

Proposition (II-61)   (R. Beals-[BEA]$_2$):

(i) $A = \mathrm{Op}^W a$ *avec* $a \in \bigcap\limits_{j>0} H^j(\mathbb{R}^{2n})$ *si et seulement si pour tous multiindices* α, β, $A^{(\alpha,\beta)}$ *se prolonge en un opérateur de Hilbert-Schmidt dans* $L^2(\mathbb{R}^n)$.

(ii) $A = \mathrm{Op}^W a$ *avec* $a \in \sum\limits_0^1 {}^1 (\mathbb{R}^{2n})$ *si et seulement si pour tous multiindices* α, β, $A^{(\alpha,\beta)}$ *se prolonge en un opérateur linéaire continu de* $L^2(\mathbb{R}^n)$.

<u>*Preuve:*</u>

(i)   D'après la proposition (II-57), A a un symbole distribution a. Or on a:

$$(2\pi)^{-n} |<a,b>| = |\mathrm{tr}(A.\mathrm{Op}^W b)| \leq ||A||_{HS} . \int |b(x,p)|^2 dx dp$$

d'où $a \in L^2$.

En remplaçant b par $\partial_x^\alpha \partial_p^\beta b$ et en utilisant la proposition (II-60) on a: $\partial^\alpha \partial^\beta a \in L^2(\mathbb{R}^n)$.

La réciproque est immédiate.

(ii)   Si $A \in \mathrm{Op}^W a$ avec $\sum\limits_0^1 {}^1 (\mathbb{R}^{2n})$ alors $A^{(\alpha,\beta)} \in \mathcal{L}(L^2(\mathbb{R}^n))$ d'après le théorème (II-36). Pour la réciproque on utilise le théorème (II-49): il existe $\gamma > 0$, $N \in \mathbb{N}$ tels que:

$$|\text{tr } A(\text{Op}^{W}b)| \leq \gamma \cdot ||A|| \cdot ||b||_{W^{N,1}(\mathbb{R}^{2n})}$$

En remplaçant b par $\partial_x^{\alpha}\partial_p^{\beta}b$ on obtient alors:

$$(90) \qquad \partial_x^{\alpha}\partial_p^{\beta}a \in (W^{N,1}(\mathbb{R}^{2n}))', \text{ pour tout } \alpha \text{ et } \beta \in \mathbb{N}^n$$

ie pour tous multiindices α, β on a $\partial_x^{\alpha}\partial_p^{\beta}a \in W^{-N,\infty}(\mathbb{R}^{2n})$. On en déduit donc que $a \in \sum_{o}^{1}(\mathbb{R}^{2n})$ par le:

Lemme (II-62):

Soit N, m des entiers > 0 et $f \in W^{-N,+\infty}(\mathbb{R}^m)$.

On suppose de plus que pour tout $\alpha \in N^m$, $D^{\alpha}f \in W^{-N,+\infty}(\mathbb{R}^m)$.

Alors $f \in L^{\infty}(\mathbb{R}^m)$ et par conséquent $D^{\alpha}f \in L^{\infty}(\mathbb{R}^m)$ pour tout $\alpha \in N^m$.

Preuve:

On utilise les potentiels de Bessel d'ordre k ($k \in \mathbb{N}$):

$$J_k = (I-\Delta)^{-k}.$$

J_k est bien sûr un opérateur de convolution par la fonction:

$$(91) \qquad J_k(x) = \int (1+|\xi|^2)^{-k} e^{ix \cdot \xi} d\xi$$

expression bien définie pour $k > \frac{m}{2}$ (pour d'autres propriétés des potentiels de Bessel voir [STE]).

Choisissons $k > \frac{N+m}{2}$. En faisant des intégrations par parties dans (91) on obtient que $J_k \in W^{N,1}(\mathbb{R}^m)$.

Or si f vérifie l'hypothèse du lemme alors $f \in C^{\infty}(\mathbb{R}^m)$ et l'on a:

$$(92) \qquad f(x) = <J_k(x-.), (I-\Delta)^k f> \qquad \text{(faire une troncature)}$$

D'où:

$$(93) \qquad |f(x)| \leq ||J_k||_{W^{N,1}(\mathbb{R}^m)} \, ||(I-\Delta)^k f||_{W^{-N,+\infty}(\mathbb{R}^m)}$$

(93) implique le lemme.

Remarque (II-63):

Nous devons cette démonstration du lemme (II-62) à J. Hounie de l'Université de Récife.

Proposition (II-64):

Soit $A = Op^W a$ avec $a \in \mathcal{S}(\mathbb{R}^n_x \times \mathbb{R}^n_p)$.
On a alors:

$$(94) \quad a(x_o, p_o) = 2^n . tr(A.S_{(x_o, p_o)}), \quad pour \ tout \ (x_o, p_o) \in \mathbb{R}^n_x \times \mathbb{R}^n_p.$$

Preuve:

C'est une conséquence immédiate de la proposition (II-57) et de l'exemple (II-59).

Nous allons maintenant généraliser la formule (91) de manière à avoir une expression pouvant donner les valeurs ponctuelles du symbole pour une classe plus large d'opérateurs.

On commence par établir quelques formules permettant de se ramener au calcul de la valeur du symbole à l'origine: $x_0 = p_0 = 0$.

Posons: $W(x_0, p_0) = x_0 \cdot D_x - p_0 x$.

Un calcul direct montre que:

$$(95) \quad \sigma^W(e^{i \cdot W(x_0,p_0)} \cdot A \cdot e^{-iW(x_0,p_0)})(x,p) = \sigma^W(A)(x+x_0, p+p_0)$$

Il résulte de la preuve de la proposition (II.17) que l'on a:

$$(96) \quad S_{(x_0,p_0)} = e^{-2iW(x_0,p_0)} \cdot S_{(0,0)}$$

on a d'autre part:

$$(97) \quad (e^{iW(x_0,p_0)} \cdot A \cdot e^{-iW(x_0,p_0)})^{(\alpha,\beta)} = e^{iW(x_0,p_0)} \cdot A^{(\alpha,\beta)} \cdot e^{-iW(x_0,p_0)}$$

pour tout $(x_0,p_0) \in \mathbb{R}^{2n}$ et tout $\alpha, \beta \in \mathbb{N}^n$.

La propriété (97) vient de la suivante, dont la preuve est élémentaire:

(98)   Pour tout opérateur L à symbole linéaire on a:

$$[L, e^{iW(x_0,p_0)} \cdot A \cdot e^{-iW(x_0,p_0)}] = e^{iW(x_0,p_0)} \cdot [L,A] \cdot e^{-iW(x_0,p_0)}$$

Enfin on a la propriété évidente à établir:

$$(99) \quad \sigma^W(A^{(\alpha,\beta)}) = (-1)^{|\beta|} \cdot D_x^\alpha D_p^\beta \sigma^W(A)$$

pour tout $A \in \mathcal{L}(\mathcal{S}(\mathbb{R}^n), \mathcal{S}'(\mathbb{R}^n))$ et tout $\alpha, \beta \in \mathbb{N}^n$.

Proposition (II-65):

Pour tout $k \in \mathbb{N}$, *il existe une famille de coefficients universels:*

$$\{c_{\alpha,\beta}^{(k)}\}_{|\alpha|+|\beta| \leq k},$$

telle que:

$$(100) \quad \sigma^W(A)(0,0) = \sum_{|\alpha|+|\beta| \leq k} c_{\alpha,\beta}^{(k)} \mathrm{tr}(A^{(\alpha,\beta)} . Op^W \check{J}_k) , \check{J}_k(x,p) = J_k(-x,-p)$$

pour tout $A \in \mathcal{L}(\mathcal{S}'(\mathbb{R}^n), \mathcal{S}(\mathbb{R}^n))$.

Preuve:

Cela résulte immédiatement de la proposition (II-56), de (95) et (99).

La formule (100) peut permettre d'obtenir une expression de la valeur ponctuelle du symbole pour des classes assez générales d'opérateurs. On a par exemple:

Corollaire (II-66):

Soit l'entier déterminé par le théorème (II-49).

Soit $k > N+n$. *On suppose que pour tout couple de multiindices* (α,β), $|\alpha|+|\beta| \leq k$, $A^{(\alpha,\beta)} \in \mathcal{L}(L^2(\mathbb{R}^n))$. *Alors le symbole de Weyl* $\sigma^W(A)$ *de A est une fonction continue et bornée sur* $\mathbb{R}^n_x \times \mathbb{R}^n_p$ *donnée par:*

$$\sigma^W(A)(x,p) = \mathrm{tr}[(\sum_{|\alpha|+|\beta| \leq k} c_{\alpha,\beta}^{(k)} . A^{(\alpha,\beta)}) . e^{iW(x,p)} . (Op^W \check{J}_k) e^{-iW(x,p)}]$$

Preuve:

Voir exercice (II-21).

Remarque (II-67):

Il pourrait être intéressant de déterminer le plus petit entier k pour que la conclusion du corollaire (II-66) reste valable. On pourrait d'abord, dans l'esprit des travaux de Y. Meyer, (cf. [CO-ME]) essayer d'obtenir le théorème (II-49) avec le nombre minimal de dérivées sur le symbole.

CHAPITRE III

CALCUL FONCTIONNEL SUR LES OPÉRATEURS h-ADMISSIBLES

§1 - Préliminaires :

On a vu dans le chapitre 1 quelle est l'interprétation physique du spectre de l'hamiltonien quantique:

$$\mathcal{H}_h = -h^2 \Delta + V.$$

Sauf dans des cas trés particuliers (potentiels quadratiques on coulombiens) on ne sait pas calculer explicitement le spectre de $\mathcal{H}_h$. On a donc recours aux méthodes asymptotiques. Ces méthodes asymptotiques consistent grosso-modo à évaluer une expression du type:

$$(1) \qquad F(\lambda,h) = \mathrm{tr}[f_{\lambda,h}(A(h))]$$

λ étant un paramètre réel (éventuellement complexe) et $f_{\lambda,h}$ est une fonction C^∞ d'une variable réelle. Les exemples qui ont été les plus utilisés dans la littérature sur ce sujet sont les suivants:

$(2) \quad f_\lambda(u) = e^{-\lambda u}$, $\lambda>0$ (semi-groupe de la chaleur)

$(3) \quad f_\lambda(u) = (\lambda+u)^{-k}$, k entier > 0, $\lambda \in \mathbb{C} \setminus \mathbb{R}$, $u \in \mathbb{R}$ (itérées de la résolvante)

$(4) \quad f_\lambda(u) = u^\lambda$ $(u>0, \lambda \in \mathbb{C})$ (puissances complexes)

(5) $\quad f_{\lambda,h}(u) = e^{-i\lambda h^{-1}u}$ $\quad (\lambda \in R, \ u \in R)$ $\quad$ (groupe unitaire).

Dans l'exemple (5) la trace est à considérer au sens des distributions (voir exercice (III-1)).

A partir de l'étude de (1) on obtient des renseignements sur le spectre de l'opérateur $\mathcal{H}_h$ à l'aide de théorèmes taubériens:

(2) $\longrightarrow$ Théorème de Karamata ([WID])

(3) $\xrightarrow{k=1}$ $\quad$ " $\quad$ Hardy-Littlewood $([AGM]_1)$

$\quad$ " $\quad$ Malliavin-Plejel $([AGM]_2)$

$\quad$ " $\quad$ Keldys ([KEL])

(4) $\longrightarrow$ $\quad$ " $\quad$ Ikehara

(5) $\longrightarrow$ $\quad$ " $\quad$ Duistermaat-Guillemin-Hörmander ([Du-Gu]).

Il est classique (cf par exemple $[RE-SI]_1$) que la décomposition spectrale d'un opérateur A autoadjoint (non nécessairement borné) dans un espace de hilbert H est déterminée par une famille de projecteurs: $(E_\lambda^A)_{\lambda \in \mathbb{R}}$, appelée résolution de l'identité de l'opérateur A. On a alors:

$$(6) \qquad\qquad A = \int \lambda \, d \, E_\lambda^A$$

au sens faible des intégrales de Stieljès.

A toute fonction borélienne $f: \mathbb{R} \longrightarrow \mathbb{C}$ on associe un opérateur normal $([RE-SI]_1)$ par la formule:

$$(7) \qquad f(A) = \int f(\lambda) \, d\, E_\lambda^A.$$

On a en particulier:

$$(8) \qquad E_\lambda^A = 1_{]-\infty,\lambda]}(A)$$

où 1_Ω désigne la fonction caractéristique de l'ensemble Ω. Pour les propriétés du calcul fonctionnel défini par (7) nous renvoyons le lecteur à $[RE-SI]_1$. Une sixième méthode utilisée en théorie spectrale des O.P.D consiste à étudier directement tr E_λ par des méthodes d'analyse fonctionnelle (principe du mini-max) et de pertubation ([CO-HI], [MET]). Enfin il existe une septiéme methode, apparenteé à la sixième, qui consiste à construire des approximations des projecteurs E_λ, dépendant régulièrement de λ, dans des classes d'O.P.D, en régularisant la fonction $1_{]-\infty,\lambda]}$ ([TU-SU], $[HOR]_4$). Jusqu'à maintenant les résultats les plus précis sur le spectre ont été obtenu par la méthode (5). Cependant l'étude directe du groupe unitaire associé à $h^{-1}\mathcal{H}_h$, est difficile car alors on sort du cadre des opérateurs h-admissible (cf chapitre IV). De plus cette étude exige des conditions assez strictes sur le comportement du symbole à l'infini (voir par exemple [CHA], $[HE-RO]_1$, $[HE-RO]_2$, [AS-FU]). Il est clair d'après ce qui précéde que le calcul fonctionnel est naturellement lié à la théorie spectrale. De plus nous verrons dans la suite (chapitre IV) comment l'existence d'un calcul fonctionnel sur les opérateurs h-admissibles nous permettra d'affaiblir considérablement les hypothèses sur le comportement à l'infini du potentiel V pour l'étude du spectre de $\mathcal{H}_h = - h^2\Delta + V$ lorsque h tend vers 0 dans des bandes d'énergie fixeés. Le problème que nous voulons résoudre dans ce chapitre est le suivant:

$(\widetilde{\mathcal{H}}_h)$ *Montrer que sous des hypothèses raisonnables sur f, fonction C^∞ sur $\mathbb{R}$, et sur A(h), opérateur h-admissible, f(A(h)) est encore un opérateur h-admissible.*

Notons tout de suite que (7) est inadapteé pour résoudre le problème $(\widetilde{\mathcal{H}}_h)$ car on ne connait pas bien les projecteurs $E_\lambda^{A(h)}$. Lorsque f est analytique dans un voisinage conique de $\mathbb{R}$ on peut penser à utiliser l'intégrale de Cauchy:

$$(9) \qquad f(A(h)) = \frac{i}{2\pi} \int_\Lambda f(\lambda)(A(h)-\lambda)^{-1}d\lambda.$$

On est alors ramené à montrer que $(A(h)-\lambda)^{-1}$ est h-admissible, dépendant convenablement de λ. Nons ferons cela dans le paragraphe 2 de ce chapitre. Cependant pour les applications en vue c'est insuffisant car on aura besoin de considérer des cas où $f \in C_0^\infty(\mathbb{R})$. La deuxième idée que l'on peut avoir est alors d'utiliser la formule d'inversion de Fourier:

$$(10) \qquad f(A(h)) = \frac{1}{2\pi} \int e^{itA(h)} \hat{f}(t)dt.$$

Or nous avons dit plus haut que le calcul fonctionnel nous permettra de localiser l'étude du groupe unitaire $e^{itA(h)}$! Nons allons utiliser une autre transformation intégrale: la transformée de Mellin: $f \longmapsto \mathcal{M}[f]$. Pour $r \in \mathbb{R}$ on désigne par S_+^r l'ensemble des fonctions $f \in C^\infty(\mathbb{R})$ telles que Supp $f \subset [0,+\infty[$ et pour tout $k \in \mathbb{N}$ il existe $c_k > 0$ tel que:

$$|f^{(k)}(t)| \leq c_k (1+|t|)^{r-k}$$

pour tout $t \in \mathbb{R}$.
On définit alors:

$$(11) \qquad \mathcal{M}[f](s) = \int_0^{+\infty} t^{s-1} . f(t) dt.$$

Théorème (III-1)

_i)_ $\mathcal{M}[f]$ _est holomorphe dans le demi plan complexe:_

$$\{s \in \mathbb{C} \mid Re\, s < -r\}$$

ii) pour tout réel $\rho < -r$, $\mathcal{M}[f]$ _est à décroissance rapide sur la droite_ $\{s \in \mathbb{C} \mid Re\, s = \rho\}$

iii) Pour tout $\rho < -r$ _on a la formule d'inversion:_

$$f(t) = (2i\pi)^{-1} \int_{\rho - i\infty}^{\rho + i\infty} \mathcal{M}[f](s) t^{-s} ds.$$

Preuve:

i) Clair

ii) En intégrant par parties, pour tout $k \in \mathbb{N}$, on obtient:

$$s^k . \mathcal{M}[f](s) = \int_0^\infty (-1)^k t^s . f^{(k)}(t) dt$$

comme $f \in S_+^r$ on obtient le résultat.

iii) On fait d'abord le changement de variables $t = e^u$:

$$\mathcal{M}[f](s) = \int_{-\infty}^{+\infty} e^{us} f(e^u) du.$$

Puis on pose: $s = \sigma + i\rho$:

$$\mathcal{M}[f](\sigma+i\rho) = \int_{-\infty}^{+\infty} e^{iu\rho} . e^{u\sigma} f(e^u) du.$$

On applique alors la formule d'inversion de Fourier à   la fonction:

$$\tilde{g}_\sigma(u) = e^{u\sigma} . f(e^u).$$

Il vient alors:

$$e^{v.\sigma} f(e^v) = (2\pi)^{-1} \int e^{-iv\rho} \mathcal{M}[f](\sigma+i\rho) d\rho.$$

D'où la formule d'inversion de Mellin.

Soit A un opérateur linéaire, autoadjoint, de domaine D(A) dans l'espace de Hilbert H. On suppose que:

(12)
$$\text{Inf} \; <Au,u> \; > \; 0$$
$$u \; \epsilon \; D(A)$$
$$u \neq 0.$$

Proposition (III-2)

Pour toute $f \; \epsilon \; S_+^r$, $r<0$ *et tout* $\rho \; \epsilon \; [0,-r]$, *on a:*

(13)
$$f(A) = (2i\pi)^{-1} \int_{\rho-i\infty}^{\rho+i\infty} \mathcal{M}[f](s) . A^{-s} ds$$

l'intégrale étant à considérer pour la topologie faible des opérateurs.

Preuve:

Soient $u, v \; \epsilon \; H$, $s = \rho+i\sigma$ on a:

$$|<A^{-s}u,v>| \; \leq \; ||A^{-\rho}|| \; ||u|| \; ||v||.$$

On part de l'égalité:

$$<f(A)u,v> = \int f(\lambda) \; d<E_\lambda u,v>$$

$(E_\lambda)_{\lambda \in \mathbb{R}}$ étant la résolution de l'identité associée à A.

D'où:

$$<f(A)u,v> = \frac{1}{2i\pi} \int_0^{+\infty} \left(\int_{\rho-i\infty}^{\rho+i\infty} \mathcal{M}[f](s) \lambda^{-s} ds \right) d<E_\lambda u,v>$$

or

$$\int \lambda^{-s} \, d<E_\lambda u,v> = <A^{-s}u,v>.$$

Ce qui précéde et le théorème de Fubini impliquent la proposition.

Remarques (III-3)

i) Les résultats précédents suggérent donc la stratégie suivante:

a) Etude de $(A(h)-\lambda)^{-1}$ *en fonction des paramètres* h *et* λ

b) Etude de $A(h)^{-s}$ *en fonction de* h *et* s *en utilisant son expression comme intégrale de Cauchy:*

$$A(h)^{-s} = (2i\pi)^{-1} \int_\Lambda \lambda^{-s} (A(h)-\lambda)^{-1} d\lambda$$

c) Enfin étude de $f(A(h))$ *à l'aide de la formule de représentation (13).*

ii) Si $r>0$ *on peut remplacer* f *par* $g(t) = t^{-r-1} \cdot f(t)$. *On a alors:* $f(A) = A^{r+1} \cdot g(A)$. *Cependant cette égalité n'est pas toujours utilisable car en général les opérateurs h-admissibles ne se composent pas. Par contre elle pourra être utilisée dans la classe des opérateurs fortement h-admissibles.*

§2 - Une classe d'opérateurs h-admissibles essentiellement autoadjoints

Soit $]0,h_o] \ni h \longmapsto A(h)$ um opérateur h-admissible de poids $(m,0)$, de symbole $a(h) = \sum_{j \geq 0} h^j . a_j$. Rappelons que pour tout entier $N \geq N_o$ on a:

$$A(h) = \sum_{j=0}^{N} h^j \, op_h^W \, a_j + h^{N+1} . R_{N+1}(h)$$

avec

$$\underset{h \in]0,h_o]}{Sup} ||R_{N+1}(h)||_{\mathcal{L}(L^2(\mathbb{R}^n))} < + \infty.$$

Introduisons les hypothèses suivantes:

(H_1) $A(h)$ est symétrique sur $\mathcal{S}(\mathbb{R}^n)$ pour tout $h \in]0,h_o]$

   (ce qui entraîne que $a_j \in \mathbb{R}$ pour tout $j \in \mathbb{N}$)

(H_2) $\underset{(x,p) \in \mathbb{R}^{2n}}{Min} a_o(x,p) = \gamma_o > 0$

(H_3) Sort $\gamma_1 < \gamma_o$, $\gamma_1 \leq 0$. Alors $a_o - \gamma_1$ est un poids tempéré

   et $a_j \in \sum_{o}^{a_o - \gamma_1} (\mathbb{R}^{2n})$ pour $j \in \mathbb{N}$.

<u>*Théorème (III-4)*</u>

Sous les hypothèses (H_1), (H_2) et (H_3) il existe $h_1 \in]0,h_o]$ tel que pour tout $h \in]0,h_1]$ $A(h)$ est essentiellement autoadjoint. De plus $A(h)$ est semi-borné. Plus précisémment pour tout $\varepsilon > 0$ il existe $h_\varepsilon \in]0,h_o]$ tel que:

$$\langle A(h)u,u\rangle \geq (\gamma_0-\varepsilon)\,||u||^2 \text{ pour tout } u\in \mathcal{S}(\mathbb{R}^n),\ h\in]0,h_\varepsilon].$$

Preuve:

Soit
$$b_t(x,p) = \frac{1}{a_0(x,p)-t};\ t \leq \gamma_0-\varepsilon.$$

Il résult facilement de (H_3) que $b_t \in \sum_0^{(a_0-\gamma_1)^{-1}}$.

Or on a:

$$(14)\qquad (A(h)-t).op_h^W b_t = op_h^W(a_0-t).op_h^W b_t$$
$$+ \sum_{j=1}^N h^j(op_h^W a_j).(op_h^W b_t) + h^{N+1}R_N(h).op^W b_t$$

on utilise alors la formule de composition et le théorème de Calderon-Vaillancourt, avec estimations precisées, pour déduire de (14):

$$(15)\qquad (A(h)-t).(op_h^W b_t) = I + h.S_t(h)$$

avec

$$\underset{h\,\in\,]0,h_0]}{Sup}\ ||S_t(h)||_{\mathcal{L}(L^2(\mathbb{R}^n))} < +\infty.$$

Or $op^W b_t(x,hD_x)\in \mathcal{L}(\mathcal{S}(\mathbb{R}^n),\ \mathcal{S}(\mathbb{R}^n))$. D'aprés un résultat établi en annexe on en déduit que $A(h)$ est autoadjoint dès que $h.\underset{h\,\in\,]0,h_0]}{Sup}\ ||S_t(h)||_{\mathcal{L}(L^2(\mathbb{R}^n))} < 1$. Il y a une variante du théorème (2-1) qui ne suppose pas h petit. On remplace

(H_3) par:

$(\tilde{H}_3)$. Il existe $\rho \in \,]0,1]$ tel que

$$a_j \in \sum_\rho^{-a_o - \gamma_1, -2j} \qquad \text{pour tout} \quad j \in \mathbb{N}.$$

Théorème ($\widetilde{III}$-4):

Sous les hypothèses (H_1), (H_2) et $(\tilde{H}_3)$, $A(h)$ est essentiellement autoadjoint pour tout $h \in \,]0,h_o]$.

Preuve:

On reprend la preuve précédente à h fixé et en faisant

$t \longrightarrow + \infty$.

On a:

$$(16) \qquad |b_t(x,p)| \leq \frac{C}{|t|}, \quad t \geq \gamma_1$$

$$(17) \quad \partial_x^\alpha \partial_p^\beta b_t = \sum_{\substack{|\alpha|=|\alpha^1|+\ldots+|\alpha^k| \\ |\beta|=|\beta^1|+\ldots+|\beta^k| \\ |\alpha|+|\beta|\geq k \geq 1}} C_{\beta^1,\ldots,\beta^k}^{\alpha^1,\ldots,\alpha^k} \cdot (a_o-t)^{-k-1} (\partial_x^{\alpha^1}\partial_p^{\beta^1}a_o)\ldots(\partial_x^{\alpha^k}\partial_p^{\beta^k}a_o)$$

$C_{\beta^1,\ldots,\beta^k}^{\alpha^1,\ldots,\alpha^k}$ étant des coefficients universels.

D'où il résulte:

$$(18) \qquad \partial_x^\alpha \, \partial_p^\beta \, b_t = 0(\frac{1}{|t|})$$

et d'après le théorème de Calderon-Vaillancourt

$$(19) \quad h^{N+1} \, ||R_N(h).(op_h^W b_t)||_{\mathcal{L}(L^2(\mathbb{R}^n))} = O(|t|^{-1}.h^{N+1}).$$

Ensuite on a:

$$(20) \qquad (op_h^W a_j) . (op_h^W b_t) = op^W c_t^{(j)}$$

où

$$c_t^{(j)}(x,p) = \sum_{k=0}^{M} h^j.c_{t,k}^{(j)}(x,p) + h^{M+1}.\delta_{M+1}^{(j)}(h,x,p).$$

Il résulte de (17) que l'on a:

$$(21) \quad |\partial_x^\alpha \partial_p^\beta b_t(x,p)| \leq C_{\alpha\beta}\lambda(x,p)^{-\rho(|\alpha|+|\beta|)}.(a_o(x,p)-\gamma_1)(a_o(x,p)-t)^{-1}$$

pour $t \leq -\gamma_1$.

Soit $\delta \in]0,1[$ à déterminer. On a:

$$(22) \qquad (a_o-t)^{-1} \leq (a_o-\gamma_1)^{-\delta} (\gamma_1-t)^{\delta-1}.$$

D'après (H_1) il existe des réels $K, m > 0$ tels que:

$$(23) \quad \lambda^{-2\rho}(x,p) \leq K(a_o(x,p)-\gamma_1)^{-m} \quad \text{pour tout} \quad (x,p) \in \mathbb{R}^{2n}.$$

D'où pour $j \geq 1$ il résulte de $(\tilde{H}_3)$ que l'on a:

$$(24) \qquad |\partial_x^\alpha \partial_p^\beta a_j| \leq C_{\alpha\beta j}.\lambda^{-\rho(|\alpha|+|\beta|)}.(a_o-\gamma_1)^{1-m}$$

or (21) et (22) entraînent:

(25) $\quad |\partial_x^\alpha \partial_p^\beta b_t| \leq C_{\alpha\beta} \, \lambda^{-\rho(|\alpha|+|\beta|)} (a_o - \gamma_1)^{-\delta} (\gamma_1 - t)^{\delta - 1}.$

On choisit alors $1 - m \leq \delta < 1$.

Il résulte alors de (24), (25), (20) et des résultats du chapitre II que l'on a pour tout $j \geq 1$:

$$(26) \qquad \left|\left| (\mathrm{op}_h^W a_j)(\mathrm{op}_h^W b_t) \right|\right|_{\mathcal{L}(L^2(\mathbb{R}^n)} = O(|t|^{\delta - 1})$$

pour $t \longrightarrow -\infty$, uniformément par rapport à h, $h \in \,]0, h_o]$.

Par le même genre d'argument on obtient :

$$(27) \qquad \mathrm{op}_h^W(a_o - t) . \mathrm{op}^W b_t = I + S(t,h)$$

où :

$$\left|\left| S(t,h) \right|\right|_{\mathcal{L}(L^2(\mathbb{R}^n))} = O(|t|^{\delta - 1}), \; t \longrightarrow -\infty,$$

uniformément par rapport à h.

On a donc obtenu en définitive :

$$(28) \quad (A(h) - t) . (\mathrm{op}_h^W b_t) = I + \widetilde{R}(t,h) ; \; \left|\left| \widetilde{R}(t,h) \right|\right| = O(|t|^{\delta - 1})$$

et on conclut comme pour le théorème (2-1).

<u>Proposition (III-5)</u> :

i) Si $\displaystyle \lim_{|x| + |p| \,\to\, \infty} a_o(x,p) = +\infty$ *alors* **A(h)** *est à résolvante*

compacte

ii) *Si* $\iint (a_o(x,p)-\gamma_1)^{-k}dxdp < +\infty$, $k\in\mathbb{N}$, *alors:* $(A(h)-t)^{-k}$
est de classe trace pour tout $t \leq -\gamma_1$. *On a de plus:*

$$\lim_{h\to 0}(h^n.\text{tr}[(A(h)-t)^{-k}]) = (2\pi)^{-n}.\iint(a_o(x,p)-t)^{-k}dxdp$$

pour tout $t \leq -\gamma_1$

iii) *Si* $\iint(a_o(x,p)-\gamma_1)^{-2}dxdp < +\infty$ *alors* $(A(h)-t)^{-1}$ *est*
de classe Hilbert-Schmidt pour tout $t \leq -\gamma_1$

Preuve:

i) est clair d'après le théorème (II-46).

ii) Quitte à remplacer b_t par b_t^k, on peut se ramener à
k=1 (voir exercice (III-2)). Posons: $B_t(h) = op_h^w b_t$.

Il résulte de (28) que si $||R(t,h)||_{\mathcal{L}(L^2(\mathbb{R}^n))} < 1$ on a:

$$(29) \qquad (A(h)-t)^{-1} = B_t(h)(I + R(t,h))^{-1}.$$

Or il résulte des hypothèses et du théorème (II-49):

$$(30) \qquad ||B_t(h)||_{tr} \leq C h^{-n}\int (a_o(x,p)-t)^{-1}dxdp$$

(29) et (30) impliquent facilement (ii).

§3 - Résolvantes et puissances complexes d'opérateurs h-admissibles

Par commodité on va supposer $\gamma_o>0$. Soit $z\in\mathbb{C}\setminus[\gamma_1,+\infty[$ où
$0<\gamma_1<\gamma_o$ classiquement ([SEE]) pour étudier la résolvante

$(A(h)-z)^{-1}$ on construit une suite d'approximations de la manière suivante:

Posons:

$$(31) \qquad b_{z,o} = (a_o-z)^{-1}$$

$$b_{z,j+1} = - b_{z,o} \cdot \sum_{\substack{\ell+|\alpha|+|\beta|+k=j+1 \\ 0 \le \ell \le j}} \Gamma(\alpha,\beta)(\partial_p^\alpha \partial_x^\beta a_k)(\partial_p^\beta D_x^\alpha b_{z,\ell})$$

où

$$(32) \qquad \Gamma(\alpha,\beta) = (\alpha!.\ \beta!.\ 2^{|\alpha|}(-2)^{|\beta|})^{-1}$$

$$(33) \qquad B_{z,M}(h) = \sum_{j=0}^{M} h^j.b_{z,j}$$

Dans la suite nous allons établir des estimations sur

$$(A(h)-z)^{-1} - op_h^W B_{z,M}(h)$$

de façon à améliorer les calculs du §2. Pour le moment nous nous plaçons sous les hypothèses (H_1), (H_2), (H_3) (dans le paragraphe 5 nous traiterons le cas (H_1), (H_2), $(\tilde{H}_3)$).

Lemme (III-6)

Pour tout $j \in \mathbb{N}$ _et tout_ $\alpha,\beta \in \mathbb{N}^n$ _il existe_ $c_{j,\alpha,\beta} > 0$ _telle que_

$$(34) \qquad |\partial_p^\alpha \partial_x^\beta b_{z,j}| \leq C_{j\alpha\beta} \cdot |b_{0,z}| \cdot \left(\frac{|z|}{d(z)}\right)^{|\alpha|+|\beta|+2j}$$

pour tout $z \in \mathbb{C} \setminus [\gamma_1, +\infty[$ *et tout* $(x,p) \in \mathbb{R}_x^n \times \mathbb{R}_p^n$.

On a posé: $d(z) = \text{dist}(z, [\gamma_1, +\infty[$.

<u>*Preuve:*</u>

Commençons par le cas $j=0$.

D'après (17), pour $|\alpha|+|\beta| \geq 1$, on a:

$$(35) \qquad |\partial_p^\alpha \partial_x^\beta b_{z,0}| \leq C_{\alpha,\beta} \cdot |b_{z,0}| \cdot \sum_{k=1}^{|\alpha|+|\beta|} a_o^k \cdot (a_o - z)^{-k}.$$

Soit $\phi = \arg z$.

Pour $|\phi| \geq \dfrac{\pi}{2}$ on utilise simplement l'inégalité:

$$(36) \qquad |a_o - z| \geq a_o.$$

Soit donc $0 < |\phi| \leq \dfrac{\pi}{2}$

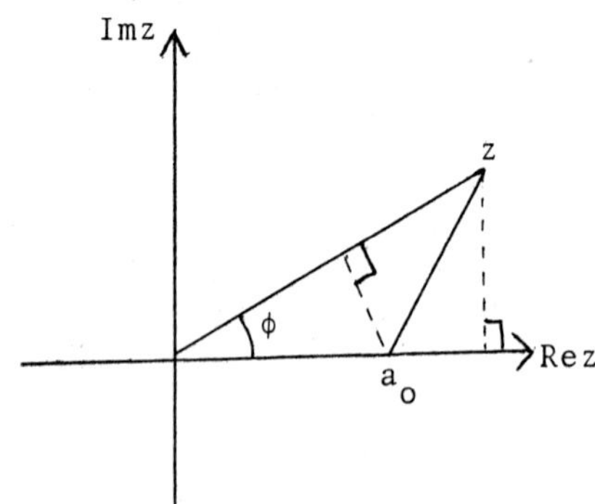

On a alors:

$$(37) \qquad |a_0| \cdot |a_0 - z|^{-1} \leq \frac{1}{\sin \phi} = \frac{|z|}{|\mathrm{Im}\ z|}$$

(35), (36) et (37) prouvent (34) pour $j=0$.

Pour $j \geq 1$ on utilise la formule de Leibnitz et la relation de récurrence (32).

Pour la suite nous aurons besoin de connaitre la forme des $b_{z,j}$:

Lemme (III-7)

Pour tout entier $j \geq 1$ *on a:*

$$(38) \qquad b_{z,j} = \sum_{k=1}^{2j-1} d_{jk} \cdot b_{z,0}^{k+1}$$

où des d_{jk} *sont des fonctions polynomiales universelles des* $\partial_p^\alpha \partial_x^\beta a_\ell$, $|\alpha| + |\beta| + \ell \leq j$. *En particulier on a:*

$$(39) \qquad b_{z,1} = -a_1 \cdot b_{z,0}^2 .$$

De plus $d_{jk} \in \sum_0^{\prime} a_0^k$ *pour tout* k, $1 \leq k \leq 2j-1$.

Preuve:

On démontre par récurrence sur j que l'on a, pour tout $\alpha, \beta \in \mathbb{N}^n$,

$$(40) \qquad \partial_p^\alpha \partial_x^\beta b_{z,j} = \sum_{k=0}^{2j+|\alpha|+|\beta|} d_{j,k}^{(\alpha,\beta)} \cdot b_{z,0}^{k+1} \cdot$$

Pour $j=0$, (40) est une réécriture de (17). Pour j fixé on prouve (40) par récurrence sur $|\alpha|+|\beta|$. (Naturellement les $d_{j,k}^{(\alpha,\beta)}$ sont des fonctions polynomiales universelles des

$$(\partial_p^{\alpha'} \partial_x^{\beta'} a_\ell)_{|\alpha'|+|\beta'|+\ell \,\leq\, j+|\alpha|+|\beta|}).$$

Pour la suite, on commence par se ramener au cas où:

$$A(h) = \sum_{j=0}^{N} h^j op_h^W a_j,$$

N arbitraire.

Il s'agit alors d'étudier le reste dans la formule de composition:

$$(41) \qquad (A(h)-z) \cdot op_h^W B_{z,N}(h) = I + h^{N+1} \cdot \Delta_{z,N+1}(h)$$

où

$$\Delta_{z,N+1}(h) = op_h^W \delta_{z,N+1} \cdot$$

Il est utile ici de remarquer que $\delta_{z,N+1}(h)$ est également le symbole du reste d'ordre $N+1$ dans la composition de $A(h)$ et de $op_h^W B_{z,N}(h)$. Il résulte alors du lemme (3-1), de

la remarque précédente et du chapitre II (Thm II-43) que
l'on a:

Lemme (III-8):

Pour tout entier N il existe un entier q(N) tel que

$$(42) \qquad |\partial_p^\alpha \partial_x^\beta \delta_{z,N+1}| \leq C_{\alpha,\beta,N} \left(\frac{|z|}{d(z)}\right)^{q(N)}$$

pour tout $z \in \mathbb{C} \setminus [\gamma_1, +\infty[$.

Des lemmes précèdents et du théorème de continuité de
Calderon-Vaillancourt on déduit le:

Théorème (III-9)

$$(A(h)-z).op_h^W B_{z,N} = I + h^{N+1}.\Delta_{z,N+1}(h)$$

avec

$$||\Delta_{z,N+1}||_{\mathcal{L}(L^2(\mathbb{R}^n))} = 0\left(\frac{|z|}{d(z)}\right)^{q(N)}.$$

En particulier pour tout $z \in \mathbb{C} \setminus [\gamma_1, \infty[$ et tout $h \in]0, h_1]$
($h_1 > 0$ assez petit, indépendemment de z), $(A(h)-z)^{-1}$ est
un opérateur h-admissible de symbole:

$$B_z(h) = \sum_{j=0}^{\infty} h^j.b_{z,j}.$$

Nous pouvons maintenant étudier $A(h)^S$, $s \in \mathbb{C}$, Res<0. On peut alors définir $A(h)^S$ par l'intégrale de Cauchy:

$$(43) \qquad A(h)^S = i(2\pi)^{-1} \int_{Z_\theta} z^S (A(h)-z)^{-1} dz$$

où z^S est la détermination de la fonction puissance définie dans $\mathbb{C} \setminus]-\infty,0]$. Z_θ est le contour défini par les demi-droites: arg $z = \theta$ et arg $z = -\theta$ pour $|z| \geq \gamma_1$ et par l'arc de cercle $|z| = \gamma_1/2$ pour $-\theta \leq$ arg $z \leq \theta$

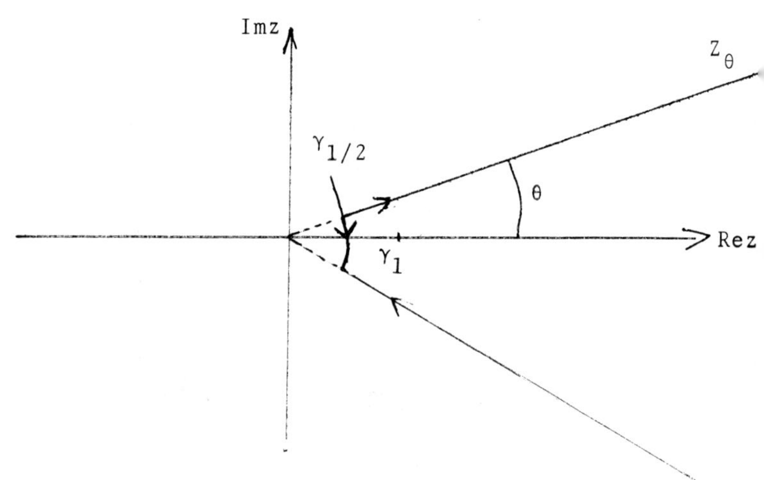

Théorème (III-10)

i) Sous les hypothèses (H_1), (H_2), (H_3), $A(h)^S$ _est un opérateur h-admissible pour tout_ $s \in \mathbb{C}$, Res<0. _Le symbole_ $a^{(s)}(h)$ _de_ $A(h)^S$ _est donné par:_

$$a^{(s)}(h) = \sum_{j \geq 0} h^j . a_{s,j}$$

où

$$a_{s,j} = \sum_{k=1}^{2j-1} (-1)^k \cdot d_{jk} \cdot (k!)^{-1} \cdot s(s-1)\ldots(s-k+1) a_o^{s-k}$$

pour $j \geq 1$. *On a en particulier:* $a_{s,o} = a_o^s$ *et* $a_{s,1} = s \cdot a_1 \cdot a_o^{s-1}$

ii) *Posons:* $D_{N+1,s}(h) = i(2\pi)^{-1} \int_{Z_\theta} z^s (A(h)-z)^{-1} \Delta_{z,N+1}(h) dz$

Alors $s \longmapsto D_{N+1,s}(h)$ *est holomorphe dans* $\{\text{Res} < 0\}$ *à*

valeurs dans $\mathcal{L}(L^2(\mathbb{R}^n))$ *et pour tout entier* N, *il existe*

$K(N) > 0$ *tel que pour* $\text{Res} < 0$ *on ait:*

$$(44) \quad ||D_{N+1,s}(h)||_{\mathcal{L}(L^2(\mathbb{R}^n))} \leq K(N) \cdot \gamma_1^{\text{Res}} \cdot |\text{Res}|^{-1} (1+|\text{Ims}|)^{q(N)+1}$$

où $q(N)$ *est déterminé par le théorème (3-4).*

<u>*Preuve:*</u>

i) est une conséquence immédiate du théorème (3-4).

ii) on commence par remarquer que l'intégrale de Cauchy définissant $A(h)^s$ est indépendante de θ. On va donc choisir θ, $\theta \in]0, \frac{\pi}{2}]$ de manière à optimiser les majorations. Désignons par $C(\gamma_1, \theta)$ l' arc de cercle:

$$\{|z| = \gamma_1, \ -\theta \leq \arg z \leq \theta\}.$$

Il résulte du théorème (3-4) que l'on a:

$$(45) \quad \left\|\int_{C(\gamma_1,\theta)} z^s (A(h)-z)^{-1}.\Delta_{z,N+1}(h)dz\right\|_{\mathcal{L}(L^2(\mathbb{R}^n))} \leq$$

$$C_N.\gamma_1^{Res}.\theta.e^{\theta|Ims|}.$$

Puis :

$$(46) \quad \left\|\int_{Z_\theta \setminus C(\gamma_1,\theta)} (A(h)-z)^{-1}.\Delta_{z,N+1}(h).z^s dz\right\|_{\mathcal{L}(L^2(\mathbb{R}^n))} \leq$$

$$C_N(\sin\theta)^{-q(N)-1}.e^{\theta|Ims|}.\int_{\gamma_1}^\infty r^{Res-1}dr.$$

De (44) et (45) on déduit :

$$(47) \quad \left\|\int_{Z_\theta} (A(h)-z)^{-1}\Delta_{z,N+1}(h).z^s dz\right\|_{\mathcal{L}(L^2(\mathbb{R}^n))} \leq$$

$$C_N.\gamma_1^{Re\gamma}\, e^{\theta|Ims|}(\theta + (\sin\theta)^{-q(N)-1}).$$

On choisit alors $\theta = \dfrac{1}{|Ims|}$ si $|Ims| \geq 2.\pi^{-1}$ et $\theta = \dfrac{\pi}{2}$ si $|Ims| < 2.\pi^{-1}$ pour obtenir (44).

§4 - Calcul fonctionnel et premières applications

Théorème (III-11)

Soient $A(h)$, $h \in]0,h_o]$ un opérateur h-admissible vérifiant (H_1), (H_2), (H_3) et $f \in S_+^r$, $r<0$. Alors $f(A(h))$ est un opérateur h-admissible de symbole :

$$a_f(h) = \sum_{j=1}^{\infty} h^j . a_{f,j}$$

où

$$a_{f,j} = \sum_{k=1}^{2j-1} (-1)^k (k!)^{-1} d_{jk} f^{(k)}(a_o) \quad pour \quad j \geq 1$$

et $a_{f,0} = f(a_o)$.

En particulier on a: $a_{f,1} = a_1 . f'(a_o)$

<u>*Preuve:*</u>

C'est une conséquence facile du théorème (3-5):

Soit $\rho \in]0,-r[$. On a:

$$(48) \qquad f(A(h)) = (2i\pi)^{-1} \int_{\rho-i\infty}^{\rho+i\infty} \mathcal{H}[f](s) . A(h)^{-s} ds$$

d'où

$$(49) \quad f(A(h)) = (2i\pi)^{-1} . \int_{\rho-i\infty}^{\rho+i\infty} \mathcal{H}[f](s) \left(\sum_{j=0}^{N} h^j op_h^w a_{-s,j} \right) ds$$

$$+ (2i\pi)^{-1} h^{N+1} \int_{\rho-i\infty}^{\rho+i\infty} \mathcal{H}[f](s) . D_{N+1,-s}(h) ds.$$

On obtient alors:

$$(50) \qquad f(A(h)) = \sum_{j=0}^{N} h^j . \mathrm{op}_h^w a_{f,j} + h^{N+1} . D_{f,N+1}(h)$$

où

$$D_{f,N+1}(h) = (2i\pi)^{-1} . \int_{\rho-i\infty}^{\rho+i\infty} \mathcal{M}[f](s) D_{N+1,-s}(h) \, ds$$

vérifie:

$$(51) \qquad \mathrm{Sup}_{h \in]0,h_o]} \, ||D_{f,N+1}(h)||_{\mathcal{L}(L^2(\mathbb{R}^n))} < + \infty$$

(51) est une conséquence immédiate de (44) et de la propriété (ii) du théorème (III-1).

Avant de donner des applications de théorème précédent rappelons une définition:

<u>Définition (III-12)</u>

Soit A *un opérateur fermé dans un espace de Hilbert H. On appelle spectre discret de* A *l'ensemble* $\Sigma_{dis}(A)$ *des points* $\lambda \in \mathbb{C}$ *vérifiant:*

i) λ *est un point isolé du spectre* $\Sigma(A)$ *de* A.

ii) λ *est une valeur propre de multiplicité finie.*
On appelle spectre essentiel de A *l'ensemble:*

$$\Sigma_{ess}(A) = \Sigma(A) \setminus \Sigma_{dis}(A).$$

Pour les propriétés relatives à ces notions nons renvoyons à [KAT], [RE-SI]$_2$ et à l'appendice de ce chapitre. Soit $A(h)$, $h \in]0,h_o]$ un opérateur admissible vérifiant (H_1), (H_2), (H_3). Quitte à prendre $h_o > 0$ assez petit on peut supposer $A(h)$ essentiellement autoadjoint (Thm(III-4)). On a donc: $\Sigma A(h) \subseteq R$ pour tout $h \in]0,h_o]$.

Proposition (III-13)

Soient deux réels $E_1 < E_2$. *Supposons qu'il existe* $\varepsilon_o > 0$ *tel que* $\mathrm{Vol}_{\mathbb{R}^{2n}}(a_o^{-1}]E_1 - \varepsilon_o, E_2 + \varepsilon_o[) < + \infty$. *Alors il existe* $h(\varepsilon_o) \in]0,h_o]$ *tel que:*

$$\Sigma(A(h)) \cap [E_1,E_2] \subseteq \Sigma_{\mathrm{dis}} A(h)$$

pour tout $h \in]0,h(\varepsilon_o)]$. *On a de plus:*

$$\mathrm{tr}(P_{[E_1,E_2]}(h)) = O(h^{-n}), \ h \longrightarrow 0$$

où

$$P_{[E_1,E_2]}(h) = 1_{[E_1,E_2]}(A(h))$$

(projecteur spectral de $A(h)$ *sur l'interval* $[E_1,E_2]$*).*

Preuve:

Soient $f,g \in C_o^\infty]E_1 - \varepsilon_o, E_2 + \varepsilon_o[$ vérifiant: $0 \leq f, g \leq 1$; $f \equiv g \equiv 1$ sur $[E_1,E_2]$ et $f \equiv 1$ sur supp g.

On a:

$$(52) \qquad f(A(h)) = A_{f,N}(h) + h^{N+1} D_{f,N+1}(h)$$

où

$$A_{f,N}(h) = \sum_{j=0}^{N} h^j op_h^w a_{f,j}.$$

En composant les deux membres de (52) par g on obtient:

$$(53) \quad g(A(h))(I - h^{N+1}.D_{f,N+1}(h)) = g(A(h)) A_{f,N}(h).$$

Pour $h \in]0,h(\varepsilon_o)]$ on obtient encore:

$$(54) \quad g(A(h)) = g(A(h)) A_{f,N}(h).(I - h^{N+1}.D_{f,N+1}(h))^{-1}$$

d'où

$$(55) \quad ||g(A(h))||_{tr} \leq 2||g||_{L^\infty(\mathbb{R}^n)} ||A_{f,N}(h)||_{tr}.$$

Or il résulte du théorème (II-54) que l'on a:

$$(56) \qquad ||A_{f,N}(h)||_{tr} = O(h^{-n}), \quad h \longrightarrow 0.$$

Par conséquent il résulte de (55) et (56):

$$(57) \qquad ||g(A(h))||_{tr} = O(h^{-n}), \quad h \longrightarrow 0$$

or

$$1_{[E_1,E_2]}(A(h)) \leq g(A(h)),$$

d'où

$$(58) \qquad tr(P_{[E_1,E_2}(h)) = O(h^{-n}), \quad h \longrightarrow 0$$

ce qui prouve la proposition (III-13).

Remarques (III-14)

i)   Naturellement le théorème (III-11) est encore valable   si l'on remplace (H_2) *par* $(\tilde{H}_2)$ $\quad \underset{(x,p) \in \mathbb{R}^{2n}}{\text{Min}} \quad a_0(x,p) = \gamma_0 > -\infty$ *et la condition* $f \in S_+^r$ *par* $f \in S_{+\infty}^r = \{f; \ f \in C^\infty(\mathbb{R})$ *et* $|f^{(k)}(t)| \leq c_k(1+t)^{r-k}$ *pour* $t \geq 0\}$. *En effet par le théorème spectral on se ramène au cas où* $\text{Supp } f \subseteq [\gamma_0 - \varepsilon_0, +\infty[$ *car si* h_0 *est assez petit,* $\Sigma(A(h)) \subseteq]\gamma_0 - \varepsilon_0, +\infty[$. *Ensuite   on   se ramène à la situation du théorème (III-11) en   translatant* f *et* $A(h)$.

ii)   La condition $"\underset{\mathbb{R}^{2n}}{\text{Vol}} \ (a_0^{-1}]E_1 - \varepsilon_0, \ E_2 + \varepsilon_0[) < +\infty"$ *n'est pas nécessaire pour avoir:* $\Sigma(A(h)) \cap [E_1,E_2] \subseteq \Sigma_{dis}(A(h))$. *Soit par exemple:* $A(h) = -h^2 \Delta_{x,y} + x^2.y^2$. *On a:* $\Sigma(A(h)) = \Sigma_{dis}(A(h))$ *et* $\underset{\mathbb{R}^4}{\text{Vol}} \{p^2 + q^2 + x^2 y^2 \leq E\} = +\infty$ *pour tout* E *(voir* $[ROB]_3$ *et* [SIM] *où des opérateurs de ce type sont étudiés).*

Exemples (III-15)

i) Soit $A(h) = -h^2.\Delta + V$ $A(h)$ vérifie (H_1), $(\tilde{H}_2)$ et (H_3) pour $V \in C_0^\infty(\mathbb{R}^n)$, $V(x) = \lambda(1+|x|^2)^\sigma$ avec $\lambda \in \mathbb{R}$ si $\sigma \leq o$ et $\lambda \geq 0$ si $\sigma < 0$. Plus généralement pour V satisfaisant à:

(V_1) $V \in C^\infty(\mathbb{R}^n)$, $\underset{x \in \mathbb{R}^n}{\text{Min}} V(x) > -\infty$

(V_2) Il existe $\gamma > 0$ tel que pour tout $\alpha \in \mathbb{N}^n$ il existe $c_\alpha > 0$ vérifiant:

$$|\partial_x^\alpha V(x)| \leq c_\alpha (V+\gamma) \quad \text{pour tout} \quad x \in \mathbb{R}^n.$$

(V_3) Il existe $C, M > 0$ tels que:

$$|V(x)| \leq C(V(y)+\gamma)(1+|x-y|)^M$$

pour tous $x, y \in \mathbb{R}^n$.

ii) $$A(h) = -h^2(\nabla - ia)^2 + V$$

(hamiltonien en présence d'un champ magnétique de potentiel vecteur $a \in C^\infty(\mathbb{R}^n, \mathbb{R}^n)$). On suppose alors que V vérifie (V_1), (V_2), (V_3) et que $||\partial_x^\alpha a|| \leq C_\alpha (V+\gamma)^{1/2}$ sur $\mathbb{R}^n$.

iii) $$A(h) = -\sum_{i,j} \partial_{x_i} g_{ij} \partial_{x_j} + V$$

V vérifiant (V_1), (V_2), (V_3) et $g_{ij} \in C^\infty(\mathbb{R}^n)$ vérifiant les conditions suivantes:

iii)$_1$ Il existe $c, C > 0$ et $g: \mathbb{R}^n \longrightarrow]0, +\infty[$ tels que:

$$c\, g(x).|p|^2 \leq \sum_{1\leq i,j\leq n} g_{ij}(x)\, p_i.p_j \leq C.g(x)|p|^2$$

pour tout $(x,p) \in \mathbb{R}^n_x \times \mathbb{R}^n_p$

iii)$_2$ Pour tout $i,j=1,\ldots,n$ on a:

$$|\partial_x^\alpha\, g_{ij}| \leq C_\alpha.g$$

iii)$_3$ $$C \leq g(x) \leq C(V(x)+\gamma)$$

pour tout $x \in \mathbb{R}^n$.

Dans le cas où pour tout $x \in \mathbb{R}^n$ la matrice $(g_{ij}(x))$ est scalaire, de terme diagonal égal à $g(x)$, $-h^2 \nabla(g.\nabla)+V$ est l'hamiltonien d'un système de particules en interaction où $\frac{1}{g}$ est proportionnelle à la densité des particules.

Proposition (III-16)

Soient deux réels $E_1 < E_2$. *Supposons qu'il existe* $\varepsilon_0 > 0$ *tel que* $a_0^{-1}([E_1-\varepsilon_0,\ E_2+\varepsilon_0])$ *soit compact. Alors pour tout* $g \in C_0^\infty]E_1,E_2[$ *on a:*

$$\mathrm{tr}[g(A(h))] \sim h^{-n} \sum_{j\geq 0} h^j.T_j(g),\ h \longrightarrow 0$$

où $T_j \in \mathcal{D}']E_1,E_2[.$ *De plus*

$$g \longrightarrow h^{-N-1+n}\left[\mathrm{tr}[g(A(h))] - \sum_{j=0}^N h^j.T_j(g)\right]$$

est équicontinue sur $\mathcal{D}$ $]E_1,E_2[$, $h \in]0,h_o]$.

On a en particulier:

$$T_o(g) = \int \int g(a_o(x,p))dxdp$$

$$T_1(g) = \int \int a_1(x,p) \; g'(a_o(x,p)dxdp$$

$$T_j(g) = \int \int \sum_{k=1}^{2j-1} (-1)^k \; d_{jk} \cdot g^{(k)}(a_o)dxdp, \; j \geq 2$$

<u>*Preuve:*</u>

Fixons $f \in C_o^{\infty}(]E_1-\varepsilon_o, \; E_2+\varepsilon_o[)$, $f \equiv 1$ sur $[E_1,E_2]$. On a:

$$g(A(h)) = A_{g,N}(h) + h^{N+1} \cdot D_{N+1,g}(h)$$

et

$$f(A(h)) = A_{f,N}(h) + h^{N+1} \cdot D_{N+1,f}(h)$$

d'où:

$$(59) \quad g(A(h)) = A_{f,N}(h) \cdot A_{g,N}(h) + h^{N+1}[D_{N+1,f}(h) \cdot A_{g,N}(h) +$$

$$\cdot f(A(h)) \cdot D_{N+1,g}(h)].$$

Il résulte de la proposition (III-13) et du théorème (II-54) que l'on a:

$$(60) \quad ||g(A(h)) - A_{f,N}(h) \cdot A_{g,N}(h)||_{tr} = 0(h^{N+1-n}), \; h \longrightarrow 0.$$

D'autre part il résulte de l'hypothèse que le symbole de $A_{f,N}(h)$ et de $A_{g,N}(h)$ est à support dans le compact fixe $a_o^{-1}[E_1-\varepsilon_o, E_2+\varepsilon_o]$. Par conséquent on peut calculer le symbole de $A_{f,N}(h).A_{g,N}(h)$ en utilisant la formule de composition dans les classes Σ_1^m. On obtient alors:

$$(61) \quad ||A_{f,N}(h).A_{g,N}(h)-A_{g,N}(h)||_{tr} = O(h^{N+1-n}), \quad h \longrightarrow 0$$

(55), (60), (61) impliquent la proposition (III-16) Un contrôle plus précis des estimations (60) et (61) donne l'équicontinuité des restes (voir exercice (III-4)).

Remarque (III-17):

Nous ne dirons rien ici des systèmes d'opérateurs h-admissibles (par exemple l'hamiltonien relativiste de Dirac). Nous renvoyons pour cela à notre article original ([He-Ro]).

OPÉRATEURS ESSENTIELLEMENT AUTOADJOINTS

§1 - Généralités et exemple fondamental

Considérons un espace de Hilbert complexe H et un sous-espace vectoriel H_0 de H dense dans H. Donnons nous un opérateur linéaire $L: H_0 \to H$ symétrique i.e. vérifiant:

$$(Lu,v)_H = (u,Lv)_H \quad \text{pour tout} \quad u \quad \text{et} \quad v \in H_0.$$

L'exemple standard est: $H = L^2(\Omega,dx)$ où Ω est un ouvert de R^n muni de la mesure de Lebesgue, $H_0 = C_0^\infty(\Omega)$ l'espace des fonctions C^∞ à support compact dans Ω et L est un opérateur différentiel à coefficients C^∞ dans Ω, formellement autoadjoint.

Le premier problème à résoudre, pour la théorie spectrale des opérateurs différentiels formellement autoadjoints, est alors le suivant:

(0) L admet-il un prolongement autoadjoint comme opérateur non borné de H? Si oui peut-on décrire ces prolongements?

Nous nous intéressons au cas où $\Omega = \mathbb{R}^n$. L'étude d'exemples et des considérations physiques sur l'opérateur de Schrödinger (principe du déterminisme) montre que dans ce cas la "bonne" question est:

(E.A.) L admet-il un unique prolongement autoadjoint comme opérateur non borné de H?

Définition 1 - (L, H_0, H) est dit <u>essentiellement</u> autoadjoint s'il admet un unique prolongement autoadjoint comme opérateur non borné de H.

Exemple: On montrera plus loin que $(-\Delta, C_0(\mathbb{R}^n), L^2(\mathbb{R}^n))$ est essentiellement autoadjoint, Δ désignant l'opérateur de Laplace. Le domaine de l'unique extension autoadjointe de $-\Delta$ est l'espace de Sobolev usuel $H^2(\mathbb{R}^n)$.

Proposition 1. - <u>Si</u> L <u>est</u> <u>symétrique</u>, <u>alors</u> <u>l'opérateur</u> (L, H_0, H) <u>est</u> <u>fermable</u> (i.e. <u>admet</u> <u>au</u> <u>moins</u> <u>un</u> <u>prolongement</u> <u>fermé</u>).

Démonstration: Soient $(u_n)_{n \geq 1}$ e $(u'_n)_{n \geq 1}$ deux suites de H_0 telles que: $u_n \to u$, $Lu_n \to v$, $u'_n \to u$, $Lu'_u \to v'$ lorsque $n \to +\infty$, dans H. Montrons que $v = v'$.

Soit $\phi \in H_0$. On a: $(Lu_n, \phi) = (u_n, L\phi) \xrightarrow[n \to \infty]{} (u, L\phi)$

$$(Lu'_n, \phi) = (u'_n, L\phi) \longrightarrow (u, L\phi).$$

H_0 étant dense dans H on a bien $v = v'$.

On peut donc poser $L_0 u = \lim_{n \to \infty} Lu_n$. On définit ainsi un prolongement fermé L_0 de L de domaine:

$$D(L_0) = \{u \in H: \text{il existe } (u_n)_{n \geq 1} \subset H_0 \text{ telle que}$$

$u_n \xrightarrow[n \to \infty]{} u$ dans H et $(Lu_n)_{n \geq 1}$ est une suite de Cauchy de $H\}$.

Il est clair que L_0 est le plus petit prolongement fermé de H.

Définition 2 - $(L_0,D(L_0),H)$ s'appelle l'_opérateur minimal_ associé à L.

Désignons par $(L_0^*,D(L_0^*),H)$ l'adjoint de $(L_0,D(L_0),H)$. Par définition $D(L_0^*)$ est l'ensemble des $u \in H$ tels qu'il existe $c(u) > 0$ vérifiant:

$$|(u,Lv)| \leq c(u)||v||_H \quad \text{pour tout} \quad v \in H_0.$$

Proposition 2 - $(L_0^*,D(L_0^*),H)$ est le plus grand prolongement fermé de L.

Démonstration: L_0^* est fermé comme opérateur adjoint. Soit $\tilde{L}$ un prolongement fermé de L_0; on a:

$$(\tilde{L}u,v) = (u,\tilde{L}^*v) = (u,Lv) \quad \text{si} \quad u \in D(\tilde{L}) \quad \text{et} \quad v \in H_0$$

d'où: $|(u,Lv)| \leq ||\tilde{L}u||.||v||$ par conséquent: $u \in D(L_0^*)$.

Définition 3 - On pose $L_0^* = L_1$. $(L_1,D(L_1),H)$ s'appelle l'opérateur maximal associé à L.

Théorème 1 - Les énoncés suivants sont équivalents pour un opérateur (L,H_0,H) symétrique:

(1) L_0 est autoadjoint

(1') <u>Le spectre de</u> L_0 <u>est réel</u>

(2) L_1 <u>est autoadjoint</u>

(2') L_1 <u>est symétrique</u>

(2") <u>Pour tout</u> $\lambda \in \mathbb{C}$, $\mathrm{Im}\,\lambda \neq 0$, $L_1-\lambda$ <u>est injectif</u>

(2''') <u>Il existe</u> $\lambda \in \mathbb{C}$, $\mathrm{Im}\,\lambda \neq 0$, $L_1-\lambda$ et $L_1+\lambda$ <u>sont injectifs</u>

(3) (L,H_0,H) <u>est essentiellement autoadjoint</u>.

Démonstration: (1) $\Longrightarrow$ (1') est clair.

(1') $\Longrightarrow$ (1): L_0-i est surjectif d'où L_0^*+i est injectif.
Soit $v \in D(L_1)$. Il existe $v \in D(L_0)$ tel que

$$(L_0 + i)v = (L_0^* + i)u = (L_1 + i)u$$

or: $D(L_0)$ $D(L_1)$ d'où $(L_1 + i)(u-v) = 0$ et $u=v$.

(2) $\Longleftrightarrow$ (2'): L_1 est le plus grand prolongement fermé.

(1) $\Longrightarrow$ (2) $\Longrightarrow$ (2') $\Longrightarrow$ (2") $\Longrightarrow$ (2''') est clair.
Montrons que (2''') $\Longrightarrow$ (1): Pour tout $u \in D(L_0)$ on a:

$$|\mathrm{Im}\,\lambda|\,||u|| \leq ||(L_0-\lambda)u||$$

d'où pour $\lambda \in \mathbb{C}$, $\mathrm{Im}\,\lambda \neq 0$, $L_0-\lambda$ est injectif à image fermée.
Il reste à voir que $\mathrm{Im}(L_0-\lambda)$ est dense dans H. Or:

$$(\mathrm{Im}(L_0-\lambda))^{\perp} = \ker(L_1-\bar{\lambda}).$$

On en déduit que $(L_o-\lambda)^{-1}$ existe. Soit alors $u \in D(L_1)$.
Il existe $v \in D(L_o)$ tel que $(L_1-\lambda)u = (L_o-\lambda)v$. Ce qui
précéde entraîne que $u=v$ d'où $D(L_o) = D(L_1)$.
On a donc montré également que $(2''')$ entraîne (3).
$(3) \Longrightarrow (1)$:

Posons $D_+ = \ker(L_1-i)$, $D_- = \ker(L_1+i)$ et munissons
$D(L_1)$ du produit scalaire:

$$<u,v>_L = <L_1u,L_1v> + <u,v>.$$

Lemme 1 - $D(L_1) = D(L_o) \oplus D_+ \oplus D_-$

Démonstration: Soit v orthogonal à $D(L_o)$ dans $D(L_1)$. On
a alors: $<L_ou,L_1v> + <u,v> = 0$ pour tout $u \in D(L_o)$. D'où
$L_1v \in D(L_1)$ et $(L_1^2+1)v = 0$ et il en résulte que

$$D(L_1) = D(L_o) + \ker(L_1^2+1).$$

Soit $v \in \ker(L_1^2+1)$. On a: $v = \frac{1}{2i} [(L_1+i)v - (L_1-i)v]$. D'où:
$\ker(L_1^2+1) = D_+ \oplus D_-$ ($D_+ \perp D_-$ est clair).

Lemme 2 - Soit $\tilde{L}$ un prolongement fermé de L_o qui soit une
restriction de L_1. Alors $\tilde{L}$ est autoadjoint si et seulement
si $D(\tilde{L})$ est somme directe de $D(L_o)$ et du graphe d'un
opérateur unitaire de D_+ sur D_-.

Démonstration: Supposons $\tilde{L}$ autoadjoint. Soient $u \in D_+$, $v \in D_-$

tels que $u+v \in D(\tilde{L})$. On a: $L_1(u+v) = i(u-v)$ or $(\tilde{L}(u + v),$
$u + v) = (u + v, \tilde{L}(u + v))$ d'où $||u||^2 = ||v||^2$.

D'autre part:
$$\begin{cases} (L-i)(u+v) = -2iv \\ (L+i)(u+v) = 2iu \\ \tilde{L} \pm i \text{ est un isomorphisme de } D(\tilde{L}) \\ \text{sur } H. \end{cases}$$

On en déduit facilement que $u \to v$ est une application
unitaire de D_+ sur D_-.

Inversement supposons que: $D(\tilde{L}) = D(L_o) \oplus G(u)$ où
$G(u)$ est le graphe de l'opérateur unitaire U de D_+ sur
D_-.

Pour montrer que $\tilde{L}$ est autoadjoint il est équivalent
de montrer que $\tilde{L}$ est symétrique et que $\tilde{L} \pm i$ est surjective.

Soient $u,v \in D(\tilde{L})$. On a:
$$\begin{cases} u = u_o + u_1 + Uu_1 \\ v = v_o + v_1 + Uv_1 \end{cases}$$

où $u_o, v_o \in D(L_o)$, $u_1, v_1 \in D_+$.

En utilisant la conservation du produit scalaire par
U on a facilement:

$$<\tilde{L}u,v> = <u,\tilde{L}u>.$$

$Im(L_o \pm i)$ étant fermé, on a:

$$H = Im(L_o - i) \oplus D_- = Im(L_o + i) \oplus D_+.$$

Soit $v \in H$. Alors: $v = (L_o+i)u + v_1$ avec $u \in D(L_o)$, $v_1 \in D_+$. Or:

$$(\tilde{L}+i)(v_1+Uv_1) = 2iv_1,$$

d'où

$$v = (\tilde{L}+i)(u + \frac{1}{2i}(v_1+Uv_1)),$$

ce qui établit la surjectivité de $\tilde{L}+i)$ (de même pour $\tilde{L}-i$).

Fin de la démonstration de (3) $\Longrightarrow$ (1): Soit $\tilde{L}$ l'unique extension autoadjointe de L_o. On a: $D(\tilde{L})=D(L_o)+G(U)$ où $G(U)$ est le graphe d'un opérateur unitaire $U: D_+ \rightarrow D_-$. On a nécessaire $G(U) = 0$ car sinon on aurait $D_+ \neq \{0\}$ et une infinité d'extensions autoadjointes D'où $D(\tilde{L}) = D(L_o)$ et L_o est donc autoadjoint.

Donnons une autre C.N.S. pour qu'un opérateur soit E.A.. Nous renvoyons à Nussbaum ([3]) pour la demonstration.

Théorème 2 - L'opérateur (L,H_o,H) est essentiellement autoadjoint si et seulement si l'ensemble: $\{u \in \bigcap_{k \geq 1} D(L_o^k)$ tel que $\sum_{k=1}^{\infty} ||L_o^k u||^{-1/k} = +\infty\}$ est une partie totale de H.

Exemple fondamental: $\mathcal{H} = -\Delta + \frac{a}{|x|}$ où $a \in \mathbb{R}$ est essentiellement autoadjoint sur $C_o^{\infty}(\mathbb{R}^3)$ (opérateur de

Hamilton-Schrödinger). Cet exemple est probablement le premier exemple non trivial d'opérateur E.A.. On doit la première démonstration à T. Kato vers 1950.

Le résultat sera la conséquence de trois lemmes:

Lemme (A) "abstrait". <u>Soit</u> $L: H_0 \to H$ <u>linéaire symétrique</u>, d'opérateur minimal associé $(L_0, D(L_0))$. <u>Alors</u> L <u>est essentiellement</u> autoadjoint <u>si et seulement si il existe un réel</u> $t>0$ <u>et quatre opérateurs linéaires</u> $B_\pm$, $R_\pm$ <u>tels que</u>:

    (i) $B_\pm: H_0 \to D(L_0)$ (<u>pas nécessairement continus</u>)

    (ii) $R_\pm \in \mathcal{L}(H,H)$ avec $||R_\pm|| < 1$

    (iii) $(L\pm it)B = \text{Id} + R_\pm$.

Démonstration: Les conditions sont évidemments nécessaires. Montrons qu'elles sont suffisantes. Soit $u \in D(L_1)$ tel que $(L_1+it)u=0$. On désire démontrer que $u=0$.

    Soit $\phi \in H_0$. On a:
$$(u,(I+R_-)\phi) = (u,(L_1-it)B_-\phi)$$
$$= ((L_1+it)u, B_-\phi)$$

car $B_-\phi \in D(L_0)!$.

    Comme H_0 est dense dans H, il en résulte: $(\text{Id}+R_-^*)u=0$ d'où $u=0$ car $||R_-^*|| = ||R_-^*|| < 1$.

    De la même manière, en utilisant R_+, on a: $\ker(L_1-it) = 0$.

Lemme (B) - <u>Il existe une constante universelle</u> $\gamma>0$ <u>telle que</u>, <u>pour tout</u> $u \in H^2(\mathbb{R}^3)$ <u>et pour tout réel</u> $\alpha>0$ <u>on ait</u>:

$$|u(x)| \leq \gamma(\alpha^{-1}||\Delta u||_0 + \alpha^3||u||_0) \quad \underline{\text{pour tout}} \ x \in \mathbb{R}^3.$$

Démonstration: Soit $\hat{u}(\zeta) = \int_{\mathbb{R}^3} e^{ix\xi} u(x)dx.$ On a:

$$u(x) = (2\pi)^{-3} \int e^{ix\xi} \hat{u}(\xi)d\xi$$

et pour tout $\delta > 0$ il vient:

$$|u(x)| \leq (2\pi)^{-3} \left[\int_{R^3} \frac{d\xi}{(|\zeta|^2+\delta^2)^2}\right]^{1/2} \left[\int_{R^3}(|\zeta|^2+\delta^2)^2|\hat{u}(\zeta)|^2 d\xi\right]^{1/2}$$

$$\leq \frac{\pi(2\pi)^{-3}}{\delta^{1/2}} ||(-\Delta+\delta^2)u||_0$$

d'où le lemme.

Lemme (C) – $\underline{\text{Posons}}$ $V(x) = \dfrac{a}{|x|}$. $\underline{\text{Pour tout}}$ $\varepsilon > 0$ $\underline{\text{il}}$ $\underline{\text{existe}}$ $c(\varepsilon) > 0$ $\underline{\text{telle}}$ $\underline{\text{que}}$:

$$||V.u||_0 \leq c(\varepsilon).||u||_0 + \varepsilon||\Delta u||_0$$

$\underline{\text{pour tout}}$ $u \in H^2(\mathbb{R}^3)$.

Démonstration: On a:

$$\int_{\mathbb{R}^3} \frac{|u(x)|^2}{|x|^2}dx = \int_{|x|\leq R} \frac{|u(x)|^2}{|x|^2}dx + \int_{|x|>R} \frac{|u(x)|^2}{|x|^2}dx$$

$$= I_1(R) + I_2(R)$$

et

$$I_2(R) \leq \frac{1}{R^2} ||u||_o^2.$$

On majore I_2 en utilisant le lemme 1 puis en intégrant et en faisant $R \to 0$.

Montrons maintenant que $\mathcal{H}$ est E.A.: Pour tout t réel $\neq 0$ $-\Delta + it$ est un isomorphisme de $H^2(\mathbb{R}^3)$ sur $L^2(\mathbb{R}^3)$ (transformation de Fourier). On a de plus:

$$|| (-\Delta+it)^{-1} ||_{L^2(\mathbb{R}^3),L^2(\mathbb{R}^3)} \leq \frac{1}{|t|}$$

or:

$$(-\Delta+V+it)(-\Delta+it)^{-1} = Id+V(-\Delta+it)^{-1}.$$

D'après le lemme 2, on a:

$$||V(-\Delta+it)^{-1}u||_o \leq \frac{c(\varepsilon)}{|t|} ||u||_o + 2\varepsilon||u||_o.$$

Pour ε assez petit, $|t|$ assez grand on a:

$$||V(-\Delta+it)^{-1}||_{L^2,L^2} \leq \frac{1}{2}.$$

De plus: $(-\Delta+it)^{-1}$: $\mathcal{J}(\mathbb{R}^3) \to \mathcal{E}(\mathbb{R}^3) \subseteq D(\mathcal{H}_o)$ où $\mathcal{H}_o$ est l'opérateur minimal associé à $\mathcal{H}$. Nous sommes donc dans les conditions d'application du lemme abstrait avec:

$$B_\pm = (-\Delta\pm it)^{-1} \quad \text{et} \quad R_\pm = V(-\Delta\pm it)^{-1}.$$

Remarque: Il résulte de ce qui précéde que l'unique extension autoadjointe de $\mathcal{H}$ a pour domaine $H^2(\mathbb{R}^3)$. Ceci est dû évidem ment à la forme particulière du potentiel V. Dans le paragraphe suivant nous allons voir une méthode qui marche pour des potentiels moins explicites. Dans ce cas on ne pourra pas en général déterminer le domaine.

§2 - Inégalité de T. KATO et application (²)

Lemme de Kato. - <u>Soit</u> $u \in L^1_{loc}(\mathbb{R}^n)$ <u>telle que</u> $\Delta u \in L^1_{loc}(\mathbb{R}^n)$. <u>On a alors</u>:

$$\Delta |u| \geq (\text{sgn } u)(\Delta u) \quad \underline{dans} \quad \mathcal{D}'(\mathbb{R}^n)$$

<u>où</u> $\quad \text{sgn } u(x) = \begin{cases} u(x)/|u(x)| & \underline{si} \quad u(x) \neq 0 \\ o & \underline{sinon}. \end{cases}$

Démonstration: On régularise $x \to |x|$ en posant: $s(x) = \sqrt{x^2 + \varepsilon^2}$ avec $\varepsilon > 0$. Soit $u \in C^\infty(\mathbb{R}^n)$, on a $\dfrac{\partial}{\partial x_i} s(u) = s'(u) \dfrac{\partial}{\partial x_i} u$ d'où

$$\frac{\partial^2}{\partial x_i^2} s(u) = s''(u) \left(\frac{\partial}{\partial x_i} u\right)^2 + s'(u) \frac{\partial^2}{\partial x_i^2} u$$

or $s''(u) \geq 0$ d'où:

$$\Delta s(u) \geq s'(u) \Delta u.$$

Passons maintenant au cas général. Soit $u \in L^1_{loc}(\mathbb{R}^n)$ tel que $\Delta u \in L^1_{loc}(\mathbb{R}^n)$. Soit pour $\rho \in]0,1]$, $u_\rho \in C^\infty(\mathbb{R}^n)$ tel que $u_\rho \xrightarrow[\rho \to 0]{} u$ et $\Delta u_\rho \to \Delta u$ dans $L^1_{loc}(\mathbb{R}^n)$. D'après ce qui précède:

$$\Delta s(u_\rho) \geq s'(u_\rho)\Delta(u_\rho).$$

Pour tout $\phi \in C^\infty_0(\mathbb{R}^n)$, $\phi \geq 0$ on a alors:

$$\int_{\mathbb{R}^n} \Delta s(u_\rho).\phi dx \geq \int_{\mathbb{R}^n} \rho'(u_\rho)\Delta(u_\rho)\phi dx.$$

On a le résultat en faisant $\rho \to 0$ et $\varepsilon \to 0$.

Théorème (Kato - 1973). - <u>Soit</u> $V \in L^2_{loc}(\mathbb{R}^n)$ <u>telle que</u> $V \geq 0$ <u>p.p. sur</u> $\mathbb{R}^n$. <u>Alors</u> $-\Delta+V$ <u>est essentiellement autoadjoint</u>.

Démonstration: Il revient au même de montrer que $L = -\Delta+V+1$ est essentiellement autoadjoint.

Remarquons que $(Lu,u) \geq (u,u)$ pour tout $u \in C^\infty_0(\mathbb{R}^n)$. Montrons que $L(C^\infty_0(\mathbb{R}^n))$ est dense dans $L^2(\mathbb{R}^n)$.

Soit $u \in L^2(\mathbb{R}^n)$ telle que $(L\phi,u) = 0$ pour tout $\phi \in C^\infty_0(\mathbb{R}^n)$. On a:

$$(-\Delta+1)|u| \leq (-\Delta+V+1)|u| \leq (sgn)(-\Delta+V+1)(u)$$

d'où

$$(-\Delta+1)|u| \leq 0.$$

Or $(-\Delta+1)^{-1}$ est un opérateur positif de $\mathcal{S}(\mathbb{R}^n)$ sur

$\mathcal{S}(\mathbb{R}^n)$ et se prolonge en un opérateur ayant les mêmes propriétés de $\mathcal{S}'(\mathbb{R}^n)$ sur $\mathcal{S}'(\mathbb{R}^n)$. D'où il resulte que $u=0$.

Le théorème est alors une conséquence du:

Lemme. - <u>Soit</u> (L,H_o,H) <u>un opérateur symétrique tel</u> $(Lu,u) \geq (u,u)$ <u>pour tout</u> $u \in H_o$. <u>Alors</u> L <u>est essentiellement autoadjoint si et seulement si</u> $L(H_o)$ <u>est dense dans</u> H.

Démonstration: La condition est clairement nécessaire. Montrons qu'elle est suffisante i.e que $D(L_1) \subsetneq D(L_o)$. Soit $u \in D(L_1)$. Il existe une suite $(\phi_n)_{n \geq 1} \subset H_o$ telle que $L_1 u = \lim_{n \to +\infty} L\phi_n$. Or on a:

$$||\phi_{n+p}-\phi_n||^2 \leq (L(\phi_{n+p}-\phi_n), \phi_{n+p}-\phi_n)$$
$$\leq ||L(\phi_{n+p}-\phi_n)|| \; ||\phi_{n+p}-\phi_n||$$

d'où il existe $u_o \in H$ tel que $\lim_{n \to \infty} \phi_n = u_o$.

Or pour tout $\psi \in H_o$ on a:

$$(u_o,L\psi) = \lim_{n \to \infty}(\phi_n,L\psi) = \lim_{n \to \infty}(L\phi_n,\psi) = (L_1 u,\psi) = (u,L\psi)$$

d'où $u=u_o \in D(L_o)$.

§3 - Opérateurs du second ordre a une variable

Soit l'opérateur: $L = -\dfrac{d}{dt}(p(t)\dfrac{d}{dt}) + q(t)$ où

$$\begin{cases} p \in C^1(\mathbb{R}), \ p > 0 \quad \text{sur} \quad \mathbb{R} \\ q \in C^0(\mathbb{R}), \ q \geq 0 \quad \text{sur} \quad \mathbb{R}. \end{cases}$$

Théorème (H. Weyl - 1910). - L'opérateur $(L, C_0^\infty(\mathbb{R}), L^2(\mathbb{R}))$ est <u>essentiellement</u> <u>autoadjoint</u>.

Démonstration: On a: $((L_1+1)\phi, \phi) \geq ||\phi||_0^2$ pour tout $\phi \in C_0^\infty(\mathbb{R})$. Montrons que $(L+1)(C_0^\infty(\mathbb{R}))$ est dense dans $L^2(\mathbb{R})$. Cela revient à montrer que, si $u \in L^2(\mathbb{R})$ et si $(L+1)u=0$ dans $\mathcal{D}'(\mathbb{R})$ alors $u=0$. Cela résulte trivialement du:

Lemme - <u>Soit</u> $u \in C^2(\mathbb{R}) \cap L^2(\mathbb{R})$ <u>telle que</u> $(L+1)u \geq 0$. <u>Alors</u> $u \geq 0$.

Démonstration: Supposons qu'il existe $x_0 \in \mathbb{R}$ tel que $u(x_0) < 0$. Supposons de plus que u ait un minimum local en x_0. On a alors

$$u'(x_0) = 0$$

et

$$-p(x_0).u''(x_0) = (L+1)u(x_0) - (q(x_0)+1)u(x_0) > 0$$

d'où $u''(x_0) < 0$ et on a une contradiction.

Soit alors $R > |x_0|$ et $x_1 \in \mathbb{R}$ tel que $u(x_1) = \underset{-R \leq x \leq R}{\text{Min}} u(x)$.

D'après ce qui précède: $x_1 = \pm R$. Supposons par exemple:

$x_1 = R$. Pour $x \geq R$ on a: $U(x) \leq u(R) \leq u(x_o) < 0$ et on obtient une contradiction avec $u \in L^2(\mathbb{R})$.

§4 - Opérateurs du second ordre à plusieurs variables

Soit $(a_{ij}(x))_{1 \leq i, j \leq n}$ une matrice défine positive pour tout $x \in \mathbb{R}^n$. On suppose que $a_{ij} \in C_-^1(\mathbb{R}^n)$.

Soit $V \in L_{loc}^2(\mathbb{R}^n)$, bornée inférieurement. En général, pour $n \geq 2$, l'opérateur $L = - \sum_{1 \leq i, j \leq n} \partial_i(a_{ij}\partial_j) + V$ n'est pas essentiellement autoadjoint même si $V \in C_-^0(\mathbb{R}^n)$. Récemment Devinatz (^{1}) a démontré la:

Proposition.

Soit $L = -$ div $(p.\mathrm{grad}) + q$. *On suppose que* $p \in C^1(\mathbb{R}^n)$, *radiale strictement positive et* $q \in C_-^0(\mathbb{R}^n)$ *positive. Alors* L *est E.A.*

Démonstration:

On a: $(L\phi, \phi) > 0$ *pour tout* $\phi \in C_o^\infty(\mathbb{R}^n)$. *Par conséquent il suffit de montrer que si* $u \in L^2(\mathbb{R}^n)$ *vérifie* $(L+1)u = 0$ *dans* $\mathcal{D}'(\mathbb{R}^n)$ *alors* $u = 0$. L *étant elliptique, on sait que* $u \in C^2(\mathbb{R}^n)$.

Désignons par B_r *la boule de* $\mathbb{R}^n$ *centrée à l'origine, de rayon* r. *Soit* $\phi \in C_o^\infty(\mathbb{R})$ *identiquement égale à 1 au voisinage de* B_r *et soit* $(u_m)_m$ *une suite de* $C_o^\infty(\mathbb{R}^n)$ *telle que:* $u_m \to \phi.u$ *dans* $H^2(\mathbb{R}^n)$ *et* $Lu_m \to L(\phi u)$ *dans* $L^2(\mathbb{R}^n)$. *D'autre part, soit* $h \in C^1[0, \infty]$, $h > 0$.

Posons $W(t,s) = \int_t^s h(\tau)d\tau$.

Une intégration par parties donne:

$$\int_{B_s} W(|x|,s)p\, D_k u_m\, \overline{D_k u_m}\, dx + \int_{B_s} W(|x|,s)q.|u_m|^2 dx$$

$$= \text{Re}\ (\int_{B_s} W\, \overline{u_m}\, Lu_m + \frac{1}{2}\int_{B_s} h(|x|)p\, \partial_k(|u_m|^2)\frac{x_k}{|x|}\, dx.$$

Une autre intégration par parties donne:

$$\int_{B_s} h(|x|)p\, \partial_k(|u_m|^2)\frac{x_k}{|x|}\, dx =$$

$$= -\int_{B_s} |u_m|^2 \partial_k(h(|x|)p.\frac{x_k}{|x|})dx + \int_{\partial B_s} |u_m|^2 p.h\, \frac{x_k^2}{|x|^2}d\sigma s.$$

Supposons que la fonction h soit telle que:

$$(x) \qquad \sum_{k=1}^n \partial_k(h.p\, \frac{x_k}{|x|}) \geq 0.$$

Il vient alors:

$$\int_{B_s} W.q.|u_m|^2 dx \leq \text{Re}\int_{B_s} W\, \overline{u_m}\, Lu_m + \frac{1}{2}\int_{\partial B_s} |u_m|^2 h.p\, \frac{x_k^2}{|x|^2}\, d\sigma s.$$

Intégrons alors en s et faisons $m \to +\infty$. On a alors:

$$(xx)\quad \int_{B_r}(\int_{|x|}^r (r-t)h(t)dt)q(x)|u(x)|^2 dx \leq \frac{1}{2}\int_{B_r} |u|^2 h.p\, \frac{x_k^2}{|x|^2}\, dx$$

(car Lu=0!).

Pour démontrer la proposition on peut toujours supposer $q \geq 1$.

Appliquons alors (x) en prenant $h(t)=\phi(t)^{-1}$ et ϕ est la fonction de variable réelle définissant p $(p(x)=\phi(|x|))$.

Ceci est légitime car (x) est clairement vérifiée. On divise alors (xx) par r et on fait $r \to +\infty$. Le lemme de Fatou entraîne alors que:

$$\int_{\mathbf{R}^n} \left(\int_{|x|}^{\infty} h(t)dt \right) |u|^2 dx = 0.$$

h étant continue > 0 il en résulte que u=0.   c.q.f.d.

Bibliographie

[1] A. *Devinatz* - Essential self-adjointness of Schrödinger type operator. J. funct anal 25(1) (1977) 58-69.

[2] T. *Kato* - Schrödinger operators with singular potentials. Israël J. Math 13(1973) 135-148.

[3] A. E. *Nussbaum* - A note on quasi-analytic vectors. Studia Math. 33 (1969) 305-309.

SPECTRE ESSENTIEL

Soit T un opérateur autoadjoint dans l'espace de Hilbert H. à T est associeé une famille spectrale: $(E_\lambda)_{\lambda \in \mathbb{R}}$ où les E_λ sont définis par le calcul fonctionnel: $E_\lambda = 1_{]-\infty,\lambda]}(T)$ ([R-S]). Rappelons que l'on a:

$$(1) \qquad f(T) = \int f(\lambda) dE_\lambda$$

(au sens faible des intégrales de Stieljès) où:

$$(2) \qquad D(f(T)) = \{u \in H: \int |f(\lambda)|^2 d||E_\lambda u||^2 < + \infty\}.$$

Pour toute fonction $f: \mathbb{R} \longrightarrow \mathbb{R}$, borélienne; (1) et (2) définissant un opérateur autoadjoint de H. On établit facilement le résultat suivant:

1 - *Proposition:* $\sigma(T)$ désignant le spectre de T, on a: $\lambda \in \sigma(T) \Longleftrightarrow \{$Pour tout $\varepsilon > 0$, $E_{]\lambda-\varepsilon, \lambda+\varepsilon[} \neq 0\}$ (rappelons que si Ω est un borélien de $\mathbb{R}$, $E_\Omega = 1_\Omega(T)$).

2 - *Définitions:* (i) On appelle spectre discret de T l'ensemble: $\sigma_{disc}(T) = \{\lambda \in \sigma(T):$ il existe $\varepsilon > 0$ verifiant:

$$rang(E_{]\lambda-\varepsilon, \lambda+\varepsilon[}) < + \infty\}$$

(ii) On appelle spectre essentiel (provisoire) l'ensemble:

$$\tilde{\sigma}(T) = \sigma(T) \setminus \sigma_{disc}(T)$$

(iii) On appelle sous-espace purement ponctuel de T (respectivement sous-espace continu de T) l'espace note H_{pp} (resp H_c) défini comme l'ensemble des vecteurs $\psi \in H$ vérifiant:

$$f \longmapsto \ <f(A)\psi,\psi> \quad \text{est une mesure de Radon}$$

purement ponctuelle (respectivement continue) sur $\mathbb{R}$. H_{pp} et H étant invariants par T on définit:

$$\sigma_{pp}(T) = \sigma(T|_{H_{pp}}) \quad \text{(le spectre purement ponctuel de T)}$$

$$\sigma_c(T) = \sigma(T|_{H_c}) \quad \text{(le spectre continu de T)}.$$

3 - *Remarques:* (i) $\tilde{\sigma}_{ess}(T) = \{\lambda \in \sigma(T): \ rang(E_{]\lambda-\varepsilon,\lambda+\varepsilon[}) = +\infty$

$$\text{pour tout } \varepsilon>0\}$$

(ii) $\tilde{\sigma}_{ess}(T)$ est fermé mais $\sigma_{disc}(T)$ n'est pas nécessairement fermé.

4 - *Proposition:* $\lambda \in \sigma_{disc}(T)$ si seulement si les deux conditions suivantes sont réalisées:

    (a) λ est un point isolé de $\sigma(T)$

    (b) λ est une valeur propre de multiplicité finie.

Preuve: (Indications)

a) raisonner par l'absurde

b) d'après a) et la proposition 1 on a:

$$E_{]\lambda-\varepsilon,\lambda+\varepsilon[} = E_{\{\lambda\}} \quad \text{si} \quad \varepsilon>0 \quad \text{est assez petit.}$$

5 - _Proposition:_ $\lambda \in \sigma_{ess}(T)$ si et seulement si l'une des conditions suivantes est réalisée:

a) $\lambda \in \sigma_{cont}(T)$

b) λ est point d'accumulation de $\sigma_{pp}(T)$.

c) λ est valeur propre de multiplicité infinie.

Preuve: exercice.

Un théorème classique de H. Weyl affirme que le spectre essentiel (provisoire!) est invariant par de "petites" perturbations de T. Pour donner un énoncé précis on pose les:

6 - _Définitions:_ Soient X et Y des espaces de Hilbert, et T: X $\longrightarrow$ Y un opérateur de domaine $D(T)$, A: X $\longrightarrow$ Y un opérateur de domaine $D(A)$ de sorte que: $D(T) \subseteq D(A)$.

(i) On dit que A est T-borné s'il existe a,b>0 tels que $||Au|| \leq a||u|| + b||Tu||$ pour tout $u \in D(T)$.

(ii) On dit que A est T-compact si pour toute suite $(U_n)_{n \in \mathbb{N}}$ de $D(T)$ telle que $||U_n|| \leq 1$, $||TU_n|| \leq 1$ on peut extraire de AU_n une sous suite convergente dans Y.

7 - *Remarque:* Munissons $D(T)$ de la norme du graphe: $||u||_T^2 = ||u||^2 + ||Tu||^2$. Dire que A est T-compact équivaut à dire que $A: D(T) \longrightarrow Y$ est compact.

8 - *Proposition:* On suppose que T est fermé, A T-borné vérifiant de plus: $||Au|| \leq a||u|| + b||Tu||$, avec $b < 1$, pour tout $u \in D(T)$. Alors $(T+A)$, $D(T+A) = D(T))$ définit un opérateur fermé.

Preuve: Il résulte de l'hypothèse que l'on a:

$$(3) \qquad ||Tu|| \leq \frac{1}{1-b} ||(T+A)u|| + \frac{a}{1-b} ||u||$$

pour tout $u \in D(T)$. La conclusion résulte facilement de (3). La proposition suivante, apparenteé au lemme de Lions, nous sera trés utile dans la suite:

9 - *Proposition:* On suppose que les opérateurs $(T,D(T))$ et $(A,D(A))$ sont fermés et q''e A est T-compact $(D(T) \subseteq D(A))$. Alors pour tout $\varepsilon > 0$ il existe $c(\varepsilon) > 0$ telle que

$$(4) \qquad ||Au|| \leq c(\varepsilon)||u|| + \varepsilon||Tu||$$

pour tout $u \in D(T)$.

Preuve: Raisonnons par l'absurde. Dans le cas contraire il existe $\alpha > 0$ et une suite $(U_n)_{n \geq 0}$ de $D(T)$ vérifiant $||AU_n|| = 1$ et

(5)
$$||AU_n|| \geq n||U_n|| + \alpha||TU_n||.$$

Il résulte de (5) que:

    a) $U_n \longrightarrow o,\ n \longrightarrow +\infty$

    b) $(||TU_n||)_{n \geq 0}$ est bornée

donc il existe une sous suite: $AU_{n_k} \xrightarrow[k \to +\infty]{} v$ où $||v||=1$.   Or

A étant fermé a) entraîne $v=0$ d'où une contradiction.

10 - *Corollaire:* Sous les hypothèses de la proposition   9,
$(T+A,\ D(T))$ est fermé.

On introduit maintenant les:

11 - *Définitions:*   (i) $\mathrm{nul}(T) = \dim(T^{-1}(0))$

                  (ii) $\mathrm{def}(T) = \mathrm{Codim}(\overline{\mathrm{Im}T})$

                  (iii) $T: X \longrightarrow Y$ est un opérateur   de
Fredholm (ou à indice ou noethérien) si T est un opérateur
fermé, d'image *fermée* et si $\mathrm{nul}\ T < +\infty$, $\mathrm{def}\ T < +\infty$. Dans
ce cas on pose:

(6) $\mathrm{Ind}\ T = \mathrm{nul}(T) - \mathrm{def}(T).$

12 - *Proposition:* Si $T: X \longrightarrow Y$ est de Fredholm   alors
$T^*: Y \longrightarrow X$ l'est également et on a:

$$\mathrm{Ind}\ T^* = -\ \mathrm{Ind}\ T.$$

Preuve: exercice (ou voir le point 15 pour $\mathrm{Im}T^*$ fermée!)

13 - _Définitions:_   (i) $T: X \longrightarrow Y$ un opérateur   fermé, d'image fermée. On dit que T est semi-Fredholm si   l'une des quantités nul T ou def T est finie. Dans ce cas on peut encore définir Ind T = nul T - def $T \in \mathbb{Z} \cup \{+\infty\} \cup \{-\infty\}$.

(ii) Le spectre essentiel de T est, par définition, l'ensemble: $\sigma_e(T) = \{\lambda \in \mathbb{C}: T-\lambda$ n'est pas semi-Fredholm$\}$,

14 - _Remarques:_   (i) Si T est autoadjoint alors Fredholm équivaut à semi-Fredholm. On verra plus loin qu'on en déduit que: $\sigma_e(T) = \tilde{\sigma}_e(T)$.

(ii) Il y a plusieurs définitions raisonnables du spectre essentiel dans le cas général (valables pour des opérateurs dans un espace de Banach). Mais ces différentes notions coincident dans le cas autoadjoint.

15 - _Retour sur la proposition 12:_ Le seul point pas tout à fait trivial est de voir que $\mathrm{Im}\,T^*$ est fermée. Posons: $X_o = N(T)$. On a clairement $\mathrm{Im}\,T^* \subseteq X_o$. Montrons que $\mathrm{Im}\,T^* = X_o$. $\mathrm{Im}\,T$ étant fermée, il existe $C>0$ telle que:

$$(7) \qquad ||u|| \leq C||Tu||$$

pour tout $u \in D(T) \cap N(T)$. Soit $f \in X_o$. On veut   résoudre l'équation:

$$(8) \qquad T^*u = f; \quad u \in D(T^*).$$

Pour cela on remarque que d'après (7) $g \xrightarrow{L_f} <f,T_o^{-1}g>$ est une forme linéaire continue sur ImT (T_o est la restriction de T à $D(T) \cap N(T)^{\perp}$, à valeurs dans ImT) L_f se prolonge à Y de manière évidente. Par le théorème de Riesz, il existe $u \in Y$ tel que $<f,T_o^{-1}g> = <u,g>$. On vérifie alors que

$$u \in D(T^*) \quad \text{et que} \quad T^*u = f.$$

Avec les notations de 15 posons: $\gamma_T = \dfrac{1}{||T_o^{-1}||}$. On a alors:

$$(9) \qquad\qquad \gamma_T \cdot d(u,N(T)) \leq ||Tu||$$

pour tout $u \in D(T)$.

16 - _Proposition_: Soit $T: X \longrightarrow Y$ un opérateur fermé, d'image fermée et A un opérateur T borné. On suppose de plus qu'il existe $a,b>0$ tels que:

$$b<1, \quad \frac{a}{1-b} < \gamma_T, \quad ||Au|| \leq a||u|| + b||Tu||$$

pour tout $u \in D(T)$.

On a alors: $\text{nul}(T+A) \leq \text{nul}(T)$.

Preuve: Soit P la projection orthogonale de X sur N(T). On a: $\gamma||(I-P)u|| \leq ||Tu||$. Donc si $Pu=0$ et $(T+A)u=0$ alors $\gamma||u|| \leq \frac{a}{1-b} ||u||$ d'où $u=0$. Autrement dit $P_{|N(T+A)}$ est injective d'où il résulte que $\text{nul}(T+A) \leq \text{nul}(T)$.

17 - Théorème: Soit $T: X \longrightarrow Y$ un opérateur semi-Fredholm. Soit $(A, D(A))$ un opérateur fermé et T compact. Alors: $(T+A, D(T))$ est semi-Fredholm et l'on a:

$$(10) \qquad \mathrm{Ind}(T+A) = \mathrm{Ind}(T).$$

Preuve: Les propositions 8 et 9 montrent que $(T+A, D(T))$ est fermé. Montrons que $\mathrm{Im}(T+A)$ est fermée. Il nous faut montrer qu'il existe $\gamma' > 0$ telle que:

$$(11) \quad \gamma' \|u\| \leq \|(T+A)u\| \quad \text{pour tout} \quad u \in N(T+A)^{\perp} \cap D(T).$$

Supposons que (11) ne soit pas vérifiée. On peut alors fabriquer une suite (U_n) de $N(T+A)^{\perp} \cap D(T)$ vérifiant:

$$(12) \qquad \|U_n\|^2 + \|TU_n\|^2 = 1$$

$$(13) \qquad \|U_n\| \geq n. \|(T+A)U_n\|$$

(12) et (13) entraiment en particulier $(T+A)U_n \longrightarrow 0$ dans Y. D'autre part (12) plus A T-compact entrainent qu'il existe une sous-suite (U_{n_k}) vérifiant:

$$AU_{n_k} \longrightarrow v \quad \text{dans} \quad Y.$$

Or on peut toujours supposer que U_{n_k} converge faiblement vers U_o dans $D(T)$. A étant un opérateur compact de $D(T)$ dans Y, AU_{n_k} converge vers AU_o dans Y (en norme). On a alors:

$$||U_o||^2 + ||TU_o||^2 = 1$$

$$(T+A)\ U_o = 0$$

$$\text{et}\quad U_o \in N(T+A)^{\perp}.$$

d'où une contradiction.

Montrons maintenant que $(T+A, D(T))$ est semi-Fredholm. Supposons d'abord que nul $T < + \infty$. Montrons alors que nul$(T+A) < + \infty$. Pour cela on va montrer que $N(T+A)$ est localement compact. Soit $(U_n)_{n \geq 1}$ une suite de $N(T+A)$ telle que:

$$||U_n||^2 + ||TU_n||^2 \leq 1.$$

Quitte à extraire une sous suite on peut supposer que $AU_n \xrightarrow{n \to +\infty} W$ dans Y. On a donc: $TU_n = -AU_n \xrightarrow{n \to +\infty} -W$ dans Y. Or: $U_n = U_n^o + U_n^1 \in N(T) \oplus N(T)$. On a:

$$T_o\ U_n^1 = TU_n \quad (T_o = T_{|N(t)})^{\perp}$$

d'où:

$$U_n^1 = T_o^{-1}(TU_n) \xrightarrow{\quad\quad} - T_o^{-1}\ W \quad (T_o^{-1} \text{ est continu!}).$$

D'autre part, $N(T)$ étant de dimension finie, on peut extraire de U_n^o une sous suite convergente. Ce qui prouve bien que $N(T+A)$ est localement compact.

La démonstration de (10) est un peu plus difficile et nécessite des résultats préliminaires.

18 - _Lemme_: Soient (A, D(A)), (B, D(B)) des opérateurs fermés et T-compacts. Alors B est (T+A)-compact.

Preuve: On utilise (4) avec $\varepsilon = \frac{1}{2}$:

$||Tu|| \leq 2||(T+A)u|| + 2C.||u||$ pour tout $u \in D(T)$ B étant T-compact on en déduit qu'il est (T+A)-compact.

19 - _Proposition_ : _Soit_ $T: X \longrightarrow Y$ _semi-Fredholm et_ (A,D(A)) _un opérateur fermé, T-compact. Alors il existe_ $t_o > 0$ _tel que pour_ $0 \leq t \leq t_o$

(i) $\text{nul}(T+tA) \leq \text{nul}(T)$

(ii) $\text{def}(T+tA) \leq \text{def}(T)$

(iii) $\text{Ind}(T+tA) = \text{Ind}(T).$

Preuve: (i) On a, d'après la proposition 9:

$$||Au|| \leq c(\varepsilon)||u|| + \varepsilon.||Tu||$$

d'où

$$||tAu|| \leq t.c(\varepsilon)||u|| + \varepsilon t.||Tu||.$$

D'après la proposition 16, avec $\varepsilon = \frac{1}{2}$,   t   assez   petit

$(\dfrac{t.c(1/2)}{1-t} < \dfrac{1}{2}\,\gamma_T)$ on a $N(T+tA) \subsetneq N(T)$ pour $t \in [0,t_0]$, d'où

(i). Pour (ii) on raisonne sur l'adjoint. On peut toujours

supposer que $X = D(T)$. Posons $X_0 = N(T)^{\perp}$ et $T_0 = T|_{X_0}$. Il

est clair que $T_0 + tA$ est semi-Fredholm $(D(T_0+bA) = X_0)$

et que $\mathrm{Im}(T_0+tA) \subseteq \mathrm{Im}(T+tA)$. Par conséquent on a:

$$\mathrm{def}(T+tA) \leq \mathrm{def}(T_0+tA).$$

D'autre part $\mathrm{def}T = \mathrm{def}T_0$. Il nous suffit donc de montrer

que:

$$(14) \qquad \mathrm{def}(T_0+tA_0) \leq \mathrm{def}(T_0)$$

$A_0 : X_0 \longrightarrow Y$ est compact d'où $A^* : Y \longrightarrow X_0$ l'est également.

Par conséquent A_0^* est T_0^*-compact. (i) appliqué à T_0^* et

A_0^* donne:

$$\mathrm{nul}(T_0^* + tA_0^*) \leq \mathrm{nul}(T_0^*), \ t \in [0,t_0]$$

(quitte à diminuer t_0!).

Or: $\mathrm{nul}(T_0^*+tA_0^*) = \mathrm{def}(T_0+tA_0)$ et $\mathrm{nul}T_0^* = \mathrm{def}\,T_0$ d'où on

a démontré (ii).

Montrons maintenant (iii): pour $t \in [0,t_0]$, on a:

$$\mathrm{nul}(T_0 + tA_0) = 0.$$

Nous allons définir une application linéaire injective $\widetilde{(T+tA)}$:

$$N(T)/_{P(N(T+tA))} \longrightarrow Im(T+tA)/_{Im(T_0+tA_0)}$$

en posant: $\widetilde{(T+tA)}(\bar{u}) = \overline{(T+tA)(u)}$

(on désigne par $\bar{u}$ (resp $\bar{v}$) les classes d'équivalence dans le 1er espace (resp le 2nd).

Montrons que l'on définit bien ainsi une application: soit: $u=Pv$, $(T+tA)v=0$. On a:

$$(T+tA)u = (T+tA)Pv = (tA)Pv$$

$$(T+tA)v = (T+tA)Pv + (T+tA)(I-P)v = 0.$$

Or: $(I-P)v \in N(T)^{\perp}$, d'où:

$$(T+t\Lambda)u = - (T+tA)(I-P)v = (T_0+tA_0)(P-I)v.$$

Ce qui montre que $\widetilde{T+tA}$ est bien défine.

Elle est clairement linéaire. Montrons qu'elle est injective. Soit u tel que $(T+tA)u = (T_0+tA_0)W$, $W \in N(T)^{\perp}$, et $Tu=0$. Posons $v=u-\omega$. On a alors: $U=Pv$ et $(T+tA)v = 0$ ie $u \in P(N(T+tA))$. On a donc obtenu:

$$nul\ T - nul(T+tA) \leq def(T_0+tA_0) - def(T+tA)$$

et $Ind\ T \leq Ind(T+tA)$.

Pour l'inégalité opposée on se ramène à $D(T)=X$ et alors A^* est T^* compact (car compact).

On conclut alors en utilisant les relations:

$$\text{Ind } T^* \leq \text{Ind}(T^* + tA^*)$$
$$\text{Ind } T^* = - \text{Ind } T.$$

20 - *Fin de la preuve du théorème 17:*

On a dejà vu que $T+A$ est semi-Fredholm. Pour conclure il nous reste à voir que $t \longrightarrow \text{Ind}(T+tA)$ est continue sur $[0,1]$. La proposition 19, (iii) montre la continuité en 0. Soit maintenant $t_1 \in \mathbf{R}$. On écrit: $T+tA = T+t_1A+(t-t_1)A$. Or d'après le lemme (18), A est $(T+t_1A)$ compact on est donc ramené en 0, d'où la continuité de $t \longrightarrow \text{Ind}(T+tA)$, cequi achève de démontrer le théorème 17.

21 - *Théorème:* Soit $T: X \longrightarrow X$ un opérateur fermé, $(A,D(A))$ également fermé et T-compact. Alors

$$\sigma_e(T+A) = \sigma_e(T).$$

Preuve: Par définition, $\sigma_e(T) = \{\lambda \in \mathbf{C} | \ T-\lambda$ n'est pas semi-Fredholm$\}$. Or pour tout $\lambda \in \mathbf{C}$, A est $(T-\lambda)$-compact (facile à voir) d'où: $T-\lambda$ semi Fredholm $\Longleftrightarrow$ $T+A-\lambda$ semi-Fredholm. Le théorème 21 résulte alors du théorème 17.

22 - *Théorème:*
$$\sigma_e(T) = \bigcap_{A,\text{T-compact et fermé}} \sigma(A+T).$$

Si $T: X \longrightarrow X$ est autoadjoint.

Preuve: Le théorème 21 entraine que $\sigma_e(T) \subseteq \bigcap_{A \ \text{T-compact}} \sigma(A + T).$

Pour l'inclusion inverse soit $\lambda \in \sigma(T)$ et $\lambda \in \rho_e(T)$ ie $T-\lambda$ est Fredholm. Or T autoadjoint entraîne que $\mathrm{Ind}(T-\lambda) = 0$ $T-\lambda$ induit donc un isomorphisme: $N(T-\lambda) \longrightarrow \mathrm{Ind}(T-\lambda)$. Or $D(T) \cap N(T-\lambda)^{\perp}$ et $\mathrm{Im}(T-\lambda)$ ont même codimension finie. Il n'est pas difficile de construire un opérateur A de rang fini tel que $T+A-\lambda$ soit un isomorphisme de $D(T)$ sur X ie $\lambda \in \rho(T+A)$. Par exemple: $A=U.P_{N(T-\lambda)}$ où U unitaire: $N(T-\lambda) \longrightarrow \mathrm{Im}(T-\lambda)$ et $P_{N(T-\lambda)}$: projecteur orthogonal sur $N(T-\lambda)$.

23 - *Proposition:* Soit $T: X \longrightarrow X$ autoadjoint. Soit $\{X_n\}$ une suite de $D(T)$ vérifiant:

a) $\quad ||X_n|| = 1$

b) $(T-\lambda) X_n \xrightarrow{\;n \to +\infty\;} 0$

c) $\{X_n\}$ ne contient pas de sous-suite convergente.

Alors $\lambda \in \sigma_e(T)$.

Preuve: Supposons le contraire ie $\lambda \in \rho_e(T) \cap \sigma(T)$. Alors il existe A T-compact et fermé et une constante $C>0$ telle que:

$$(*) \qquad ||X|| \leq C||(T+A-\lambda)X||$$

(théorème 22) pour tout $X \in D(T)$.

Or par compacité, il existe une sous suite X_{n_k} telle que AX_{n_k} converge dans X. Or (*) entraine que X_{n_k} converge dans X. D'où une contradiction.

24 - _Théorème:_ Soit $T: X \longrightarrow X$ autoadjoint. On a alors:
$$\tilde{\sigma}_e(T) = \sigma_e(T).$$

Preuve: Commençons par prouver que $\tilde{\sigma}_e(T) \subseteq \sigma_e(T)$. Soit λ tel que $\dim(E_{]\lambda-\varepsilon,\lambda+\varepsilon[}) = +\infty$ pour tout $\varepsilon > 0$.

Soit $H_n = \text{Im}(E_{]\lambda-\frac{1}{n}, \lambda+\frac{1}{n}[})$ $(H_n)_{n \geq 1}$ est une suite décroissante de -espaces fermés de X.

1^{er}cas: Cette suite est stationnaire à partir d'un certain rang. On a: $\bigcap_{n \geq 1} H_n = E_{\{\lambda\}}$ (car $E_{]\lambda-\frac{1}{n},\lambda+\frac{1}{n}[} u \xrightarrow{n \to +\infty} E_{\{\lambda\}} u$)

d'où $\dim E_{\{\lambda\}} = +\infty$ et par conséquent $\lambda \in \sigma_e(T)$.

2^{er}cas: Il existe une sous suite $(H_{n_k})_{k \geq 1}$ strictement décroissante. Posons $G_k = H_{n_k}$. Montrons alors qu'on peut construire une suite $\{X_k\}$ comme dans la proposition 23. On a $G_{k+1} \subsetneq G_k$. D'où, pour tout k, il existe $x_k \in G_k$, $||x_k||=1$, $x_k \in G_{k+1}^{\perp}$ $\{x_k\}$ est donc une suite orthonormale. D'autre part on a:

$$(T-\lambda) x_k = \int_{\lambda-\frac{1}{n_k}}^{\lambda+\frac{1}{n_k}} (\mu-\lambda) \, d(E_\mu x_k) \quad \text{car } x_k \in (\text{Im} E_{]\lambda-\frac{1}{n_k},\lambda+\frac{1}{n_k}[})$$

d' où $||(T-\lambda)x_k|| \leq \dfrac{2}{n_k} \xrightarrow[k \to +\infty]{} 0.$

La proposition 23 montre alors que $\lambda \in \sigma_e(T)$.   Montrons maintenant que: $\sigma_e(T) \subseteq \tilde{\sigma}_e(T)$. Soit $\lambda \notin \tilde{\sigma}_e(T)$, il s'agit de montrer que $T-\lambda$ est Fredholm. Il suffit bien sûr de regarder le cas où $\lambda \in \sigma(T)$. Dans ce cas λ est un point isolé du spectre. On admet pour le moment le:

24' _Lemme_: _Soit_ T _un opérateur autoadjoint tel que 0 sont un point isolé du spectre de_ T. _Alors_ ImT _est fermée_.

D'après le lemme 24' on a donc ImT fermeé et comme $\lambda \notin \tilde{\sigma}_e(T)$, dim $E_{\{\lambda\}} < +\infty$ d'où $T-\lambda$ est Fredholm ie $\lambda \notin \sigma_e(T)$.

Preuve du lemme 24': On a vu que:

$$||Tu||^2 = \int \lambda^2 \, d||E_\lambda u||^2 = \int_{|\lambda| \geq \varepsilon} \lambda^2 d||E_\lambda u||^2 + \int_{|\lambda| < \varepsilon} \lambda^2 d||E_\lambda u||^2.$$

Soit $u \in N(T)^{\perp} \cap D(T)$. Pour $\varepsilon > 0$ assez petit on a:

$$E_{]-\varepsilon,\varepsilon[} u = 0$$

d'où:

$$||Tu||^2 \geq \varepsilon^2 ||E_{]-\infty,-\varepsilon]} {}_{[\varepsilon,+\infty[} u||^2 = \varepsilon^2 . ||u||^2$$

on a donc: $||Tu||^2 \geq \varepsilon^2 . ||u||^2$ pour tout $u \in N(T)^{\perp}$.   Ceci prouve bien que ImT est fermeé. (n'oublions pas que T est fermé!).

25 - Remarque: On a utilisé dans le point 15 et dans la démonstration de 24' la propriété suivante, conséquence du théorème des isomorphismes de Banach: Soit T, D(T) un opérateur fermé, alors ImT est fermée si et seulement si il existe $\gamma > 0$ telle que:

$$\gamma ||u|| \leq ||Tu|| \quad \text{pour tout} \quad u \in D(T) \cap N(T)^{\perp} .$$

CHAPITRE IV

TRAJECTOIRES CLASSIQUES ET ÉVOLUTION QUANTIQUE

§1 - Notions sur la représentation de Heisenberg de la mécanique quantique

Parallélement à Schrödinger, Heisenberg en 1925, a proposé une formulation différente de la mécanique quantique: toutes les grandeurs de la mécanique quantique sont représentées par des matrices infinies $(U_{n,m})_{m,n \in \mathbb{N}}$ (voir [BLO]). Une base d'un espace de Hilbert séparable H étant choisie, on peut remplacer les matrices infinies par des opérateurs, qui seront en général non bornés. (Ceci est le point de vue de von Neumann). Par exemple à la position: (x_1,x_2,x_3), Heisenberg et von Neumann associent trois opérateurs: (X_1,X_2,X_3), de même à l'impulsion (p_1,p_2,p_3) est associé: (P_1,P_2,P_3). Soit a un Hamiltonien classique et A l'Hamiltonien quantique correspondant. Le mouvement classique est régi par le système de Hamilton, que l'on peut écrire sous la forme:

$$(\text{Ham}) \qquad \begin{cases} \dfrac{\partial x_j}{\partial t} = \{a,x_j\} \\[2mm] \dfrac{\partial p_j}{\partial t} = \{a,p_j\} \end{cases}$$

Par analogie, Heisenberg puis von Neumann postulent que les équations du mouvement quantique "correspondant" s'écrivent:

-187-

$$(\text{He-Ne})_1 \quad \begin{cases} \dfrac{\partial X_j}{\partial t} = (ih)^{-1}.[X_j,A] \\[2ex] \dfrac{\partial P_j}{\partial t} = (ih)^{-1}.[P_j,A]. \end{cases}$$

Plus généralement pour une grandeur quantique G, l'équation du mouvement s'écrit:

$$(\text{He-Ne})_2 \qquad ih.\frac{\partial G}{\partial t} = [G,A].$$

Le problème s'est alors posé de comparer ces deux représentations de la mécanique quantique. Schrödinger a montré en 1926 que ces deux modèles sont *physiquement équivalents* au sens suivant: soient G une observable et $\psi(t)$ une fonction d'onde représentant l'état d'une particule à l'instant t. L'expérience représentée par G donne la valeur: $\langle G.\psi(t)|\psi(t)\rangle$. D'après le modèle de Schrödinger ψ vérifie l'équation différentielle:

$$(\text{Sch}) \quad \begin{cases} ih\,\dfrac{d\psi}{dt} = A\psi, \quad A \text{ étant l'hamiltonien} \\[2ex] \psi(0) = \psi_o. \end{cases}$$

Or on a:

$$\psi(t) = e^{-ith^{-1}A}.\psi_o$$

d'où:

$$\langle G\rangle_\psi(t) \equiv \langle G.\psi(t)|\psi(t)\rangle = \langle U_h(-t).G.U_h(t)\psi_o|\psi_o\rangle.$$

Un calcul formel donne alors pour $<G>_\psi(t)$ l'équation différentielle:

$$(1) \qquad ih. \frac{d}{dt} <G>_\psi(t) = <[G,A]>_\psi(t).$$

Posons:

$$G(t) = U_h(-t).G.U_h(t).$$

On a donc:

$$(2) \qquad ih. \frac{d}{dt} <G(t)>_{\psi_o} = <[G(t),A]>_{\psi_o}.$$

Par conséquent déterminer $t \longrightarrow <G(t)>_{\psi_o}$ pour tout ψ_o revient à déterminer les solutions de l'équation $(He-Ne)_2$. Remarquons qu'il ne s'agit pas ici d'une équivalence mathématique entre (Sch) et $(He-Ne)_2$. *Il y a équivalence physique en ce sens que chacune des représentations permet de déterminer l'évolution de la mesure d'une grandeur pour une particule, dans un état donné, à l'instant initial.* Autrement dit les valeurs moyennes des observables, $<G>_{\psi(t)}$ dans la représentation de Schrödinger, $<G(t)>_{\psi_o}$ dans la représentation de Heisenberg, coincïdent. Le calcul formel qui a conduit à (2) donne également:

$$(3) \qquad ih \frac{dG}{dt}(t) = [G(t),A]$$

ie $G(t)$ vérifie l'équation $(He-Ne)_2$.

Lorsqu'on veut étudier des états statistiques on est conduit à une équation du même type que $(He-Ne)$. La mécanique quantique statistique repose en effet sur l'équation suivante, ρ désignant l'état de la particule:

$$(\text{He-Ne})_2' \qquad\qquad ih\,\frac{d\rho}{dt} = [A,\rho(t)].$$

On passe de $(\text{He-Ne})_2$ à $(\text{He-Ne})_2'$ par renversement du temps. Un calcul formel facile montre que si: $\rho(t) = \overline{\psi(t)} \otimes \psi(t)$ où $\psi(t)$ est solution de (Sch) alors $\rho(t)$ vérifie $(\text{He-Ne})_2'$ (exercice laissé au lecteur).

§2 - Fonctionnelles admissibles

Définition (IV-1):

On désigne par $\mathcal{S}_{ad}(\mathbb{R}^n_x \times \mathbb{R}^n_p)$ l'espace des fonctions C^∞ de $[0,h_0[$ à valeurs dans l'espace de Schwartz $\mathcal{S}(\mathbb{R}^n_x \times \mathbb{R}^n_p)$. On appelle fonctionnelle h-admissible toute application $b: [0,h_0[\longrightarrow \mathcal{S}'(\mathbb{R}^n_x \times \mathbb{R}^n_p)$ telle que pour tout $a \in \mathcal{S}_{ad}(\mathbb{R}^n_x \times \mathbb{R}^n_p)$, l'application: $h \longmapsto \langle a(h), b(h)\rangle$ soit C^∞ sur $[0,h_0[$.

Exemple (IV-2):

Les symboles h-admissibles définis dans le chapitre II sont des fonctionnelles h-admissibles. En effet soit $b: h \longrightarrow b(h)$ un symbole h-admissible de poids $(m,0)$. Alors par définition b est C^∞ sur $[0,h_0[$ à valeurs dans $\Sigma^m_0(\mathbb{R}^n_x \times \mathbb{R}^n_p)$. Il en résulte facilement que b est une fonctionnelle h-admissible (exercice laissé au lecteur).

Notation:

$\mathcal{S}'_{ad}(\mathbb{R}^n_x \times \mathbb{R}^n_p)$ désigne l'espace des fonctionnelles h-admissibles.

Remarque (IV-3):

$\mathcal{S}'_{ad}(\mathbb{R}^n_x \times \mathbb{R}^n_p)$ coincide avec l'espace des applications C^∞ de $[0,h_0[$ dans $\mathcal{S}'(\mathbb{R}^n_x \times \mathbb{R}^n_p)$.

Définition (IV-4):

i) Soit $b \in \mathcal{S}'_{ad}(\mathbb{R}^n_x \times \mathbb{R}^n_p)$ et Ω un ouvert de $\mathbb{R}^n_x \times \mathbb{R}^n_p$. On dit que b est h-négligeable dans Ω si $\langle a, b(h) \rangle = O(h^\infty)$ $h \longrightarrow 0$, pour tout $a \in C^\infty_0(\Omega)$

ii) On appelle h-support essentiel de b le complémentaire du plus grand ouvert sur lequel b est h-négligeable. On notera cet ensemble: $SE[b(h)]$.

iii) On dira que: $h \longmapsto A(h)$, application de $]0,h_0[$ dans $\mathcal{L}(\mathcal{S}(\mathbb{R}^n), \mathcal{S}'(\mathbb{R}^n))$, est un opérateur h-admissible généralisé si la distribution tempérée: $(\sigma^W_h A)(x,p) = : \sigma^W(A(h))\,(x, h^{-1}.p)$ est telle que $\sigma^W_h A \in \mathcal{S}'_{ad}(\mathbb{R}^n_x \times \mathbb{R}^n_p)$. On appellera alors h-support essentiel de $A(h)$, le h-support essentiel de $\sigma^W_h A$ que l'on notera encore: $SE[A(h)]$.

iv) On dira qu'un opérateur h-admissible A(h) est elliptique

en $(x^\circ, p^\circ) \in \mathbb{R}^n_x \times \mathbb{R}^n_p$ si son symbole   principal   vérifie:

$\sigma_p A(x^\circ, p^\circ) \neq 0$.

Remarque (IV-4)' :

La définition (2-4) (iii) a un sens pour toute application

h $\longmapsto$ b(h)   (resp h $\longmapsto$ A(h))   de $]0, h_\circ[$ dans

$\mathcal{S}'(\mathbb{R}^n_x \times \mathbb{R}^n_p)$ (resp $\mathcal{L}(\mathcal{S}(\mathbb{R}^n), \mathcal{S}'(\mathbb{R}^n))$. Cependant   en

approximation semi-classique on ne s'intéresse qu'aux objets

suceptibles d'admettre un développement asymptotique en h,

en un sens convenable.

Proposition (IV-5)

Soit h $\longmapsto$ A(h) *une application de* $]0, h_\circ]$ *dans* $\mathcal{L}(\mathcal{S}(\mathbb{R}^n),$ $\mathcal{S}'(\mathbb{R}^n))$. *Pour tout couple d'opérateurs fortement h-admissibles,* G(h), K(h) *(de poids* (m, ρ), $\rho > 0$) *on a:*

$$SE[G(h).A(h).K(h)] \subseteq SE[A(h)].$$

En particulier si G(h) *et* K(h) *sont inversibles on   a:*

$$SE[G(h).A(h).K(h)] = SE[A(h)].$$

Preuve:

On se ramène facilement, compte tenu de l'hypothèse, au cas

où $G(h) = op_h^w g$ et $K(h) = op_h^w k$; g, k $\Sigma_\rho^m(\mathbb{R}^{2n})$. Soit $b \in C_\circ^\infty(\mathbb{R}^{2n})$.

On a:

$$\mathrm{tr}[(\mathrm{op}_h^W b).G(h).A(h).K(h)] = \mathrm{tr}[K(h)(\mathrm{op}_h^W b)\, G(h).A(h)].$$

Or il résulte du chapitre II que $K(h).(\mathrm{op}_h^W b).G(h)$ est un opérateur fortement h-admissible dont le symbole est à support dans Supp b. On en déduit alors la proposition.

Exemples (IV-6):

(a) Soit: $\rho(h) = \overline{\psi(h)} \otimes \psi(h)$ un état pur, $\psi(h) \in \mathcal{S}'(\mathbb{R}^n)$. $\rho(h): \phi \longmapsto <\phi,\overline{\psi(h)}> \psi(h)$. On a donc: $\rho(h) \in \mathcal{L}(\mathcal{S}(\mathbb{R}^n), \mathcal{S}'(\mathbb{R}^n))$. Nous allons voir plus loin une caractérisation de $SE[\rho(h)]$ qui ressemble à celle du front d'onde C^∞ d'une distribution ([HOR]). Indiquons ici les deux exemples élementaires suivants:

$$(a_1) \qquad \psi_h(x) = e^{i.h^{-1}p_o.x} \qquad \text{(onde plane)}.$$

On a alors: $\sigma_h^W \rho = \delta(p-p_o)$ d'où:

$$SE[\rho(h)] = \{(x,p \,|\, p=p_o\}$$

$$(a_2) \qquad \psi_h(x) = (\pi h)^{-\frac{1}{2}} e^{-hx^2}$$

$$SE[\rho(h)] = \{(0,0)\}.$$

$$(b) \qquad A(h) = - h^2 . \frac{d^2}{dx^2} + x^2.$$

Soit: $\rho(h) = (\mathrm{tr}(e^{-\beta A(h)}))^{-1}. e^{-\beta.A(h)}$ (état de Gibbs) où $\beta > 0$.

Un calcul explicite (cf exercice (IV-3)) donne:

$$\sigma_h^W \rho(x,p) = (\pi h)^{-1} \text{th}(\beta h/2) \exp[-h^{-1}(\text{th}(\beta h/2))(x^2+p^2)]$$

d'où il résulte que $SE[\rho(h)] = \mathbb{R}_x^n \times \mathbb{R}_p^n$.

(c) Soit $a \in \mathcal{S}'(\mathbb{R}_x^n \times \mathbb{R}_p^n)$, un symbole distribution. Alors $SE[\text{op}_h^W a] = \text{Supp } a$. Plus généralement si $A(h) = \sum_{j=0}^{N} h^j . \text{op}_h^W a_j$ avec $a_j \in \mathcal{S}'(\mathbb{R}_x^n \times \mathbb{R}_p^n)$ alors $SE[A(h)] = \bigcup_{0 \leq j \leq N} (\text{Supp } a_j)$. Une notion apparentée à celle de h-support essentiel est développée dans [GU-ST] sous le nom d'ensemble de fréquences:

Définition (IV-7):

Soit Ω un ouvert de $\mathbb{R}^m$ et une application :
$]0,h_o] \ni h \longmapsto T_h \in \mathcal{D}'(\Omega)$.

On dit que le point $(x^o,p^o) \in \mathbb{R}_x^m \times \mathbb{R}_p^m$ n'est pas dans l'ensemble des fréquences: $F[T_h]$ de T_h s'il existe $\phi \in C_o^\infty(\mathbb{R}^m)$ telle que $\phi(x^o) \neq 0$ et un voisinage V_{p^o} de p^o tels que:

$$\langle \phi(x).e^{-ih^{-1}.x.p}, T_h \rangle = O(h^\infty), \quad h \longrightarrow 0,$$

uniformément par rapport à p, $p \in V_{p^o}$.

Soit $]0,h_o] \ni h \longmapsto \psi_h \in \mathcal{S}'(\mathbb{R}^n)$ et soit $\rho(h): \phi \longrightarrow \langle \phi, \bar{\psi}_h \rangle \psi_h$. Le problème se pose alors de comparer $SE[\rho(h)]$ et $F[\psi_h]$. (Comme on l'a indiqué dans la remarque (IV-4)', $SE[\rho(h)]$ est bien défini!)

Proposition (IV-8):

i) Pour toute application: $h \longmapsto \psi_h$ *de* $]0,h_o]$ *dans* $\mathcal{S}'(\mathbb{R}^n_x)$ *on a:* $F[\psi_h] \subseteq SE[\bar{\psi}_h \otimes \psi_h]$

ii) Soit une application $h \longmapsto \psi_h$ *de* $]0,h_o]$ *dans* $\mathcal{S}'(\mathbb{R}^n_x)$ *vérifiant la condition suivante:*

f) Il existe des entiers $M, \ell \in \mathbb{N}$ *et une constante* $C>0$ *tels que:* $||\psi_h||_{B-M} \leq C.h^{-\ell}$ *pour tout* $h \in]0,h_o]$.

Alors : $F[\psi_h] = SE[\bar{\psi}_h \otimes \psi_h]$.

Preuve:

i) Soit $(x^o,p^o) \notin SE[\psi_h \otimes \psi_h]$. Il existe donc un voisinage ouvert $V_{(x^o,p^o)}$ de (x^o,p^o) tel que pour tout $b \in C_o^\infty(V_{x^o,p^o})$ on ait:

$$(4) \qquad \operatorname{tr}\left[(\operatorname{op}_h^W b).(\bar{\psi}_h \otimes \psi_h)\right] = \langle(\operatorname{op}_h^W b)\psi_h, \bar{\psi}_h\rangle = O(h^\infty).$$

La formule de composition des opérateurs h-admissibles et (4) entrainent:

$$(5) \qquad ||(\operatorname{op}_h^W b)\psi_h||_{L^2(\mathbb{R}^n)} = O(h^\infty),$$

pour tout $b \in C_o^\infty(V_{(x^o,p^o)})$.

On peut choisir: $V_{(x^o,p^o)} = U_{x^o} \times W_{p^o}$ où U_{x^o} et W_{p^o} sont des voisinages ouverts de x^o respectivement p^o.

Soient: $\rho \in C_0^\infty(U_{x^0})$ et $\theta \in C_0^\infty(W_{p^0})$; posons

$$c(x,p) = \rho(x).\theta(p).$$

Posons également:

$$I(h,\rho,\theta,p) = \langle e^{-ih^{-1}y.p}.\rho(y),\psi_h(y)\rangle.\theta(p).$$

On a facilement:

(6) $\qquad (op_{h,1}c)\psi_h(x) = \mathcal{F}_{h(x\to p)}^{-1}(I(h,\rho,\theta,p))$ (au sens de $\mathcal{S}'(\mathbb{R}_x^n)$).

Il résulte alors de (5), (6), du théorème (II-36) et du théorème de Plancherel que l'on a:

(7) $\qquad\qquad ||I(h,\rho,\theta)||_{L^2(\mathbb{R}_p^n)} = O(h^\infty)$

pour tout $\rho \in C_0^\infty(U_{x^0})$ et tout $\theta \in C_0^\infty(W_{p^0})$.

Il est clair que (7) est également vérifiée pour $\partial_p^\alpha(I(h,\rho,\theta,p))$ pour tout $\alpha \in \mathbb{N}$. On en déduit alors que $(x^0,p^0) \notin F[\psi_h]$, d'après le théorème d'injection de Sobolev.

ii) On commence par se ramener au cas la condition (f) est satisfaite pour $M=\ell=0$. Cela résulte de la propriété suivante, facile à établir:

(8) Pour tout entier k, il existe une constante $c_k > 0$ telle que:

$$\left|\left|(-h^2\Delta+|x|^2+1)^{-k}(-\Delta+|x|^2+1)^{k}\right|\right|_{\mathcal{L}(L^2(\mathbb{R}^n))} \leq c_k.h^{-2k}$$

pour tout $h \in]0,h_o]$.

D'autre part $(-h^2\Delta+|x|^2+1)^{-k}$ est fortement h-admissible. On peut donc remplacer ψ_h par $\widetilde{\psi}_h = h^{\ell+2k}.(h^2\Delta+|x|^2+1)^{-k}.\psi_h$. Soit alors $(x^o,p^o) \notin F[\psi_h]$. Il résulte alors de la relation (6) et de la remarque précédente, qu'il existe $b \in C_o^\infty(\mathbb{R}_x^n \times \mathbb{R}_p^n)$, $b(x^o,p^o) \neq 0$ et tel que:

$$(9) \qquad \left|\left|(op_h^w b)\widetilde{\psi}_h\right|\right|_{L^2(\mathbb{R}^n)} = O(h^\infty)$$

on en déduit alors qu'il existe un opérateur admissible $E(h)$, autoadjoint positif, de symbole: $e(h) = \sum_{j\geq 0} h^j.e_j$ tel que:

$$(10) \qquad \begin{cases} \left|\left|E(h)\widetilde{\psi}_h\right|\right|_{L^2(\mathbb{R}^n)} = O(h^\infty) \\[2mm] e_o(x^o,p^o) = 1 \quad \text{et} \quad \text{Supp } e_j \subseteq V_{x^o,p^o} \end{cases}$$

pour tout $j \in \mathbb{N}$ où V_{x^o,p^o} est un voisinage ouvert borné de (x^o,p^o).

Soit: $\qquad \chi \in C_o^\infty]\frac{1}{5},5[, \quad \chi \equiv 1 \quad \text{sur} \quad [\frac{1}{4},4]$.

Posons: $\qquad \mathbf{J}(x) = \dfrac{\chi(x)}{x}$.

On a clairement:

$$(11) \qquad \chi(E(h)) = \mathbf{J}(E(h)).E(h).$$

D'où, d'après (10):

$$(12) \qquad ||\chi(E(h)) \cdot \tilde{\psi}_h||_{L^2(\mathbb{R}^n)} = O(h^\infty).$$

Soit maintenant $c \in C_0^\infty(\mathbb{R}_x^n \times \mathbb{R}_p^n)$. On a:

$$(13) \qquad \langle (op_h^W c) \tilde{\psi}_h | \tilde{\psi}_h \rangle = \langle (op_h^W c)(I - \chi(E(h))) \tilde{\psi}_h | \tilde{\psi}_h \rangle$$
$$+ \langle (op_h^W c) \cdot \chi(E_h) \tilde{\psi}_h | \tilde{\psi}_h \rangle .$$

Or d'après le chapitre III (théorème III-11) le support du symbole de l'opérateur h-admissible $I - \chi(E(h))$ est dans $\mathbb{R}^{2n} \setminus e_0^{-1}]1/3, 3[$. Par conséquent (12) et (13) entrainent que $\langle (op_h^W c) \tilde{\psi}_h, \tilde{\psi}_h \rangle = O(h^\infty)$ pour tout $c \in C_0^\infty(e_0^{-1}]1/2, 2[)$. Ce qui prouve que $SE(\tilde{\psi}_h \otimes \tilde{\psi}_h) \subseteq F[\psi_h]$ et donc l'égalité d'après (i) et la proposition (IV-5).

La preuve de l'assertion (ii) de la proposition précédente donne de plus les résultats suivants:

Proposition (IV-8)' :

Soit $\psi_h \in \mathcal{S}'(\mathbb{R}^n)$ vérifiant la condition (f). Pour un point $(x^0, p^0) \in \mathbb{R}_x^n \times \mathbb{R}_p^n$ les conditions suivantes sont équivalentes:

(α) $(x^0, p^0) \notin F[\psi_h]$

(β) Il existe un voisinage ouvert $V_{(x^0, p^0)}$ de (x^0, p^0) tel pour tout $a \in C_0^\infty(V)$ on ait: $\langle (op_h^W a) \psi_h, \bar{\psi}_h \rangle = O(h^\infty)$

(γ) Il existe un opérateur h-admissible, A(h), elliptique en (x^0, p^0), tel que: $||A(h) \cdot \psi_h||_{L^2(\mathbb{R}^n)} = O(h^\infty)$.

§3 - Systèmes hamiltoniens

Soit $a: \mathbb{R}^n_x \times \mathbb{R}^n_p \longrightarrow \mathbb{R}$ une fonction C^∞. Le système hamiltonien associé à a est le système d'équations différentielles:

$$(\text{Ham}) \quad \begin{cases} \dfrac{\partial x}{\partial t} = \dfrac{\partial a}{\partial p}(x(t),p(t)) \\[2ex] \dfrac{\partial p}{\partial t} = - \dfrac{\partial a}{\partial x}(x(t),p(t)); \quad x(0)=x^0, \quad p(0)=p^0. \end{cases}$$

En général le domaine maximal d'existence de la solution dépend de la donnée initiale (x^0,p^0). Dans la suite, pour simplifier la discussion, nous supposerons que (Ham) a une solution définie sur tout $\mathbb{R}$, pour toute donnée initiale. Nous dirons alors que a vérifie la condition (G). Par exemple cette condition est remplie si $\lim\limits_{|x|+|p|\to+\infty} a(x,p) = + \infty$ ou si supp a est compact car dans les deux cas les courbes intégrales de (Ham) restent dans un compact, par la loi de conservation de l'énergie: $a(x(t),p(t)) = a(x^0,p^0)$, pour tout t appartenant au domaine de la solution. On désigne alors par: $\phi^t_a(x^0,p^0)$ ou par $\exp(t.H_a)(x^0,p^0)$ la solution de (Ham) où H_a désigne le champ de vecteurs hamiltonien:

$$H_a = (\frac{\partial a}{\partial p}, \; - \frac{\partial a}{\partial x}).$$

On rappelle maintenant les propriétés classiques du flot hamiltonien $\phi^t_a:$

Théorème (IV-9):

i) $\phi_a^t(\phi_a^s(x,p)) = \phi_a^{t+s}(x,p)$ *pour* $t,s \in \mathbb{R}$, $x,p \in \mathbb{R}^n$

ii) *Pour toute fonction* $b \in C^1(\mathbb{R}_x^n \times \mathbb{R}_p^n)$ *on a:*

$$\frac{d}{dt} b(\phi_a^t(x,p)) = \{a,b\} \, \phi_a^t(x,p)$$

iii) *Le crochet de Poisson:* $\{\ ,\ \}$ *est invariant par* ϕ_a^t *pour tout* $t \in \mathbb{R}$ *ie on a:*

$$\{b\circ\phi_a^t, \ c\circ\phi_a^t\} = \{b,c\}\circ\phi_a^t$$

iv) ϕ^t *conserve le volume ie pour tout borélien* $D \subsetneq \mathbb{R}^{2n}$ *on a:* $\mathrm{Vol}_{\mathbb{R}^{2n}}(\phi_a^t(D)) = \mathrm{Vol}_{\mathbb{R}^{2n}}(D)$.

Preuve:

i) résulte facilement de l'unicité de la solution de (Ham)

ii) résulte d'un calcul élémentaire

iii) Nous donnons une preuve élémentaire

iv) sera admis ici et de toute manière nous ne l'utiliserons pas $([ARN]_1)$

Commençons par le cas particulier: c=a. D'après (ii) on a: $a(\phi_a^t) = a$. D'où:

$$(14) \qquad \{b\circ\phi_a^t, \ a\circ\phi_a^t\} = \{b\circ\phi_a^t, \ a\}$$

Utilisons encore (ii), il vient:

$$(15) \qquad \{b o \phi_a^t, a\} = \frac{d}{ds}(b o \phi_a^t o \phi_a^s)\Big|_{s=0}.$$

On utilise alors (i), ce qui donne (iii) pour $c = a$. La propriété (iii) est équivalente a:

$$(16) \qquad \frac{d}{dt}(\{b o \phi_a^t, \ c o \phi_a^t\} o \phi_a^{-t} \equiv 0.$$

On a:

$$(17) \qquad \frac{d}{dt}(\{b o \phi_a^t, \ c o \phi_a^t\} o \phi_a^{-t} =$$

$$-\{\{b o \phi_a^t, c o \phi_a^t\}, a\} o \phi_a^{-t} + \{\{b, a\} \phi_a^t, c o \phi_a^t\} o \phi_a^{-t}$$

$$+ \{b o \phi^t, \{c, a\} \phi^t\} o \phi^{-t}.$$

Or d'après le cas particulier précédemment étudié on a:

$$(18) \quad \{b, a\} o \phi_a^t = \{b o \phi_a^t, a o \phi_a^t\} \quad \text{et} \quad \{c, a\} o \phi_a^t = \{c o \phi_a^t, a o \phi_a^t\}.$$

D'où (17), (18) et l'identité de Jacobi donnent (iii).

Nous allons maintenant donner un lemme qui nous sera utile par la suite:

<u>*Lemme (IV-9)*</u>' :

On suppose de plus que a vérifie la condition suivante:

(B) Pour tous multi-indices α, β tels que $|\alpha| + |\beta| \geq 2$ on a:

$\partial_x^\alpha \, \partial_p^\beta \, a \in L^\infty(\mathbb{R}_x^n \times \mathbb{R}_p^n).$

Si $b \in \Sigma_0^m(\mathbb{R}_x^n \times \mathbb{R}_p^n)$ alors $b o \phi_a^t \in \Sigma_0^m(\mathbb{R}_x^n \times \mathbb{R}_p^n)$ pour *tout* $t \in \mathbb{R}$, **m** *étant un poids tempéré. Plus généralement*

pour tout $k \in \mathbb{N}$ *on a:* $\partial_t^k (b \circ \phi_a^t) \in \sum_o^{(m,k)} (\mathbb{R}_x^n \times \mathbb{R}_p^n)$.

<u>*Preuve:*</u>

Soit: $\qquad \phi_a^t(x,p) = (\phi_1^t(x,p), \phi_2^t(x,p)) \in \mathbb{R}_x^n \times \mathbb{R}_p^n$.

Posons:

$$Z(t,x,p) = \begin{pmatrix} \partial_x \phi_1^t(x,p) & \partial_p \phi_1^t(x,p) \\ \partial_x \phi_2^t(x,p) & \partial_p \phi_2^t(x,p) \end{pmatrix}$$

et

$$A(t,x,p) = \begin{pmatrix} \partial_{x,p}^2 a & \partial_p^2 a \\ -\partial_{x,x}^2 a & -\partial_{x,p}^2 a \end{pmatrix} (\phi_1^t(x,p), \phi_2^t(x,p)).$$

On a l'équation aux variations:

$$(19) \qquad \begin{cases} Z'(t) = A(t).Z(t) \\ \\ Z(0) = I. \end{cases}$$

Or par hypothèse $A(t,x,p)$ a ses coëfficients bornés (indépendemment de t). D'où il existe C, M>0 tels que:

$$(20) \qquad ||Z(t)-I|| \leq C|t|.e^{Mt}$$

pout tout $t \in \mathbb{R}$.

Il résulte de (20) que $\partial_x^\alpha \partial_p^\beta (b \circ \phi^t) \in L^\infty(\mathbb{R}^{2n})$ pour $|\alpha|+|\beta| = 1$. Ensuite par récurrence sur $|\alpha|+|\beta|$, en dérivant les équations (Ham) et en écrivant les équations aux variations correspondantes, on obtient que $\partial_x^\alpha \partial_p^\beta \phi_a^t \in L^\infty(\mathbb{R}^{2n}; \mathbb{R}^{2n})$ pour $|\alpha| + |\beta| \geq 1$ (exercice (IV-6)). Ce qui entraîne clairement que $b \circ \phi_a^t \in \Sigma_o^m(\mathbb{R}^{2n})$ on prouve de la même manière que $\partial_t^k(b \circ \phi_a^t) \in \Sigma_o^{m,k}(\mathbb{R}^{2n})$.

Terminons ce paragraphe par la remarque suivante: si $a \in C^\infty(\mathbb{R}_x^n \times \mathbb{R}_p^n)$ vérifie: $\partial_x^\alpha \partial_p^\beta a \in L^\infty(\mathbb{R}_x^n \times \mathbb{R}_p^n)$ pour $|\alpha+\beta| = 2$ alors: $(x,p) \longmapsto (\partial_p a(x,p), -\partial_x a(x,p))$ est uniformément lipchitzienne sur $\mathbb{R}^{2n}$. D'après un résultat classique sur les équations différentielles (cf [DIE] Théorème (10-6-1)) on en déduit alors que a vérifie la condition (G).

§4 - Propagation du support essentiel

Le résultat principal de ce paragraphe est le suivant:

Théorème (IV-10):

Soit $A(h)$ *un opérateur h-admissible de symbole* $a(h)=\sum_{j=0}^{+\infty} h^j \cdot a_j$. *On suppose:*

i) $A(h)$ *est essentiellement autoadjoint pour tout* $h \in \,]0,h_o]$.

ii) $\partial_x^\alpha \partial_p^\beta a_j \in L^\infty(\mathbb{R}_x^n \times \mathbb{R}_p^n)$ *pour* $|\alpha| + |\beta| + j \geq 2$.

Alors pour tout $b \in \Sigma_o^1(\mathbb{R}_x^n \times \mathbb{R}_p^n)$,

$$B(h,t) = e^{ith^{-1}A(h)} \cdot (op_h^w b) \cdot e^{-ith^{-1} \cdot A(h)}$$

est un opérateur h-admissible, pour tout $t \in \mathbb{R}$. *Soit:*

$$b(h,t) = \sum_{j=0}^{+\infty} h^j \cdot b_j(t), \text{ le symbole de } B(h,t).$$

Alors $b(h,t)$ *se calcule en résolvant, dans l'espace des séries formelles en* h, *le système différentiel (d'ordre infini):*

$$(21) \quad \begin{cases} \dfrac{\partial b}{\partial t}(h,t) = \{a(h), b(t,h)\}_q \\[2ex] b(h,0) = b \end{cases}$$

où $\{a(h), c(h)\}_q$ *désigne le symbole (total) de*

$$ih^{-1}.[op_h^W a(h), op_h^W c(h)].$$

En outre on a la relation de récurrence suivante:

$$(22) \quad j \geq 1, \; b_j(t;x,p) =$$

$$= \int_o^t i^{-1} \sum_{\substack{|\alpha|+|\beta|+\ell+k=j+1 \\ 0\leq\ell\leq j-1}} (1-(-1)^{|\alpha|+|\beta|})\Gamma(\alpha,\beta)(\partial_p^\alpha D_x^\beta a_k)(\partial_p^\beta D_x^\alpha b_\ell(\tau))\big|\phi^{t-\tau}(x,p)\,d\tau$$

et $b_o(t)=b(\phi_a^t).$

<u>*Corollaire (IV-10)'*</u>

Pour tout opérateur h*-admissible* $B(h)$ *de poids* $(1,0)$ *on a:*

$$SE[B(h),t] = \phi_{a_o}^{-t}(SE[B(h)])$$

pour tout $t \in \mathbb{R}.$

<u>*Preuve du corollaire:*</u>

On se ramène facilement au cas où $B(h)=op_h^W b$ avec $b \in \Sigma_0^1(\mathbb{R}^{2n}).$

Posons:

$$\tilde{b}_j(t;x,p) = b_j(t, \phi^{-t}(x,p)).$$

Il résulte de (22) que l'on a la propriété suivante:

(23) $\left\{ \begin{array}{l} \text{Pour tout } j \geq 1 \text{ et pour tous multi-indices } \alpha, \beta, \\ \text{il existe un opérateur différentiel: } P_j^{(\alpha\ \beta)}(t;x,p,\partial_x,\partial_p) \\ \text{tel que:} \end{array} \right.$

$$\partial_x^\alpha \partial_p^\beta \tilde{b}_j(t;x,p) = P_j^{(\alpha,\beta)}(t;x,p,\partial_x,\partial_p).b(x,p).$$

La propriété (23) se démontre par récurrence sur j. Pour $j=1$, il résulte clairement de (22) que l'on a:

$$(24) \qquad \tilde{b}_1(t) = \{b, \int_0^t a_1.\phi^{\tau-t}d\tau\}.$$

D'où (24) entraîne (23) pour $j=1$. On achève facilement la récurrence grâce à (22). Il est clair que (23) implique le corollaire (IV-10)'.

Preuve du théorème (IV-10)

Posons:

$$U_h(t) = e^{-ith^{-1}.A(h)}$$

et

$$B_t^{(o)}(h) = op_h^w(b\circ\phi^t).$$

On a alors le:

Lemme (IV-11)

Pour tous ψ, $\phi \in \mathcal{S}(\mathbb{R}^n)$, $\tau \longmapsto \langle U_h(-\tau).B_{t-\tau}(h).U_h(\tau)\phi,\psi\rangle$ *est continûment dérivable sur* $\mathbb{R}$. *On a de plus la formule:*

$$(25) \qquad \frac{d}{d\tau}(U_h(-\tau)B_{t-\tau}(h)U_h(\tau)) =$$

$$U_h(-\tau).\left(ih^{-1}.[B_{t-\tau}(h),A(h)] - \frac{d}{dt}.B_{t-\tau}(h)\right).U_h(\tau)$$

dans $\mathcal{L}(\mathcal{S}(\mathbb{R}^n), \mathcal{S}'(\mathbb{R}^n))$.

Preuve:

On a:

$$\langle U_h(\tau).B_{t-\tau}(h).U_h(-\tau)\phi \mid \psi\rangle = \langle B_{t-\tau}(h)U_h(-\tau)\phi \mid U_h(-\tau)\psi\rangle.$$

Or $\mathcal{S}(\mathbb{R}^n) \subseteq D(A(h))$ pour tout $h \in {]0,h_o]}$. On en déduit donc que la dépendance en τ est de classe C^1.

La formule (25) résulte d'un calcul facile.

Suite de la preuve du théorème (IV-10):

Posons:
$$B_t(h) = op_h^W(bo\phi_{a_o}^t).$$

D'après le théorème (IV-9), (ii), on a:

$$(25)' \qquad \frac{d}{dt}(bo\phi_{a_o}^{t-\tau}) = \{a_o,b\}.\phi_{a_o}^{t-\tau}.$$

Or on a vu au chapitre II que:

$$(26) \qquad \sigma_p(ih^{-1}.[B_{t-\tau}(h),A(h)]) = \{b \circ \phi^{t-\tau}, a_o\}$$

(25)', (26) et l'invariance du crochet de Poisson par ϕ^t donnent:

$$(27) \qquad U_h(-t).(op_h^W b)U_h(t) - B_t^{(0)}(h) =$$
$$h.\int_o^t U_h(-\tau).D_1(t,\tau;h).U_h(\tau)d\tau$$

où $D_1(t,\tau;h)$ est un opérateur h-admissible dépendant continûment de t et τ. Désignons par $d_1(t,\tau)$ le symbole principal de $D_1(t,\tau;h)$. En appliquant (27) à $d_1(t,\tau)$ on obtient:

$$(28) \qquad U_h(-\tau).D_1(t,\tau;h).U_h(\tau) = (op_h^W d_1(t,\tau))_\tau(h)$$
$$+ h.\int_o^\tau U_h(-s).D_2(t,\tau,s,h).U_h(-s)ds$$

où $D_2(t,\tau,s,h)$ est un opérateur h-admissible de poids $(1,0)$ dépendant continûment de t,τ,s. En raisonnant par récurrence sur $N \in \mathbb{N}$, on obtient:

$$(29) \qquad U_h(-t).(op_h^W b).U_h(t) = \sum_{j=0}^{N} h^j.op_h^W(b_j(t))$$
$$+ h^{N+1}.\int_o^t \int_o^{t_1} \cdots \int_o^{t_N} U_h(-t_N)D_N(t,t_1,\ldots,t_N;h)U_h(t_N)dt_N\cdots dt_1$$

où $D_N(t,t_1,\ldots,t_N;h)$ est un opérateur h-admissible dépendant continûment de $t,t_1,\ldots,t_N$. On a donc ainsi montré que $U_h(-t)(op_h^W b)U_h(t)$ est un opérateur h-admissible. Cependant ce procédé de démonstration ne permet pas de calculer facilement le symbole. On procède alors de la manière suivante. On remarque que $B(h,t)$ vérifie l'équation de Heisenberg -von Neumann:

$$(30) \quad \begin{cases} \dfrac{d}{dt} B(h,t) = ih^{-1}[A(h), B(h,t)] \\[2mm] B(h,0) = op_h^W b \end{cases}$$

Il résulte donc de (30) que pour calculer le symbole de $B(h,t)$, il suffit de résoudre (21) dans l'espace des symboles h-admissibles formels. On obtient alors la suite récurrente d'équations différentielles:

$$(31) \quad i\,\frac{d}{dt} b_j(t) = \sum_{\substack{|\alpha|+|\beta|+\ell+k=j+1 \\ 0\leq\ell\leq j}} (1-(-1)^{|\alpha|+|\beta|})\Gamma(\alpha,\beta)(\partial_p^\alpha D_x^\beta a_k)(\partial_p^\beta D_x^\alpha b_\ell(t)).$$

Soit encore:

$$(32) \quad \frac{d}{dt} b_j(t) = \{a_o,b_j(t)\} + i^{-1}\sum_{\substack{|\alpha|+|\beta|+\ell+k=j+1 \\ 0\leq\ell\leq j-1}} \tilde{\Gamma}(\alpha,\beta)(\partial_p^\alpha D_x^\beta a_k)(\partial_p^\beta D_x^\alpha b_\ell(t)).$$

On fait le changement de fonctions:

$$\tilde{b}_j(t,x,p) = b_j(t,\phi^{-t}(x,p)).$$

On a:

$$(3.3) \quad \frac{d\tilde{b}_j}{dt}(t, \phi_{a_o}^{-t}(x,p)) = \frac{\partial b_j}{\partial t}(t, \phi_{a_o}^{-t}(x,p)) - \{a_o, b_j(t)\}.\phi_{a_o}^{-t}(x,p).$$

D'où (32) et (33) entrainent (22).

A l'aide de ce qui précéde et de la proposition (IV-8) nous allons établir facilement un théorème de propagation pour l'ensemble des fréquences d'un état quantique dépendant du temps.

Proposition (IV-12):

Soit $A(h)$ *un opérateur h-admissible vérifiant les condition* (i), (ii), *du* *théorème (IV-10). Soit* $\psi_{o,h} \in \mathcal{S}(\mathbb{R}^n)$ *vérifiant*

la condition (f) *avec* $\ell = M = 0$.
Soit $\psi_h(t)$ *la solution du problème:*

$$\begin{cases} ih \, \partial_t \, \psi_h(t) = A(h) \, \psi_h(t) \\ \qquad \psi_h(0) = \psi_{o,h} \end{cases}$$

On a alors: $F[\psi_h(t)] = \phi_{a_o}^t(F[\psi_{o,h}])$ *pour tout* $t \in \mathbb{R}$.

Preuve:

Soit $(x^o, p^o) \notin \phi_{a_o}^t[\psi_{o,h}]$ c'est à dire: $\phi_{a_o}^{-t}(x^o, p^o) \notin F[\psi_{o,h}]$.
D'après la proposition (IV-8)', il existe $b_{-t} \in C_o^\infty(\mathbb{R}^{2n})$ tel que: $b_{-t}(\phi^{-t}(x^o, p^o)) \neq 0$ et $||(op_h^w b_{-t})\psi_{o,h}||_{L^2(\mathbb{R}^n)} = O(h^\infty)$.

Posons alors: $B(h) = U_h(t).(op_h^W b_{-t}).U_h(-t)$, avec les notations du théorème (IV-10).

De: $\psi_{o,h} = U_h(-t)\,\psi_h(t)$ on déduit: $||B(h).\psi_h(t)||_{L^2(\mathbb{R}^n)} = O(h^\infty)$ or le symbole principal de l'opérateur h-admissible $B(h)$ en (x^o,p^o) est égal à $b_{-t}(\phi^{-t}(x^o,p^o))$ d'où $(x^o,p^o) \notin F[\psi_h(t)]$ d'après la proposition (IV-8)' on en déduit alors la proposition car $\phi_{a_o}^t$ est un groupe de difféomorphismes.

<u>*Exemples (IV-13)*</u>

i) Soient $\psi_{o,h}(x) = \phi(x).e^{ih^{-1}.S(x)}$ *où* $\phi \in \mathcal{S}(\mathbb{R}^n)$ *et* S *une fonction réelle,* C^∞ *sur* $\mathbb{R}^n$. *On a alors:*

$$F[\psi_{o,h}] = \{(x,p)\,|\,x \in \text{supp } \phi \quad et \quad p = \partial_x S(x)\}$$

et

$$F[\psi_h(t)] = \{\phi_{a_o}^t(x,p)\,|\,x \in \text{supp } \phi \quad et \quad p = \partial_x S(x)\}.$$

ii) Soit $A(h)$ *vérifiant les conditions du théorème (IV-9) et soit* $I = [E_1,E_2]$ *tel que* $a_o^{-1}[E_1-\varepsilon_o, E_2+\varepsilon_o]$ *soit compact pour un* $\varepsilon_o > 0$. *On désigne par* $\lambda_1(h)$ *la plus petite valeur propre de* $A(h)$ *dans* $[E_1,E_2]$, *pour tout* $h \in]0,h_o]$, h_o *assez petit (voir chapitre III). Soit* $\psi_1(h)$, $||\psi_1(h)||_{L^2(\mathbb{R}^n)} = 1$, *un vecteur propre de* $A(h)$ *associé à* $\lambda_1(h)$. *En appliquant ce qui précède à* $\psi_h(t) = e^{-ith^{-1}.\lambda_1(h)}.\psi_1(h)$, *on obtient les propriétés suivantes:*

$(ii)_1$ $F[\psi_1(h)]$ *est invariant par* $\phi_{a_0}^t$ *pour*   *tout*

$t \in \mathbb{R}$.

$(ii)_2$ $F[\psi_1(h)] \subseteqq a_0^{-1}[E_1, E_2]$.

§5 - L'équation de Hamilton-Jacobi

Nous avons vu au chapitre I comment la recherche de solutions B.K.W pour l'équation de Schrödinger conduisait à l'équation de Hamilton-Jacobi. Plus généralement nous considérons   ici l'équation suivante:

$$(H\text{-}J) \quad \begin{cases} \partial_t S(t,x) + a(x, \partial_x S(t,x)) = 0 \\ \\ \qquad\qquad\qquad S(0,x) = S_0(x) \end{cases}$$

Nous supposons que a vérifie:

$$(H\text{-}J)_1 \qquad\qquad\qquad a \in C^\infty(\mathbb{R}^n_x \times \mathbb{R}^n_p)$$

$(H\text{-}J)_2$ Pour tous multi-indices α, β, il existe $c_{\alpha,\beta} > 0$ tel que: $|\partial_x^\alpha \partial_p^\beta a| \leq c_{\alpha\beta} \, \lambda^{(2-|\alpha|-|\beta|)_+}$ (rappelons   que: $\lambda(x,p) =: (1-|x|^2+|p|^2)^{1/2}$)

Nous allons montrer que pour $|t|$ assez petit la résolution de (H-J) se ramène à celle de (Ham).

Proposition (IV-13):

Posons: $\phi_a^t(x^o,p^o) = (x(t,x^o,p^o),\ p(t,x^o,p^o)) \in \mathbb{R}_x^n \times \mathbb{R}_p^n.$ *Pour*

toute solution S *de* $(H\text{-}J)$ *on a:*

$i)$ $\quad p(t,x^o,\partial_x S_o(x^o)) = \partial_x S(t,\ x(t,x^o,\partial_x S_o(x^o)))$

$ii)$ $\quad \dfrac{d}{dt}\ S(t,x(t)) = p(t).\dfrac{dx(t)}{dt} - a(x(t),\ p(t))$ $\quad o\grave{u} \quad x(t) =$

$= x(t,x^o,\partial_x S_o(x^o))$ $\quad et \quad p(t) = p(t,x^o,\partial_x S_o(x^o)).$

Preuve:

Considérons le problème de Cauchy:

$$(34) \qquad \begin{cases} \dfrac{dy}{dt} = \partial_p\ a(y,\ \partial_x S(t,y)) \\[2ex] y(0) = x^o. \end{cases}$$

Il est clair que ce problème a une solution et une seule pour $|t| \leq T,\ T>0$ assez petit.

Posons: $\quad q(t) = \partial_x S(t,\ y(t))).$

On a alors:

$$(35) \quad \frac{dq}{dt}(t) = \partial_t\ \partial_x S(t,y(t)) + \partial_{x,x}^2 S(t,y(t))\partial_p a(y(t),\partial_x S(t,y(t))).$$

Or en dérivant $(H\text{-}J)$ par rapport à x, il vient:

$$(36) \quad \partial_x\partial_t S(t,x) + \partial_x a(x,\partial_x S(t,x)) + \partial_{x,x}^2 S(t,x)\partial_p\ a(x,\partial_x S(t,x)) = 0$$

d'où (34) et (35) entrainent:

$$(37) \quad \frac{dq(t)}{dt} = - \partial_x a(y(t), \partial_x S(t,y(t)))$$

(34) et (37) montrent que $(y(t), q(t))$ vérifie (Ham) avec pour conditions initiales: $(x^o, \partial_x S_o(x^o))$, ce qui entraîne (i).

(ii) provient immédiatement de (i) et de la relation:

$$\frac{d}{dt} S(t, x(t)) = \partial_t S(t, x(t)) + \partial_x S(t, x(t)) \cdot \frac{dx}{dt}.$$

Proposition (IV-14)

Il existe $T>0$ assez petit de sorte que le problème:

$$(\widetilde{H\text{-}J}) \quad \begin{cases} \partial_t S(t,x,q) + a(x, \partial_x S(t,x,q) = 0 \\ \\ \qquad\qquad S(0,x,q) = x.q \end{cases}$$

ait une solution et une seule $S \in C^\infty([-T,T] \times \mathbb{R}^n_x \times \mathbb{R}^n_q)$. De plus S possède les propriétés suivantes:

i) $\qquad (x, \partial_x S(t,x,q) = \phi_a^t(\partial_q S(t,x,q),q)$

pour tout $(t,x,q) \in [-T,T] \times \mathbb{R}^n_x \times \mathbb{R}^n_q$.

ii) Pour tout $k \in \mathbb{N}$ et tous $\alpha, \beta \in \mathbb{N}^n$ il existe $c_{k,\alpha,\beta} > 0$

telle que $|\partial_t^k \partial_x^\alpha \partial_q^\beta S(t,x,q)| \leq c_{k,\alpha,\beta} \cdot \lambda^r(x,q)$ pour tout

$(t,x,q) \in [-T,T] \times \mathbb{R}^n_x \times \mathbb{R}^n_q$ où $r=k$ si $|\alpha|+|\beta|+k \geq 2$, $r=2$ si

$k=0$ ou 1 et $\alpha=\beta=0$, $r=1$ si $k=0$ et $|\alpha|+|\beta|=1$.

Preuve:

Il résulte du paragraphe 3, (20), que pour $T>0$, assez petit, on a:

$$(38) \qquad ||\partial_y x(t,y,q) - I|| \leq \tfrac{1}{2}, \text{ pour } |t| \leq T.$$

Il résulte de (38) que: $y \longmapsto x(t,y,q)$ est un difféomorphisme global de $\mathbb{R}^n$ sur lui-même (voir [SCH]). Soit $x \longmapsto y(t,x,q)$ le difféomorphisme inverse. D'apres la proposition (IV-13), le candidat à être solution de $(\widetilde{H-J})$ est la fonction définie par:

$$(39) \quad S(t,x,q) = x.q + \int_0^t \{\widetilde{p}(s,t,x,q).\partial_p a(\widetilde{x}(s,t,x,q), \widetilde{p}(s,t,x,q)) - a(\widetilde{x}(s,t,x,q), \widetilde{p}(s,t,x,q))\}ds$$

où l'on a posé:

$$\begin{cases} \widetilde{x}(s,t,x,q) = x(s, y(t,x,q),q) \\[2mm] \widetilde{p}(s,t,x,q) = p(s, y(t,x,q),q) \end{cases}$$

(39) prouve l'unicité de la solution du problème $(\widetilde{H-J})$. On montre par un calcul facile, à l'aide de (i) et (ii), que (39) définit bien la solution de $(\widetilde{H-J})$. D'après la proposition (IV-13), on a:

$$(40) \qquad \partial_x S(t,x,q) = p(t, y(t,x,q),q).$$

La propriété (i) résultera alors de:

$$(41) \qquad \partial_q S(t,x,q) = y(t,x,q)$$

(41) étant vérifiée pour $t=0$, on est ramené à montrer:

$$(42) \qquad \frac{d}{dt} (\partial_q S(t, x(t,y,q),q)) \equiv 0.$$

Or on a:

$$(43) \quad \frac{d}{dt}(\partial_q S(t, x(t,y,q),q)) = \partial_t \partial_q S(t, x(t,y,q),q)$$
$$+ \partial^2_{x,q} S(t,x(t,y,q),q).\partial_t x(t,y,q)$$

et il résulte de la proposition (IV-13):

$$(44) \quad \partial_t x(t,y,q) = \partial_p(a(x(t,y,q), \partial_x S(t, x(t,y,q),q)).$$

Or en dérivant $(\widetilde{H-J})$ par rapport à q on trouve:

$$(45) \qquad \partial_t \partial_q S(t,x,q) + \partial^2_{x,q} S(t,x,q).\partial_p a(x,\partial_x S(t,x,q)) = 0.$$

(42) résulte alors de (43), (44) et (45).

(ii) résulte facilement du:

Lemme (IV-15)

Il existe des constantes $c_1,c_2>0$ _telles que:_

$$c_1 \leq \frac{\lambda(x,q)}{\lambda(y(t,x,q),q)} \leq c_2$$

$$c_1 \leq \frac{\lambda(x(t,y,q),q)}{\lambda(y,q)} \leq c_2$$

pour $|t| \leq T$; $(y,q) \in \mathbb{R}^{2n}$.

Preuve:

On a:

$$(46) \quad |y(t,x,q)| \leq \underset{t \in [-T,T]}{\mathrm{Sup}} |y(t,0,0)| + \lambda(x,q). \underset{\substack{t \in [-T,T] \\ (x,q) \in \mathbb{R}^{2n}}}{\mathrm{Sup}} (\partial_x y| + |\partial_q y|).$$

D'où il résulte, en utilisant (20):

$$(47) \qquad c_1.\lambda(y(t,x,q),q) \leq \lambda(x,q).$$

Pour l'autre inégalité on remarque d'abord:

$$(48) \quad \partial_t y(t,x,q) = - (\partial_y x)^{-1}.\partial_t x \Big|_{(t,\ y(t,x,q),q)}.$$

D'où il existe $c > 0$ telle que:

$$(49) \quad |\partial_t y(t,x,q)| \leq c.\lambda(x,q) \qquad \text{(on a utilisé (47))}.$$

D'où il résulte:

$$(50) \qquad |y(t,x,q) - x| \leq c.|t|.\ \lambda(x,q).$$

Quitte à diminuer T, il résulte de (40) que l'on a:

$$(51) \qquad \lambda(x,q) \leq c_2.\lambda(y(t,x,q),q)$$

(47) et (51) impliquent le lemme (IV-15).

§6 - Etude du groupe unitaire $e^{-ith^{-1}}.A(h)$

Soit $A(h)$ un opérateur h-admissible de symbole $a(h)=\sum_{j=0}^{\infty} h^j.a_j$ vérifiant:

$$(52) \quad |\partial_x^\alpha \partial_p^\beta a_j| \leq c_{\alpha\beta j}.\lambda^{(2-j-|\alpha|-|\beta|)_+} \qquad \text{uniformèment} \qquad \text{sur}$$

$\mathbb{R}_x^n \times \mathbb{R}_p^n$.

En particulier a_o vérifie $(H\text{-}J)_1$ et $(H\text{-}J)_2$.

On désigne par $S \in C^{\infty}([-T,T] \times \mathbb{R}_x^n \times \mathbb{R}_q^n)$, $T>0$, suffisamment petit, la solution au problème $(H\text{-}J)$, associeé à a_o, comme dans la proposition (IV-14).

Dans le §4 de ce chapitre nous avons étudié l'équation de Heisenberg- von Neumann pour $A(h)$, ce qui nous a amené à examiner l'action de $U_h(t) = e^{-ith^{-1}}.A(h)$, par conjugaison, sur les opérateurs h-admissibles, sans avoir à regarder dans le détail la structure de $U_h(t)$. Dans ce paragraphe nous allons construire des approximations du noyau-distribution de

$U_h(t)$, modulo un terme d'erreur $O(h^\infty)$ en norme $(L^2(\mathbb{R}^n)$,
sous la forme indiquée au chapitre I:

$$K_h(t,x,y) = \int e^{ih^{-1}(S(t,x,q)-y.q)} \left(\sum_{j\geq 0} h^j b_j(t,x,q) \right) d_h q$$

pour $|t| \leq T$, T assez petit (pour T quelconque on fera des
itérations). Les équations de transport permettant de
déterminer les amplitudes b_j s'obtiennent en imposant les
conditions:

$$(*) \quad \begin{cases} (ih\, \partial_t - A(h)).\tilde{U}_h(t) \sim 0 \quad (\mathrm{mod}\ h^\infty) \\[2mm] \tilde{U}_h(0) = I \end{cases}$$

où $\tilde{U}_h(t)$ est l'opérateur de noyau-distribution $K_h(t,.,.)$.
Pour donner un sens précis à $(*)$ on est amené à introduire
des classes de symboles et à expliciter le noyau distribution
du composé des deux opérateurs: $A(h).\tilde{U}_h(t)$. Ensuite, nous
aurons besoin d'un théorème de continuité L^2 pour des
opérateurs ayant un noyau du type $K_h(t,.,)$.
On désigne par $\mathcal{B}^{k,\ell}$, $k,\ell \in \mathbb{R}$, l'ensemble des symboles
$b \in C^\infty([-T,T] \times \mathbb{R}^n_x \times \mathbb{R}^n_q \times]0,h_o])$ vérifiant:

$$(53) \qquad |\partial_t^j \partial_x^\alpha \partial_q^\beta b| \leq c_{\alpha\beta j} h^\ell \lambda^{k+j}(x,q).$$

Soient $b \in \mathcal{B}^{k,\ell}$ et $s \in C_-^\infty(\mathbb{R}_x^n \times \mathbb{R}_p^n)$ vérifiant $(H-J)_2$ (ie $\partial_x^\alpha \partial_p^\beta s = O(\lambda^{(2-|\alpha|-|\beta|)_+})$ pour tout $\alpha, \beta \in \mathbb{N}^n$).

Posons:

$$(54) \quad c(t,x,q,h) = e^{ih^{-1}S(t,x,q)} \left[(op_{h,0}s)e^{-ih^{-1}S(t,\cdot,q)} \cdot b(t,\cdot,q,h) \right](x).$$

Au sens des intégrales oscillantes du chapitre II (§2) on a alors:

$$(55) \quad c(t,x,q,h) = \int\!\!\int e^{-ih^{-1}(S(t,y,q)-S(t,x,q) + <x-y,p>)} \cdot$$
$$\cdot s(x,p) \cdot b(t,y,q,h) \, dy \, d_h p.$$

Soit:

$$\phi(t,x,y,q) = S(t,y,q) - S(t,x,q) + <x-y, \partial_x S(t,x,q)>.$$

En faisant le changement de variables $p \longmapsto \partial_x S + p$ dans (55) il vient:

$$(56) \quad c(t,x,q,h) = \int\!\!\int e^{ih^{-1}<x-y,p>} \cdot e^{ih^{-1}\phi(t,x,y,q)} \cdot$$
$$\cdot s(x,p+\partial_x S(t,x,q)) \, b(t,y,q,h) dy \, d_h p.$$

La formule de Taylor avec reste intégral donne:

(57) $\quad s(x,p+\partial_x S) = \displaystyle\sum_{|\alpha|<N} (\alpha!)^{-1}.p^\alpha.\partial_p^\alpha s(x,\partial_x S) \; + \; .$

$$\cdot \sum_{|\alpha|=N} (\alpha!)^{-1}. \int_o^1 (1-\sigma)^N.\partial_p^\alpha s(x,\partial_x S+\sigma p)\,d\sigma.$$

D'où

(58) $\quad c(t,x,q,h) = \displaystyle\sum_{|\alpha|<N} .c_\alpha(t,x,q,h) \; + \; c^{(N)}(t,x,q,h)$

avec:

(59) $\quad c_\alpha(t,x,q,h)=h^{|\alpha|}(\alpha!)^{-1}.\partial_p^\alpha s(x,\partial_x S)D_y^\alpha\left(e^{ih^{-1}\phi(t,x,y,q)}.b(t,y,q,h)\right)\Big|_{y=x}$

(60) $\quad c^{(N)}(t,x,q,h) = h^N \displaystyle\sum_{|\alpha|=N}(\alpha!)^{-1} \int_y \int_p \int_o^1 (1-\sigma)^N.e^{ih^{-1}<x-y,p>}.$

$$\cdot \; D_y^\alpha(e^{ih^{-1}\phi}b).\partial_p^\alpha s(x,\partial_x S+\sigma p)dy\;d_h p\;d\sigma$$

où $\;\phi = \phi(t,x,y,q)$; $b=b(t,y,q,h)$; $\partial_x S = \partial_x S(t,x,q)$.

Nous allons étudier successivement les symboles c_α et $c^{(N)}$.

Lemme (IV-16)

$$D_y^\beta(e^{ih^{-1}\phi})\Big|_{y=x} = \sum_{|\beta_1|+\dots+|\beta_j|=|\beta|} c(\beta_1,\dots\beta_j,j)(\partial_x^{\beta_1}S)\dots(\partial_x^{\beta_j}S).h^{-j}$$

$$|\beta_i| \geq 2, \; i=1,\dots,j$$

Preuve:

Il résulte de la définition de ϕ que l'on a:

$$\begin{cases} \phi(t,x,x,q) = 0 \\[2mm] \partial_y\phi(t,x,y,q)\big|_{y=x} = 0 \\[2mm] \partial_y^\alpha\phi(t,x,y,q)\big|_{y=x} = \partial_x^\alpha S(t,x,q) \quad \text{pour} \quad |\alpha|\geq 2. \end{cases}$$

D'où le lemme (IV-16).

On en déduit facilement le:

Lemme (IV-17)

Sous les hypothéses $b \in \mathcal{B}^{k,\ell}$ *et* s *vérifie* $(H\text{-}J)_2$ *on a:*

$$c_\alpha \in \mathcal{E}^{(2-|\alpha|)_+ + k, \, \ell + |\alpha|/2} \qquad \text{si } |\alpha| \text{ est paire}$$

$$c_\alpha \in \mathcal{E}^{(2-|\alpha|)_+ + k, \, \ell + (|\alpha|+1)/2} \qquad \text{si } |\alpha| \text{ est impaire.}$$

Pour l'étude de $c^{(N)}$ il faut travailler un peu plus:

On commence par écrire:

$$(61) \qquad\qquad c^{(N)} = \sum_{N\leq |\alpha| <M} c_\alpha + c^{(M)}$$

et on choisira M assez grand devant N. On se propose de prouver le:

Lemme (IV-18)

Sous les hypothèses du lemme (IV-17) on a:

$$c^{(N)} \in \mathcal{B}^{k,\ell + N/2} \quad \text{pour} \quad N \geq 2.$$

Preuve:

Pour plus de clarté nous allons seulement établir en détail l'estimation suivante: il existe une constante $K>0$ telle que:

$$(61)' \qquad |c^{(N)}(t,x,q,h)| \leq K \cdot h^{\ell+N/2} \cdot \lambda^k(x,q)$$

pour tout $(t,x,q,h) \in [-T,T] \times \mathbb{R}^n_x \times \mathbb{R}^n_q \times]0,h_o]$. L'estimation des dérivées de $c^{(N)}$ se ferait de la même manière (voir exercice (IV-6)). D'après la remarque précédente il suffit d'établir $(61)'$ pour $c^{(M)}$, $M \gg N$. En intégrant par parties à l'aide de l'identité:

$$(1-h^2\Delta_y)^j \, e^{ih^{-1}\langle x-y,p\rangle} = (1+|p|^2)^j \, e^{ih^{-1}\langle x-y,p\rangle}$$

on obtient:

$$(62) \qquad c^{(M)}(t,x,q,h) = \sum_{|\alpha|=M} (\alpha!)^{-1} \int_0^1 \int_y \int_p (1-\sigma)^M e^{ih^{-1}\langle x-y,p\rangle} \cdot$$

$$\cdot (1+|p|^2)^{-j}(1-h^2\Delta_y)^j \cdot D_y^\alpha(e^{ih^{-1}\phi} \cdot b) \partial_p^\alpha s(x,\partial_x S+p) \, dy \, d_h p \, d\sigma.$$

Pour j assez grand l'intégrale est absolument convergente par rapport à p. Pour étudier l'expression (62) nous introduisons une troncature: soit $\chi \in C_o^\infty(\mathbb{R})$, Supp $\chi \subseteq [-2,2]$, $\chi \equiv 1$ sur $[-1,1]$. On pose:

$$(63) \qquad c^{(M),1} = h^M . \sum_{|\alpha|=M}{}' (\alpha!)^{-1} . \int_o^1 \int_y \int_\phi (1-\sigma)^M e^{ih^{-1}<x-y,p>} .$$

$$(1+|p|^2)^{-n} . \chi(|x-y|^2 . h^{-1}) . (1-h^2\Delta_y)^n . D_y^\alpha (e^{ih^{-1}\phi} b) \partial_p^\alpha s(x,\partial_x S+p) dy d_h p d\sigma$$

$$(64) \qquad c^{(M),2} = c^{(M)} - c^{(M),1} .$$

Nous utiliserons sur ϕ la propriété suivante:

$$(65) \quad Si \quad |\alpha| + |\beta| + |\gamma| + k = 1 \quad on \quad a:$$

$$|\partial_x^\alpha \partial_y^\beta \partial_q^\gamma \partial_t^k \phi| \lesssim |x-y| (\lambda(x,q) + |x-y|)^k .$$

$$(66) \quad Pour \quad |\alpha| + |\beta| + |\gamma| + k \geq 2 \quad on \quad a:$$

$$|\partial_x^\alpha \partial_y^\beta \partial_q^\gamma \partial_t^k \phi| \lesssim (1+|x-y|) . (\lambda(x,q)+|x-y|)^k .$$

Nous écrivons ici et dans la suite: $F \lesssim G$ où F et G sont des fonctions de t,x,y,q,h pour signifier qu'il existe une constante c telle que:

$$F(t,x,y,q,h) \leq c.G(t,x,y,q,h) \quad pour \; tout \quad (t,x,y,q,h) \in [-T,T] \times \mathbb{R}^{3n} \times]0,h_o]$$

-223-

(65) et (66) résultent facilement des estimations sur S établies dans la proposition (IV-14) (ii). Estimons maintenant $c^{(M),1}$:

on a:

$$(67) \quad D_y^\beta(e^{ih^{-1}\phi}) = \sum_{\substack{|\beta|=|\beta_1|+\ldots+|\beta_j| \\ 1 \leq j \leq |\beta|}} c_j(\beta_1,\ldots,\beta_j)h^{-j}.(D_y^{\beta_1}\phi)\ldots(D_y^{\beta_j}\phi).$$

En scindant la sommation en deux parties suivant que $j \geq \dfrac{|\beta|}{2}$ ou $j < \dfrac{|\beta|}{2}$, en utilisant (66) et (67) et en remarquant que:

$$\# \quad \{k|\ |\beta_k|=1,\ 1\leq k\leq j\} \geq (j - \frac{|\beta|}{2})_+ \quad \text{on obtient} =$$

$$(68) \qquad |D_y^\beta(e^{ih^{-1}\phi})| \lesssim h^{-\frac{|\beta|}{2}}$$

pour tout (t,x,y,q) tel que $|x-y| \leq (2h)^{1/2}$. D'où l'on déduit que $c^{(M),1}$ vérifie (61) en choisissant $M \geq N+n + 2\ell$. Pour $c^{(M,2)}$ on fait des intégrations par parties pour rendre l'intégrale absolument convergent en y à l'aide de l'identité:

$$(69) \quad -i.h^r.\Delta_p^r(e^{ih^{-1}<x-y,p>}) = |x-y|^{2r}.e^{ih^{-1}<x-y,p>}$$

où $r>0$ et sera déterminé ci-dessous.

Pour $|x-y|\geq 1$ on a:

$$(70) \qquad |D_y^\beta(e^{ih^{-1}\phi})| \lesssim h^{-|\beta|}$$

ce qui nous amemè à choisir $r \geq \dfrac{N}{2} + \ell + 2n$.

Pour $h^{1/2} \leq |x-y| \leq 1$ on a alors, en procédant comme dans la preuve de (68):

$$(71) \qquad \left| \sum_{\begin{cases} |\beta|=|\beta_1|+\ldots+|\beta_j| \\ j \leq |\beta|/2 \end{cases}} c_j(\beta_1,\ldots,\beta_j)h^{-j}(D_y^{\beta_1}\phi)\ldots(D_y^{\beta_j}\phi) \right| \lesssim h^{-|\beta|_2}$$

et

$$\left| \sum_{\begin{cases} |\beta|=|\beta_1|+\ldots+|\beta_j| \\ |\beta| \geq j \geq |\beta|/2 \end{cases}} c_j(\beta_1,\ldots,\beta_j)h^{-j}(D_y^{\beta_1}\phi)\ldots(D_y^{\beta_j}\phi)h^{r_j}|x-y|^{-2r_j} \right| \lesssim$$

$$\lesssim \sum h^{r_j-j}|x-y|^{j-|\beta|/2-2r_j}$$

$$\ldots$$

On choisit $r_j = j/2 - |\beta|/4$ et on obtient:

$$(72) \qquad c^{(M,2)} \lesssim (h^{N/2+\ell} + h^{M/4-3n/2+\ell}).\lambda^k(x,q).$$

D'où $c^{(M,2)}$ vérifie (61) en choisissant $M \geq 2N + 6n$. Des lemmes (IV-16), (IV-17) et (IV-18) résultent le:

Théorème (IV-19)

Sous les hypothèses précédentes on a:

$$[e^{-ih^{-1}S(t,x,q)} s(x,hD_x) e^{ih^{-1}S(t,.,q)}.b(t,.,q,h)](x) =$$

$$s_0(x,\partial_x S)\, b(t,x,q,h) + \sum_{j=1}^{N} h^j.\Gamma_j(b) + h^{N+1}.\Gamma^{(N+1)}(b)$$

où $\Gamma_1(b) \in B^{k+1,\ell}$, $\Gamma_j(b) \in \mathcal{B}^{k,\ell}$ *pour* $j \geq 2$ *et* $\Gamma^{(N+1)}(b) \in \mathcal{B}^{k,\ell}$.

On a en particulier:

$$\Gamma_1(b)(t,x,q,h) = i^{-1}\partial_p s(x,\partial_x S)\partial_x b(t,x,q,h)$$

$$+ (2i)^{-1}[tr(\partial_{pp}^2 s(x,\partial_x S)).(\partial_{x,x}^2 S)]b(t,x,q,h)$$

où $\partial_x S = \partial_x S(t,x,q)$ *et* $\partial_{xx}^2 S = (\partial_{x_j.x_k}^2 S(t,x,q))_{1 \leq j,k \leq n}$.

<u>*Remarques (IV-20)*</u>

i) *Notons que dans le théorème (IV-19),* $s(x,hD_x)$ *désigne la quantification mathématique usuelle du symbole* s *ie* $s(x,hD_x) = op_{0,h}s$.

ii) *Il est clair que le théorème (IV-19) est valable avec une phase* S *indépendante de* t: $(x,q) \longmapsto S(x,q)$ *vérifiant:*

(S_1) $|\partial_x^\alpha \partial_q^\beta S| \leq c_{\alpha\beta} \lambda^{(2-|\alpha|-|\beta|)_+}$

$(\tilde{S}_2)$ *Il existe* ε_0 $]0,1[$ *tel que:*

$$||\partial_{x,q}^2 S(x,q) - I|| \leq \varepsilon_0 \quad \text{pour tout} \quad (x,q) \in \mathbb{R}^{2n}$$

où $||.||$ désigne la norme sur l'espace des matrices n×n induite par $\mathcal{L}(\mathbb{R}^n)$. *Il résulte en effet d'un théorème d'inversion globale* ([SCH]) *que* $(x,q) \longmapsto (x,\partial_x S(x,q))$ *et* $(x,q) \longmapsto (\partial_q S,q)$ *sont des* C^∞ *difféomorphismes de* $\mathbb{R}_x^n \times \mathbb{R}_q^n$. *En particulier, on en déduit que:* $(x,q,y) \longmapsto S(x,q) - \langle y,q \rangle$, $(x,q,y) \in \mathbb{R}_x^n \times \mathbb{R}_q^n \times \mathbb{R}_y^n$, *vérifient les conditions* (H_1), (H_2), (H_3) *et* $(H_3)^*$ *du §2, chapitre II et que l'on a:*

$$\lambda(x,\partial_x S(x,q)) \underset{\sim}{\approx} \lambda(\partial_q S(x,q),q) \underset{\sim}{\approx} \lambda(x,q).$$

Considérons maintenant une fonction réelle S vérifiant les propriétés de la remarque précédente. Soit $b \in \mathcal{B}^{(0,0)}$ (indépendant de t). On pose:

$$J_h(b,S)\,\psi(x) = \iint e^{ih^{-1}(S(x,q)-yq)}.b(x,q,h)\,\psi(y)dyd_h q$$

$$\psi \in \mathcal{S}(R^n).$$

<u>*Théorème (IV-21):*</u>

Pour tout $b,c \in \mathcal{B}^{(0,0)}$, *il existe* $d \in \mathcal{B}^{(0,0)}$, *unique, tel que:*

$$J_h(b,S).J_h^*(c,S) = op_h^W(d(h)).$$

Il existe de même $\tilde{d} \in \mathcal{B}^{(0,0)}$ *unique tel que:*

$$J_h^*(b,S).J_h(c,S) = op_h^W(\tilde{d}(h)).$$

De plus les semi-normes de $d(h)$ *(resp* $\tilde{d}(h)$*) ne dépendent que des semi-normes de* b,c,S *et de* ε_0.

Du résultat précédent on tire le corollaire suivante:

Corollaire (IV-22):

Avec les hypothèses et les notations du théorème (IV-21), $J_h(b,S)$ se prolonge en un opérateur linéaire continu de $L^2(\mathbb{R}^n)$ dans lui-même. De plus il existe un entier N et une constante γ ne dépendant que de ε_0 et $c_{\alpha\beta}$, $|\alpha|+|\beta|\leq N$ tels que:

$$||J_h(b,S)||_{\mathcal{L}(L^2(\mathbb{R}^n))} \leq \gamma. \quad \sup_{\substack{(x,q)\in\mathbb{R}^{2n}\\|\alpha|+|\beta|\leq N}} |\partial_x^\alpha \partial_q^\beta b(x,q,h)|$$

pour tout $h \in]0,h_0]$.

Preuve:

Le théorème (IV-21) et le théorème de Calderon-Vaillancourt donnent le résultat pour $J_h(b,S).J_h(b,S)^*$ donc pour $J_h(b,S)$.

Preuve du théorème (IV-21)

D'après le chapitre II, §2, on a, au sens des intégrales oscillantes:

$$(73) \qquad J_h(b,S).J_h(c,S)^*\psi(x) =$$

$$= \iint e^{ih^{-1}(S(x,q)-S(x',q))}\, b(x,q,h).\bar{c}(x',q,h).\psi(x')dx'd_hq$$

(73) résulte de:

$$J_h(b,S)\theta(x) = \int e^{ih^{-1}S(t,x,q)} b(x,q,h) (\widetilde{\mathcal{K}}_h\theta)(q) d_h q$$

appliquée à:

$$\widetilde{\mathcal{K}}_h\theta(q) = \int e^{-ih^{-1}S(x',q)} \bar{c}(x',q,h)\psi(x')dx'.$$

En suivant "l'astuce" de Kuranishi ([HOR]$_2$) on pose:

$$(74) \qquad S(t,x,q) - S(t,x',q) = \langle x-x', \mathcal{Y}(x,x',q)\rangle$$

et on essaie de faire le changement de variables $\mathcal{Y}(x,x',q)=p$. On a:

$$(75) \qquad \mathcal{Y}(x,x',q) = \int_0^1 \partial_x S(x'+s(x-x'),q)ds.$$

Il résulte de (S_2) et (75) que l'on a:

$$(76) \qquad ||\partial_q \mathcal{Y}(x,x',q)-I|| \leq \varepsilon_0 \quad \text{pour tout} \quad (x,x',q)\in \mathbb{R}^{2n}$$

d'où il résulte qu'il existe $\delta_0>0$ tel que:

$$(77) \qquad |\det \partial_q \mathcal{Y}(x,x',q)| \geq \delta_0.$$

Il résulte alors du théorème d'inversion globale ([SCH]) que $(x,x',q) \longmapsto (x,x', \mathcal{Y}(x,x',q))$ est un C^∞ difféomorphisme de $\mathbb{R}^n_x \times \mathbb{R}^n_{x'} \times \mathbb{R}^n_q$ sur lui-même.

On peut donc faire le changement de variables:

$$p = \zeta(x,x'q) \iff q = q(x,x',p).$$

D'où:

$$(78) \qquad J_h(b,S).J_h^*(c,S)\psi(x) = \iint e^{ih^{-1}\langle x-x',p\rangle} \tilde{d}(x,x',p,h)dx'd_h p$$

où $\tilde{d}(x,x',p,h) = b(\ ,q(x,x',p),h)\,\bar{c}(x',q(x,x',p),h)|\det \partial_p q(x,x',p)|$.

L'existence de $d(h) \in \mathcal{B}^{(0,0)}$ ainsi que les estimations des semi-normes résultent alors des propriétes de $S((S_1)$ et $(S_2))$ et des résultats du chapitre II.

L'étude de $J_h^*(b,S).\,J_h(c,S)$ se ramène à la précédente après conjugaison par la h-transformation de Fourier

$$\tilde{\mathcal{F}}_h: \psi \longmapsto \tilde{\mathcal{F}}_h\psi(p) = \int e^{-ih^{-1}\langle xp\rangle}\psi(x)dx.$$

On a en effet:

$$(79) \qquad (\tilde{\mathcal{F}}_h.J_h^*(b,S).J_h(c,S).\tilde{\mathcal{F}}_h^{-1})\phi(q) =$$

$$\iint e^{ih^{-1}(S(y,q')-S(y,q))}.c(y,q')\bar{b}(y,q)dyd_h q'$$

On écrit alors:

$$(80) \qquad S(y,q')-S(y,q) = \langle q-q',\ \mathcal{J}(y,q,q')\rangle$$

compte tenu de (S_2), $(q,q',y) \longmapsto (q,q', \mathcal{Y}(y,q,q'))$ est un C^∞ difféomorphisme. Comme précédemment on en déduit que:

$$(81) \qquad \widetilde{\mathcal{H}}_h (J_h^*(b,S).J_k(c,S)) \widetilde{\mathcal{H}}_h^{-1} = op_h^W(e(h)).$$

On conclut par la propriété élémentaire suivante:

$$(82) \qquad \widetilde{\mathcal{H}}_h^{-1}.(op_h^W e(h)).\widetilde{\mathcal{H}}_h = op_h^W(e_1(h))$$

où $e_1(h,x,p) = e(h,p,-x)$. (Cf exercice (II-10)).

Notons que l'on a également:

$$(83) \qquad \widetilde{\mathcal{H}}_h.(op_h^W(e(h))).\widetilde{\mathcal{H}}_h^{-1} = op_h^W e_2(h)$$

où $e_2(h,x,p) = e(h,-p,x)$.

Dans le cas où les symboles b et c sont des symboles admissibles la démonstration précédente et le théorème (II-27) permettent de calculer le symbole $d(h)$. Plus précisemment on a:

Proposition (IV-23):

On conserve les notations du théorème (IV-21). Si b et c sont des symboles admissibles de poids $(1,0)$ alors $d(h)$ (resp $\tilde{d}(h)$) est un symbole admissible:

$$d(h) \sim \sum_{j \geq 0} h^j.d_j$$

(resp $\tilde{d}(h) \sim \Sigma h_j.\tilde{d}_j$). En particulier on a, pour les symboles principaux d_0 et $\tilde{d}_0$, les formules:

$$d_o(x,p) = b(x,q).\bar{c}(x,q)\left|\det(\partial^2_{xq}S(x,q))\right|^{-1}_{q=q(x,x,p)}$$

$$\tilde{d}_o(x,p) = c(z,p)\bar{b}(z,p).\left|\det(\partial^2_{z,p}S(z,p))\right|^{-1}_{z=-\zeta^{-1}(x,p,p)}.$$

On déduit alors du théorème (IV-19) et corollaire (IV-21) le résultat suivant:

Théorème (IV-24):

Si $A(h)$ est un opérateur h-admissible de symbole $a(h)=\Sigma h^j.a_j$ vérifiant (52) et si $G(h) = J(h,b,S)$, $b \in \Sigma^{1,0}(\mathbb{R}^{2n})$ alors pour tout entier N on a:

$$A(h).G(h) = J(h,D_N(h),S) + h^{n+1} R_{N+1}(h)$$

où

$$\sup_{h \in]0,h_o]} ||R_{N+1}(h)||_{\mathcal{L}(L^2)} < +\infty$$

et

$$D_N(h) = d_o+hd_1+\ldots+h^N d_N$$

avec

$$d_o(x,q) = a_o(x,\partial_x S).b(x,q)$$
$$d_1(x,q) = i^{-1}.\partial_p a_o(x,\partial_x S).\partial_x b(x,q)$$
$$+[(2i)^{-1}tr((\partial^2_{pp}a_o(x,\partial_x S).(\partial^2_{x,x}S))+\partial^2_{x,p}a_o(x,\partial_x S))+a_1]b(x,q)$$

et $d_j \in \Sigma_o^{1,0}(\mathbb{R}^{2n})$ pour $j \geq 2$.

Remarques (IV-25)

i) Si dans le théorème (IV-24) on remplace la condition (52) par:

$$(84) \qquad |\partial_x^\alpha \partial_p^\beta a_j| \leq c_{\alpha\beta j} \, \lambda^{(m-|\alpha|-|\beta|-j)_+}, \ m \in \mathbb{N}$$

on obtient alors que d_j vérifie également (84)

ii) La preuve du théorème (IV-21) montre que si $b \in \mathcal{B}^{k,0}$ et $c \in \mathcal{B}^{\ell,0}$ alors $d \in \mathcal{B}^{k+\ell,0}$. On a la même généralisation pour la proposition (IV-28).

On déduit encore des résultats précédents le:

Théorème (IV-26) :

Soient $A(h)$ un opérateur h-admissible vérifiant (84), $b \in \Sigma_0^1(\mathbb{R}^{2n})$, $c \in \Sigma_0^1(\mathbb{R}^{2n})$ et S vérifiant (S_1) et (S_2). Alors: $J_h^*(b,S).A(h).J_h(c,S)$ est un opérateur h-admissible, de symbole: $d(h) = \displaystyle\sum_{j \geq 0} h^j.d_j$ où $d_j \in \Sigma_0^1(\mathbb{R}^{2n})$ pour tout $j \in \mathbb{N}$.

On a en particulier:

$$d_0(\partial_q S(x,q),q) = a_0(x,\partial_x S(x,q)).c(x,q).\bar{b}(x,q)\,|\det \partial_{x,q}^2 S(x,q)|^{-1}$$

Preuve:

C'est une conséquence immédiate du théorème (IV-21) et de la proposition (IV-24).

Remarques (IV-27)

i) On a un résultat analogue pour $J_h(b,S).A(h).J_h^*(c,S)$ *après avoir établi un résultat de composition pour* $A(h)J_h^*(c,S)$ *(voir exercice (IV-8)).*

ii) Quitte à diminuer T, *la solution* $S \in C^{\infty}([-T,T] \times \mathbb{R}_x^n \times \mathbb{R}_q^n)$ *au problème* $(H.J)_2$ *relatif à* a_o *vérifie* (S_1) *et* $(\tilde{S}_2)$. *En effet cela résulte facilement du §5, em particulier de* (28) *et* (31).

L'hypothèse $(\tilde{S}_2)$ est beaucoup plus rigide que (S_2). Nous donnons ci-dessous une variante du théorème (IV-26) en supposant seulement (S_2) mais en renforçant les hypothèses sur les amplitudes. Plus précisemment on a:

Théorème (IV-26)':

Soit S *vérifiant* (S_1), (S_2) *et*

$$i) \quad |\partial_x^{\alpha} \partial_q^{\beta} S(x,q)| \leq C_{\alpha\beta} \, \lambda^{(2-|\alpha|)_+}(x,q) . \lambda^{-|\beta|}(x,q).$$

Soient des amplitudes $a,b,c \in C^{\infty}(\mathbb{R}^{2n})$ *vérifiant:*

$$ii) \quad |\partial_x^{\alpha} \partial_q^{\beta} a(x,q)| \leq C_{\alpha\beta} . \lambda^{m-|\beta|}(x,q)$$

$$iii) \quad |\partial_x^{\alpha} \partial_q^{\beta} b(x,q)| \leq C_{\alpha\beta} . \lambda^{k-|\beta|}(x,q)$$

$$iv) \quad |\partial_x^{\alpha} \partial_q^{\beta} c(x,q)| < C_{\alpha\beta} . \lambda^{\ell-|\beta|}(x,q)$$

où $m,k,\ell \in \mathbb{R}$.

Alors $J_h^*(b,S).(op_h^W a).J_h(c,S)$ *est un opérateur h-admissible,*

de symbole $d(h) = \sum_{j=0}^{\infty} h^j d_j$.

En particulier d_o *vérifie la relation du Théorème (IV-26).*
On a de plus la propriété suivante:

Il existe $N_o \in \mathbb{N}$ *tel que pout tout* $N \geq N_o$ *on a:*

$$||h^{-N-1+n}[J_h(b,S)(op_h^W a)J_h^*(c,S) - \sum_{j=0}^{N} h^j.op_h^W d_j]||_{tr} = O(1)$$

lorsque $h \longrightarrow 0$, $h>0$.

Preuve:

Nous en donnons seulement le principe, nous laissons
au lecteur le soin de compléter les détails (exercice (IV-9)).
On commence par se ramener au cas où $A(h)=I$ en adaptant la
preuve du théorème (IV-19).
On reprend alors la preuve du théorème (IV-21). Il résulte
des propriétés de S qu'il existe $C_o>0$ telle que:

$$(*) \qquad |x-x'| \leq C_o.|\partial_q S(x,q)-\partial_q S(x',q)|$$

pour tout $(x,x',q) \in \mathbb{R}^{3n}$.
Soit alors $\varepsilon>0$ à déterminer et soit $\chi \in C_o^{\infty}]-1,1[$, $\chi \equiv 1$ sur
$[-\frac{1}{4}, \frac{1}{4}]$. Dans (73) on décompose l'amplitude:

$$b(x,q,h) \; \bar{c}(x',q,h) = \chi(\frac{|x-x'|^2}{\varepsilon^2}) \; b(x,q,h) \; \bar{c}(x',q,h)$$

$$+ \; (1-\chi|\frac{x-x'}{\varepsilon^2}|^2) \; b(x,q,h).\bar{c}(x',q,h)$$

$$= \; b_\varepsilon^{(1)}(x,x',q,h) \; + \; b_\varepsilon^{(2)}(x,x',q,h).$$

Soit $\tilde{\chi} \in C_0^\infty(\mathbb{R})$, $\tilde{\chi} \equiv 1$ sur supp χ. Posons:

$$\mathfrak{J}_\varepsilon(x,x',q) = \tilde{\chi}(\frac{|x-x'|^2}{\varepsilon^2}). \quad (x,x',q) + (1-\tilde{\chi}(\frac{|x-x'|^2}{\varepsilon^2}))\partial_x S(x,q)$$

On a donc:

$$(**) \quad \partial_q \mathfrak{J}_\varepsilon(x,x',q)-\partial^2_{x,q}S(x,q) = \chi(\frac{|x-x'|^2}{\varepsilon^2})(\partial_q \;(x,x',q)-\partial^x_{x,q}S(x,q)).$$

Or $\partial_q \mathfrak{J}(x,x',q) - \partial^2_{xq}S(x,q) = O(|x-x'|).$

D'où il résulte de (S_2) qu'il existe $\delta_1 > 0$ et $\varepsilon_0 > 0$ tels
que si $|x-x'| \leq \varepsilon_0$ alors:

$$|\det \partial_q \mathfrak{J}_\varepsilon(x,x',q)| \geq \delta_1 \quad \text{pour tout} \quad (x,x',q) \in \mathbb{R}^{3n}.$$

Donc sur le support de $b_{\varepsilon_0}^{(1)}$ on peut utiliser le difféomorphisme
global: $(x,x',q) \longmapsto (x,x', \mathfrak{J}_\varepsilon(x,x',q))$. Maintenant sur le

support de $b_{\varepsilon_0}^2$ on a $|x-x'| \geq \frac{\varepsilon_0}{2}$. On utilise alors $(*)$ et
des intégrations par parties à l'aide de l'opérateur:

$$L = \frac{h}{i}. \frac{(\partial_q S(x,q)-\partial_q S(x',q))\partial_q}{|\partial_q S(x,q)-\partial_q S(x',q)|^2}$$

On montre alors que la contribution de $b_{\varepsilon_o}^{(2)}$ est "négligeable".

Corollaire (IV-28)

Soit: $x \longmapsto F(x)$ *un difféomorphisme* C^∞ *de* $\mathbb{R}^n$ *sur lui même vérifiant:*

(D_1) $\quad |\partial_x^\alpha F(x)| \lesssim \lambda^{(2-|\alpha|)_+}(x)$

(D_2) *Il existe* $\delta_o > 0$ *tel que* $|\det F'(x)| \geq \delta_o$

pour tout $x \in \mathbb{R}^n$.

Si $A(h)$ *est un opérateur* h-*admissible vérifiant* (84) *alors:*

$\mathscr{S}(\mathbb{R}^n) \ni \psi \xrightarrow{A^F(h)} (A(h)(\psi \circ F)).F^{-1}$ *est un operateur* h-*admissible vérifiant également* (84). *De plus le symbole principal* a_o^F *de* $A^F(h)$ *est donné par:*

$$a_o^F(x,p) = a_o(y, F'(y).p)\Big|_{y=F^{-1}(x)}.$$

Preuve:

$$\psi(x) = \iint e^{ih^{-1}\langle x-y, q\rangle} \psi(y)\, dy\, d_h p.$$

D'où:

$$\psi(F(x)) = \iint e^{ih^{-1}\langle F(x)-y, q\rangle} \psi(y)\, dy\, d_h p$$

(D_1) et (D_2) entrainent que: $S(x,q) = <F(x),q>$ vérifie (S_1) et (S_2). Il suffit alors d'appliquer le théorème (IV-26) en remarquant que: $\phi \longmapsto (\phi \circ F^{-1})|\det F'|^{-1} \circ F^{-1}$ est l'adjoint de $\psi \longmapsto \psi \circ F$. Ce que nous venons de démontrer est naturellement un théorème d'invariance, par changement de variables, des opérateurs h-admissibles.

Venons en maintenant à l'étude de la famille de groupes unitaires: $U_h(t) = \text{ex}(-ith^{-1}.A(h))$ où le symbole (de Weyl)

$$a(h) = \sum_{j \geq 0} h^j . a_j$$

vérifie les hypothèses du théorème (IV-10) du §6. (Cf exercice (IV-11)).

Nous allons construire pour $|t| \leq T$, $T>0$ assez petit, une suite d'approximations $U_h^{(N)}(t)$, $N \in \mathbb{N}$, pour $U_h(t)$ sous la forme:

$$(84)' \quad U_h^{(N)}(t)\psi(t) = \iint e^{ih^{-1}(S(t,x,q)-y.q)} \left(\sum_{j=0}^{N} h^j b_j(t,x,q) \right) \psi(y) dy d_h q$$

où S est solution de (H-J) relativement à a_o. Sachant que:

$$(85) \quad \begin{cases} (ih\partial_t - A(h))U_h(t) = 0 \\ \\ U_h(0) = I. \end{cases}$$

On cherche à déterminer $U_h^{(N)}(t)$ de sorte que:

$$(86) \quad \begin{cases} (ih\partial_t - A(h))U_h^{(N)}(t) = R_h^{(N)}(t) \\ \\ U_h^{(N)}(0) = I \end{cases}$$

où $\|R_h^{(N)}(t)\|_{\mathcal{L}(\mathbb{R}^n)} = O(h^{N+1})$, uniformément par rapport à t, $t \in [-T,T]$.

Dans (85) on peut clairement supposer que:

$$A(h) = op_h^w\left(\sum_{j=0}^{N} h^j a_j\right) \quad \text{et} \quad N \geq 2.$$

On réalise alors les conditions (85) en calculant $A(h).U_h^{(N)}(t)$ par le théorème (IV-24):

$$A(h).U_h^{(N)}(t) = J\left(h, \left(\sum_{j=0}^{N} h^j d_j(t)\right), S(t)\right) \quad \text{et en écrivant:}$$

$$(87) \quad -(\partial_t S(t))\left(\sum_{j=0}^{N} h^j.b_j(t)\right) + i\partial_t\left(\sum_{j=0}^{N-1} h^{j+1} b_j(t)\right) = \sum_{j=0}^{N} h^j d_j(t)$$

(87) équivaut à:

$$(88) \quad \begin{cases} \text{(car)} \quad -(\partial_t S(t)) \, b_0(t) = a_0(x,\partial_x S).b_0(t) \\ \\ (Tr)_0 \quad i\,\partial_t\, b_0(t) = L(x,q,D_x)\, b_0(t) \\ \\ \qquad\qquad b_0(0) = 1 \\ \\ (Tr)_j \quad i\,\partial_t\, b_j(t) = L(x,q,D_x)\, b_j(t) + F_j(b_0,b_1,\ldots,b_{j-1}). \end{cases}$$

Dans $(tr)_j$, $j \geq 0$, on a tenu compte de ce que S est solution de (H-J) pour a_o, en particulier l'équation (car) est vérifieé independemment de b_o. On a posé:

$$L(x,q,D_x)b = (\partial_p a_o).D_x b + [(2i^{-1}tr(\partial^2_{pp}a_o(x,\partial_x S).(\partial^2_{x,x}S)))$$
$$+ a_1 + (2i)^{-1}tr(\partial^2_{x,p}a_o(x,\partial_x S))]b.$$

Nous avons à résoudre:

$$(89) \qquad \begin{cases} i\partial_t b = L(x,q,D_x)b + F \\ b(0) = r \end{cases}$$

avec $F \in \mathcal{B}^{0,0}$ et $r \in \mathbb{R}$.

Le "truc" classique est de poser:

$$z(t) = b(t, x(t,y,q),q)$$
$$G(t) = F(t, x(t,y,q),q).$$

En remarquant que:

$$z'(t) = \partial_t b(t, x(t,y,q),q) + \partial_x b(t, x(t,y,q),q).\partial_p a_o(x(t,y,q),p(t,y,q))$$

et en utilisant la proposition (IV-14) (i), il vient:

$$(90) \quad \begin{cases} z'(t) + 1/2|tr(\partial^2_{pp}a_o(x(t), p(t)).\partial^2_{xx}S(t,x(t),q) \\ + ia_1 + 1/2 tr(\partial^2_{x,p}a_o(x(t), p(t)))| z(t) = G(t) \\ z(0) = r \end{cases}$$

$\underline{Notation}$: $\partial^2_{p,p}$ désigne l'opérateur matriciel:
$\left(\partial^2_{p_j p_k}\right)_{1\leq j,k\leq n}$. $\partial^2_{x,x}$ et $\partial^2_{x,p}$ sont définis de la même manière.

On a posé:

$$x(t) = x(t,y,q) \quad \text{et} \quad p(t) = p(t,y,q).$$

On utilise alors la formule suivante, application de la formule de Liouville (voir exercice (IV-10))

$$(91) \quad \frac{d}{dt} \text{Log}[\det(\partial_y x(t,y,q))] = \text{tr}[\partial^2_{x,p} a_o(x(t),p(t)) + \partial^2_{pp} a_o(x(t),p(t)) \partial^2_{xx} S]$$

où

$$\partial^2_{xx} S = \partial^2_{xx} S(t,x(t),q).$$

Posons:

$$\tilde{J}(t,y,q) = \det(\partial_y x(t,y,q))$$

et

$$v(t) = \tilde{J}^{1/2}(t,y,q)^{1/2} . z(t)$$

v est donc solution de l'équation différentielle:

$$(92) \quad v'(t) + [ia_1(x(t),p(t)) - 1/2 \text{tr} \partial^2_{xp} a_o(x(t),p(t))] v(t) = \tilde{J}^{1/2}(t,y,q).G(t).$$

Posons:

$$K(t,s,x,q) = \int_o^s a_1(x(\sigma,y(t),q), p(\sigma,y(t),q)) d\sigma$$

(89) est donc résolue par la formule:

$$(93) \qquad b(t,x,q) = J^{-1/2}(t,x,q)e^{-iK(t,t,x,q)}.r$$

$$+ \int_0^t e^{iK(t,s,x,q)}(\tilde{J}(s,y(t),q))^{1/2}.F(s,x(s,y(t,x,q),q)ds.$$

On a posé:

$$J(t,x,q) = \det(\partial_x y(t,x,q))^{-1} = [\det(\partial^2_{xq}S(t,x,q))]^{-1}.$$

Notons que, d'après le §5, on a:

$$\tilde{J}(t,y,q) = [\det(\partial^2_{x,q}S(t,x,q))^{-1}\Big|_{x=x(t,y,q)}$$

On a en particulier pour b_o la formule plus simple suivante:

$$(93)'$$
$$b_o(t,x,q)=|\det\partial^2_{x,q}S(t,x,q)|^{1/2}\exp\left[-i\int_0^t a_1(x(\sigma,y(t),q),p(\sigma,y(t),q))d\sigma\right]$$

où $y(t) = y(t,x,q) = \partial_q S(t,x,q)$. (Voir (41))

Lemme (IV-29)

Si $F \in \mathcal{B}^{(0,0)}$ *alors la solution* b *de (88), donneé par (92) vérifie:* $b \in \mathcal{B}^{(0,0)}$.

Preuve:

Cela résulte assez facilement de (92) et du fait que les difféomorphismes: $(t,y,q) \longmapsto (t,x(t,y,q),q)$ et $(t,x,q)\mapsto(t,y(t,x,q),q)$ conservent les classes $\mathcal{B}^{(0,0)}$ (pour voir cela on utilise les propriétés établies dans le §5).

Les b_j étant déterminés, il résulte du théorème (IV-24) que l'opérateur $U_h^{(N)}(t)$ défini par (84) vérifie bien (86). Il nous reste à estimer l'erreur: $U_h(t)-U_h^{(N)}(t)$:

Théorème (IV-30):

$$\sup_{|t|\leq T} \ [||U_h(t)-U_h^{(N)}(t)||_{\mathcal{L}(L^2(\mathbb{R}^n))}] \ = \ O(h^N), \ h \longrightarrow 0$$

Preuve:

Posons:

$$\Delta_h^{(N)}(t) \ = \ U_h^{(N)}(t)-U_h(t).$$

Cherchons à calculer $\Delta_h^{(N)}(t)$ sous la forme:

$$\Delta_h^{(N)}(t) \ = \ U_h(t).X_h^{(N)}(t).$$

Il résulte de (85) et (86) que $X_h^{(N)}(t)$ vérifie:

$$\begin{cases} ih.U_h(t).\partial_t(X_h^{(N)}(t)) \ = \ R_h^{(N)}(t) \\ \qquad\qquad X_h^{(N)}(0) \ = \ 0. \end{cases}$$

On a ainsi obtenu la formule de Duhamel:

$$(94) \qquad U_h(t) - U_h^{(N)}(t) = i.h^{-1}. \int_0^t U_h(t-s).R_h^{(N)}(s)ds.$$

Le théorème (IV-30) résulte de l'estimation sur $R_h^{(N)}$. Nous venons d'approcher $U_h(t)$ pour $|t| < T$. Pour t quelconque on obtient des approximations en procédant de la manière suivante. Soit: $T_1 \in]0, T/2[$ et soit $kT_1 < t < (k+2)T_1$ $k \in \mathbb{Z}$. Considérons d'abord le cas $k \geq 1$. On part de:

$$(95) \qquad U_h(t) = U_h(t-kT_1).U_h(T_1)^k$$

que l'on approche donc par:

$$(95)' \quad U_{k,h}^{(N)}(t) = U_h^{(N)}(t-kT_1).(U_h^{(N)}(T_1))^k \quad \text{pour } kT_1 \leq t \leq (k+2).T_1.$$

D'après le chapitre II, §2, on a:

$$(96) \qquad U_h^{(N)}(t) = I(c_N(h,t), \phi(t))$$

où:

$$(97) \qquad \phi(t,x,\theta,y) = S(t-kT_1,x,q_{k+1})-y_{k+1}.q_{k+1}$$
$$+ \sum_{j=1}^{k} S(T_1,y_{j+1},q_j)-y_j.q_j$$
$$\theta = (q_1,y_2,q_2,\ldots,y_{k+1},q_{k+1}) \in (\mathbb{R}^n)^{2k+1}$$
$$y = y_1$$

$$(98) \qquad c_N(h,t,x,\theta,y) = b^{(N)}(h,t-kT_1,x,q_{k+1}) \prod_{j=1}^{k} b^{(N)}(h,T_1,y_{j+1},q_j)$$

où $b^{(N)}(h,t) = \displaystyle\sum_{j=0}^{N} h^j \, b_j(t)$ où les b_j ont été déterminés

en (94).

Pour $k \leq -1$ on écrit:

$$U_h(t) = U_h(t-kT_1)(U_h(-T_1))^{-k}$$

et on définit:

$$U_{k,h}^{(N)}(t) = U_h^{(N)}(t-kT_1) \cdot (U_h^{(N)}(-T_1))^{-k}.$$

On a évidemment une formule de représentation analogue à (90)-(91), adaptée à ce cas.

Théorème (IV-30)':

Pour tout $k \in \mathbb{Z}$ on a:

$$\sup_{kT_1 \leq t \leq (k+1)T_1} [||U_h(t)-U_{k,h}^{(N)}(t)||_{\mathcal{L}(L^2(\mathbb{R}^n))}] = O(h^N), \quad h \longrightarrow 0.$$

Preuve:

On utilise le théorème (IV-30), (95), (95)' et la remarque élémentaire suivante: soient $A_1,\ldots,A_k$, $B_1,\ldots,B_k$, $2k$ opérateurs linéaires d'un espace vectoriel. On a alors l'identité suivante:

$$\prod_{j=1}^{k} A_j - \prod_{j=1}^{k} B_j = \sum_{j=1}^{k}{}' A_1 \cdots A_{j-1}(A_j - B_j)B_{j+1}\cdots B_k$$

avec la convention $A_o = B_{k+1} = I$

Remarque (IV-31)

Le théorème (IV-26) et les résultats précédents donnent également un preuve du théorème (IV-10). Notons que celle donnée dans le §4 est beaucoup plus simple.

CHAPITRE V

PROPRIÉTÉS SEMI-CLASSIQUES DU SPECTRE DISCRET

§1 - Rappels sur la méthode de la phase stationnaire

Nous rappellerons seulement les résultats, pour les démonstrations nous renvoyons le lecteur aux ouvrages [C.P] ou [F.M]. Considérons des fonctions:

$$\phi : \mathbb{R}^n \times \mathbb{R}^m \longrightarrow \mathbb{R}$$

$$b : \mathbb{R}^n \times \mathbb{R}^m \times \,]0,h_o] \longrightarrow \mathbb{C} \,, \ h_o > 0; \ n, \ m \text{ sont des}$$

entiers ≥ 1.

On fait les hypothèses suivantes:

$(ST)_1$ ϕ et b sont indéfiniment dérivables sur $\mathbb{R}^n \times \mathbb{R}^m$

$(ST)_2$ Il existe un compact K de $\mathbb{R}^n$ tel que $(x,\theta) \in \text{supp } b$ entraîne $x \in K$

$(ST)_3$ Pour tous multiindices $\alpha, \ \beta \in \mathbb{N}^n$ il existe $C_{\alpha\beta} > 0$ tels que:

$$|\partial_x^\alpha \partial_\theta^\beta \phi(x,\theta)| \leq C_{\alpha\beta} \cdot \lambda^{(2-|\alpha|-|\beta|)_+}(x,\theta)$$

$$|\partial_x^\alpha \partial_\theta^\beta b(x,\theta,h)| \leq C_{\alpha\beta} \cdot \lambda(\theta)$$

pour tout $(x,\theta,h) \in \mathbb{R}^n \times \mathbb{R}^m \times \,]0,h_o]$.

$(ST)_4$ Pour tout $\theta \in \mathbb{R}^m$, $\partial_x \phi(x,\theta) = 0$ a une solution et une seule $x(\theta) \in \mathbb{R}^n$. De plus il existe $\delta > 0$ tel que:

$$\langle (\partial_{xx}^2 \phi(x(\theta),\theta))u,u \rangle \geq \delta ||u||^2 \text{ pour tout } u \in \mathbb{R}^n \text{ et tout } \theta \in \mathbb{R}^m.$$

Posons:

$$(1) \qquad I(h,\theta) = \int e^{ih^{-1}\phi(x,\theta)} . b(x,\theta) dx$$

Théorème (V-1)   (Phase non stationnaire):

Supposons qu'il existe $\varepsilon_o > 0$ *tel que:*

$$|\partial_x \phi(x,\theta)| \geq \varepsilon_o \quad pour \ tout \quad (x,\theta) \in supp \ b.$$

On a alors:

$$I(h,\theta) = 0(h^\infty), \ h \longrightarrow 0, \ uniformément \ par \ rapport \ à \ \theta, \ \theta \in \mathbb{R}^m.$$

Théorème (V-2)   (Phase stationnaire):

Sous les hypothèses $(ST)_1$ *à* $(ST)_4$, $I(h,\theta)$ *a le comportement asymptotique suivant, lorsque* $h \longrightarrow 0$:

$$I(h,\theta) = (2\pi h)^{n/2} . e^{ih^{-1}.\phi(x,\theta)} . |\det(\partial_{x,x}^2 \phi(x,\theta))|^{-1/2} . e^{i(\pi/4).\sigma(\theta)} .$$

$$. [b(x,\theta,h) + \sum_{k=1}^{N} \frac{h^k}{k!} . L^{(k)}(\theta,x,\partial_x)b] \big|_{x=x(\theta)} + h^{N+n/2+1} . R^{(k)}(b,h)$$

où: $\sigma(\theta) = sgn(\partial_{x,x}^2 \phi(x(\theta),\theta)).$

$L^{(k)}$ *est un opérateur différentiel d'ordre 2k dont les coefficients ne dépendent que de* ϕ *et de ses dérivées. Enfin* $R^{(k)} \in \sum_{o}^{1}(\mathbb{R}_\theta^m)$ *uniformément par rapport à* h.

Remarques (V-3):

Dans le chapitre II (proposition (II-26)), nous avons établi

un cas particulier du théorème (V-2). D'ailleurs dans la démonstra-
tion du théorème (V-2) ([C.P]) on se ramène à ce cas via un
difféomorphisme (voir exercice (V-1) pour le cas particulier n=1).

§2 - Relation de Poisson semi-classique

Soit un opérateur h-admissible $A(h)$ vérifiant les hypothèses (H_1), (H_2), (H_3) du chapitre III. Considérons un intervalle réel $I=[E_1,E_2]$. On suppose qu'il existe $\varepsilon_0>0$ tel que $a_0^{-1}[E_1-\varepsilon_0,E_2+\varepsilon_0]$ soit compact. Il résulte alors de la proposition (III-13) que pour $h\in]0,h_0]$, $h_0>0$ assez petit, $\sum(A(h))\cap I$ est un ensemble fini de $N_I(h)$ valeurs propres: $(\lambda_j(h))_{1\leq j\leq N_I(h)}$ où l'on répète chaque valeur propre suivant sa multiplicité.

La densité de valeurs propres est définie par:

$$(2) \qquad \rho_I(h) = \sum_{j=1}^{N_I(h)} \delta(\lambda-\lambda_j(h))$$

L'étude de $\rho_I(h)$ est difficile à faire directement. On introduit la h-transformée de Fourier de $\rho_I(h)$:

$$(3) \qquad S_h(t) = \sum_{j=1}^{N_I(h)} e^{-ith^{-1}.\lambda_j(h)}$$

que l'on peut encore écrire sous la forme:

$$(4) \qquad S_h(t) = tr[1_I(A(h)).U_h(t)]$$

où $U_h(t) = e^{-ith^{-1} \cdot A(h)}$.

1_I n'étant pas régulière, on étudie plûtot:

(5) $\qquad\qquad S_h^\chi(t) = tr(\chi(A(h)) \cdot U_h(t))$ où $\chi \in C_o^\infty(I)$

Théorème (V-4) (relation de Poisson):

L'ensemble des fréquences $F[S_h^\chi]$ *de la distribution* S_h^χ *vérifie:*

$$F[S_h] \subseteq \{(t,\tau) \in \mathbb{R}_t \times \mathbb{R}_\tau / \tau \in \text{supp } \chi \text{ et}$$

t *est une période d'énergie* $-\tau$ *d'une trajectoire de* $H_{a_o}\}$

Preuve:

Soit $\theta \in C_o^\infty(\mathbb{R})$. Il nous faut étudier:

$$J(\tau;h) = \int e^{-ith^{-1}\tau} \cdot \theta(t) \cdot S_h^\chi(t) dt$$

Introduisons une fonction $\tilde{\chi} \in C_o^\infty(I)$ telle que $\chi \equiv 1$ sur supp χ. Posons alors: $\bar{A}(h) = A(h) \cdot \tilde{\chi}(A(h))$. Il résulte du chapitre III que $\bar{A}(h)$ est un opérateur h-admissible dont le symbole est à support compact. En particulier le symbole principal $\tilde{a}_o$ est donné par:

(6) $\qquad\qquad\qquad \tilde{a}_o = a_o \cdot \tilde{\chi}(a_o)$

Posons: $\tilde{U}_h(t) = e^{-ith^{-1} \cdot \bar{A}(h)}$.

On a clairement:

(7) $\qquad\qquad\qquad S_h^\chi(t) = tr[\chi(A(h)) \cdot \tilde{U}_h(t)]$

La troncature de A(h) par $\tilde{\chi}$ nous permet d'utiliser pour $\tilde{U}_h(t)$ les approximations construites dans le chapitre IV, §6.

Quitte à faire une partition de l'unité sur $\mathbb{R}$, on peut supposer que supp $\theta \subseteq [k.T_1,(k+2).T_1]$, $k \in \mathbb{Z}$, $T_1 > 0$ assez petit (voir chapitre IV, §6). Désignons par $\tilde{U}_{h,k}^{(N)}(t)$ l'approximation à l'ordre N de $\tilde{U}_h(t)$ dans l'intervalle $[k.T_1,(k+2)T_1]$.

Posons: $J_N(\tau,h) = tr[\int e^{-ith^{-1}.\tau}.\theta(t).\chi(A(h)).\tilde{U}_{h,k}^{(N)}(t).dt]$.

Le théorème (IV-30)' et la proposition (III-13) impliquent:

$$(8) \qquad J(\tau,h) = J_N(\tau,h) + 0(h^{N-n}), \quad h \longrightarrow 0$$

uniformément par rapport à τ, $\tau \in \mathbb{R}$.

D'autre part il résulte du chapitre III que l'on a:

$$(9) \qquad \chi(A(h)) = A_{N,\chi}(h) + h^{N+1}.\delta_{N,\chi}(h)$$

où $A_{N,\chi}(h) = \sum_{j=0}^{N} h^j.a_{\chi,j}$, supp $a_{\chi,j} \subseteq a_o^{-1}(I)$, et $||\delta_{N,\chi}||_{tr} = 0(h^{-n})$, $h \longrightarrow 0$.

N étant arbitrairement grand, on est donc ramené à l'étude de:

$$(10) \qquad \tilde{J}_N(\tau,h) = tr[\int e^{-ith^{-1}.\tau}.\theta(t).A_{N,\chi}(h).\tilde{U}_{h,k}^{(N)}(t)dt]$$

Les constructions du chapitre IV permettent d'exprimer $\tilde{J}_N(\tau,h)$, modulo $0(h^\infty)$ sous la forme suivante:

$$(11) \quad \tilde{J}_N(\tau,h) = (2\pi h)^{-n(k+1)}.\int e^{ih^{-1}(\phi(x,\xi,x)-t\tau)}\theta(t).\tilde{c}(t,x,\xi,x;h)d\xi dxdt$$

où

$$(12) \qquad \phi(x,\xi,y)=S(t-kT_1,x,q_{k+1})-y_{k+1}\cdot q_{k+1}+\sum_{j=1}^{k}S(T_1,y_{j+1},q_j)-y_j\cdot q_j$$

$$y_1=y, \quad \xi=(q_1,y_2,\ldots,y_{k+1},q_{k+1})$$

et

$$(13) \qquad \tilde{c}(t,x,\xi,y,h)=\tilde{b}(t-kT_1,x,q_{k+1},h)\cdot\prod_{j=1}^{k}b(T_1,y_{j+1},q_j,h)$$

où $b(T_1,.,.,.)$ est l'amplitude de $U_{h,k}^{(N)}(k,T_1)$ déterminée dans le chapitre IV, §6, et $\tilde{b}(t-kT_1,.,.,.)$ provient de la composition de $A_{N,\chi}(h)$ par $U_h^{(N)}(t-kT_1)$. En particulier $\tilde{b}$ est une expression polynomiale des coefficients du symbole de $A_{N,\chi}(h)$ calculée au point $(x,\partial_x S(t-kT_1,q))$ (cela résulte de (59)-chapitre IV). Déterminons alors l'ensemble $\Gamma(\phi(\tau))$ des points critiques de l'application: $(t,x,\xi)\longmapsto\phi(t,x,\xi,x)-t\tau$.

Il résulte de (12) que si (t,x,ξ) est un point critique on a:

$$(14) \qquad \begin{cases} x=\partial_{q_1}S(T_1,y_2,q) \\[1mm] q_2=\partial_x S(T_1,y_2,q_1) \\[1mm] \text{------------------------} \\[1mm] y_j=\partial_{q_j}S(T_1,y_{j+1},q_j) \\[1mm] q_{j+1}=\partial_x S(T_1,y_{j+1},q_j) \\[1mm] \text{------------------------} \\[1mm] y_{k+1}=\partial_q S(t-kT_1,x,q_{k+1}) \\[1mm] q_1=\partial_x S(t-kT_1,x,q_{k+1}) \\[1mm] \text{------------------------} \\[1mm] \partial_t S(t-kT_1,x,q_{k+1})=\tau \end{cases}$$

On utilise la relation (chapitre IV-§3)

$$(15) \qquad (x, \partial_x S(t,x,q)) = \phi_{\tilde{a}_o}^t (\partial_q S(t,x,q), q)$$

Il résulte de (14) et (15) que l'on a:

$$(16) \qquad \begin{cases} (x,q_1) = \phi_{\tilde{a}_o}^t (x,q_1) \\ -\tau = \tilde{a}_o (x,q_1) \end{cases}$$

Compte tenu des propriétés des supports de χ et $\tilde{\chi}$ et des résultats du chapitre III on obtient alors:

$$(17) \qquad \{ (t,\tau) \in \mathbb{R}^2 / (t,x,\xi) \in \Gamma(\phi(\tau)) \cap \text{supp } \tilde{\tilde{c}}_h \}$$

$$\subseteq \{ (t,\tau) \in \mathbb{R}^2 / \tau \in \text{supp } \chi, \ t \text{ période d'énergie } -\tau \text{ d'une trajectoire de } H_{a_o} \}$$

où: $\tilde{\tilde{c}}_h (t,x,\xi) = \tilde{c}(t,x,\xi,x,h)$.

Le support de $\tilde{\tilde{c}}_h$ n'étant pas compact, à priori, on ne peut déduire directement le théorème (V-3) de (17) via le théorème de la phase non stationnaire. Pour pouvoir appliquer ce théorème nous allons nous ramener à une situation où l'amplitude $\tilde{\tilde{c}}_h$ est à support compact.

Posons:

$$E(t,x,\xi) = |x - \partial_q S(T_1, y_2, q)|^2 + |q_2 - \partial_x S(T_1, y_2, q_1)|^2 + \dots$$

$$+ |y_{k+1} - \partial_q S(t - kT_1, x, q_{k+1})|^2 + |q_1 - \partial_x S(t - kT_1, x, q_{k+1})|^2$$

Considérons la partition de l'unité sur $\mathbb{R}$:

$$\eta_1 + \eta_2 = 1 \quad \text{où} \quad \eta_1 \in C_o^\infty]-1,1], \quad \eta_1 \equiv 1 \text{ sur } [-1/2,1/2]$$

On a alors:

$$(18) \quad \tilde{\tilde{c}}_h(t,x,\xi) = \eta_1(\varepsilon^{-1}.\lambda^{-2}(x,\xi).E(t,x,\xi)).\tilde{\tilde{c}}_h(t,x,\xi)$$

$$+ \eta_2(\varepsilon^{-1}.\lambda^{-2}(x,\xi).E(t,x,\xi).\tilde{\tilde{c}}_h(t,x,\xi) = c_h^{(1)}(t,x,\xi) + c_h^{(2)}(t,x,\xi)$$

$\varepsilon > 0$ est un paramètre à déterminer.

On est ramené à étudier:

$$(19) \quad G_j(\tau,h) = \int e^{ih^{-1}(\phi(x,\xi,x)-t\tau)}.\theta(t)c_h^{(j)}(t,x,\xi)d\xi dx dt$$

Sur le support de $c_h^{(2)}$ on a:

$$E(t,x,\xi) \geq \varepsilon/2.\lambda^2(x,\xi)$$

Par des intégrations par parties à l'aide de l'opérateur:

$$L = ih.E^{-1}[(\partial_{q_1}S(T_1,y_2,q_1)-x)\partial_{q_1} + (\partial_x S(T_1,y_2,q_1)-q_2)\partial_{y_2} + \ldots$$

$$+ (\partial_x S(t-kT_1,x,q_{k+1})-q_1)\partial_x]$$

On montre assez facilement que:

$$(20) \quad G_2(\tau,h) = 0(h^\infty), \quad h \longrightarrow 0$$

D'autre part sur le support de $c_h^{(1)}$ on a:

$$(21) \quad \begin{cases} E(t,x,\xi) \leq \varepsilon.\lambda^2(x,\xi) \\ |x| + |q_1| \leq R, \quad R > 0 \text{ assez grand.} \end{cases}$$

La deuxième inégalité de (21) résulte des propriétés suivantes:

$$(22) \qquad (x,\partial_x S(t-kT_1,x,q_1)) \in a_o^{-1}(I)$$
$$\text{si} \quad (t,x,\xi) \in \text{supp } c_h^{(1)}$$

$$(23) \qquad \begin{cases} \lambda(x,\partial_x S(t,x,q)) \approx \lambda(x,q) \\ \lambda(\partial_q S(t,x,q),q) \approx \lambda(x,q) \end{cases}$$

(23) étant une conséquence du lemme (IV-15) et des égalités (40), (41) du chapitre IV.

Nous allons maintenant établir que si $\varepsilon > 0$ est choisi assez petit alors il existe $K_\varepsilon > 0$ tel que si $t \in \text{supp } \theta$ et (x,ξ) vérifie (21) on a alors:

$$(24) \qquad |x| + |\xi| \leq K_\varepsilon .$$

Des inégalités:

$$|x-\partial_q S(T_1,y_2,q)|^2 \leq \varepsilon . \lambda^2(x,\xi) \quad \text{et} \quad |q_1-\partial_x S(t-kT_1,x,q_{k+1})|^2 \leq \varepsilon . \lambda^2(x,\xi)$$

ainsi que de (21) et (23) on déduit qu'il existe c_2, $R_2 > 0$ tels que:

$$(25) \qquad |y_2|^2 + |q_{k+1}|^2 \leq \varepsilon . c_2 . \lambda^2(x,\xi) + R_2$$

pour tout $\varepsilon > 0$ et tout (x,ξ) vérifiant (21).

En continuant le procédé on obtient alors:

$$(26) \qquad |\xi'|^2 \leq \varepsilon . \tilde{c} \lambda^2(\xi') + \tilde{R}$$

où $\tilde{c}$ et $\tilde{R}$ sont des contantes, $\varepsilon > 0$, $\xi' = (y_2, q_2, y_3, \ldots, q_{k+1})$ pour tout (x, ξ) vérifiant (21). Il est alors clair que (26) entraîne (24) en choisissant ε assez petit. ε étant ainsi fixé, le théorème de la phase non stationnaire permet d'obtenir:

$$(27) \qquad G_1(\tau, h) = 0(h^\infty), \quad h \longrightarrow 0$$

sous la condition: il n'existe pas de période $t \in \text{supp } \theta$ d'énergie $-\tau$ pour $t \longmapsto \phi_{a_o}^t$.

(20) et (27) impliquent clairement le théorème (V-4).

Exemple (V-5):

$$A(h) = 1/2 \cdot (-h^2 \cdot \frac{d^2}{dx^2} + x^2)$$

l'ensemble des périodes de $a_o(x, p) = 1/2(p^2 + x^2)$ *est égal à* $2\pi\mathbb{Z}$. *On a ici:*

$$S_h^\chi(t) = \sum_{j \in \mathbb{N}}' \chi((j+1/2)h) e^{-it(j+1/2)}$$

d'où:

$$F[S_h^\chi] \subseteq \{(2k\pi, \tau) \mid \tau > 0, \tau \in \text{supp } \chi, k \in \mathbb{Z}\} \cup (\mathbb{R} \times \{0\})$$

En utilisant la formule de Poisson classique:

$$(P) \qquad \sum_{k \in \mathbb{Z}}' \hat{f}(k) \cdot e^{ikx} = 2\pi \cdot \sum_{k \in \mathbb{Z}}' f(x + 2k\pi)$$

on peut montrer que l'on a l'égalité:

$$F[S_h^\chi]=\{(2k\pi,\tau)\,|\,\tau>0,\tau\in\text{supp }\chi,k\in\mathbb{Z}\}\cup(\mathbb{R}\times\{0\})\quad (exercice\ (V\text{-}2))$$

§3 - Etude de $S_h^\chi(t)$ en $t \doteq 0$

Nous conservons les notations et les hypothèses du §2.

Nous y ajoutons l'hypothèse suivante, essentielle pour la suite:

(N.C) Supp χ est non critique pour $-a_o$.

L'hypothèse (N.C) signifie que si $\tau \in$ supp χ on a alors $(\partial_x a(x,p),\ \partial_p a(x,p)\neq 0$ pour tout $(x,p)\in a_o^{-1}(-\tau)$.

Il n'est pas difficile de voir que (N.C) implique qu'il existe un voisinage ouvert Ω de supp χ tel que $\overline{\Omega}$ soit également non critique pour a_o.

Proposition (V-6):

0 est un point isolé dans l'ensemble des périodes d'énergie $-\tau$, $\tau\in\overline{\Omega}$, des trajectoires du champ hamiltonien H_{a_o}.

Preuve:

Il nous suffit de montrer qu'il existe $\varepsilon>0$ tel que si $|t|\leq\varepsilon$ et si t est une période de H_{a_o} d'énergie $-\tau$, $\tau\ \overline{\Omega}$ alors t=0. Supposons le contraire. Il existerait alors une suite

$$t_j\in[-\varepsilon,\varepsilon]\setminus(0),\ \lim_{j\to+\infty} t_j=0$$

et des suites $(x^j,p^j)\in\mathbb{R}_x^n\times\mathbb{R}_p^n$, $\tau_j\in\overline{\Omega}$ telles que

$$a_o(x^j,p^j)=-\tau_j$$

$$\phi_{a_o}^{t_j}(x^j,p^j)=(x^j,p^j)$$

On peut évidemment supposer que:

$$\lim_{j\to+\infty}\tau_j=\tau_o \quad \text{et} \quad \lim_{j\to+\infty}(x^j,p^j)=(x^o,p^o) \quad \text{existent}$$

Posons:

$$x^j(t)=x(t,x^j,p^j) \quad \text{et} \quad p^j(t)=p(t,x^j,p^j)$$

En utilisant les équations de Hamilton pour $(x^j(t),p^j(t))$ et le théorème des accroissements finis on montre qu'il existe

$$\theta_{jk}, \ \eta_{jk}\in]0,1[. \ j\geq 1, \ 1\leq k\leq n,$$

tels que:

$$\partial_{p_k}a_o(x^j(\theta_{jk}\cdot t_j),p^j(\theta_{jk}\cdot t_j))=0 \quad \text{et} \quad \partial_{x_k}a_o(x^j(\eta_{jk}\cdot t_j),p^j(\eta_{jk}\cdot t_j))=0$$

La continuité de l'application: $(t,\tilde{x},\tilde{p})\longmapsto\phi_{a_o}^t(\tilde{x},\tilde{p})$ impliquent alors:

$$\partial_p a_o(x^o,p^o)=\partial_x a_o(x^o,p^o)=0 \quad \text{et} \quad a_o(x^o,p^o)=-\tau_o.$$

On a donc une contradiction.

Soit $T_1>0$ assez petit pour que 0 soit la seule période dans $[-T_1,T_1]$ d'énergie $-\tau$, $\tau\in\bar{\Omega}$.

-258-

Le comportement de $J(\tau,h)=<S_h^\chi(t),\ e^{-ith^{-1}.t\tau}.\theta(t)>\quad \theta\in C_o^\infty]-T_1,T_1[,$ lorsque h tend vers 0, est donné par:

Théorème (V-7):

Pour tout entier $N\geq 1$ on a:

$$J(\tau,h)=(2\pi h)^{1-n}\left[\sum_{j=0}^{N}h^j.\gamma_j(\theta,-\tau)+0(h^{N+1})\right]$$

où le 0 est uniforme par rapport à τ, $\tau\in\overline{\Omega}$.

De plus pour tout $j\in\mathbb{N}$, $\gamma_j(\theta,-\tau)$ est C^∞ en τ et de dépend que du germe de θ en 0.

En particulier on a:

$$\gamma_o(\theta,-\tau)=\theta(0).\int_{\{a_o=-\tau\}}\chi(\tau)\frac{dS_{-\tau}}{|\nabla a_o|}$$

où $dS_{-\tau}$ désigne la densité riemannienne sur l'hypersurface $\{a_o=-\tau\}$.

Preuve:

La première étape consiste à se ramener à une situation où nous pourrons appliquer le théorème de la phase stationnaire. Cette partie de la démonstration étant identique à la preuve du théorème (V-4) nous ne la détaillerons pas. On remplace ainsi l'étude de $J(\tau,h)$ par celle de $J^{(N)}(\tau,h)$ où:

$$(28)\qquad J^{(N)}(\tau,h)=\sum_{j=0}^{N}h^j.\iiint e^{ih^{-1}[S(t,x,q)-x.q-t\tau]}.$$

$$.\theta(t).c_j(t,x,q)\frac{d}{h}qdxdt$$

avec:

$(28)_1$ Pour $j \geq 0$, $c_j(t,x,q)=0$ pour $|t| \leq T_1$ et $|x|+|q| \geq R$

$(28)_2$ $S(t,x,q)=x.q$ pour $|t| \leq T_1$ et $|x|+|q| \geq R$

$(28)_3$ $c_0(0,x,q)=1$ et $c_j(0,x,q)=0$ pour $j \geq 1$ et $(x,q) \in \mathbb{R}^n_x \times \mathbb{R}^n_q$.

Les points critiques de la phase: $(t,x,q) \longmapsto S(t,x,q)-xq-t.\tau$ vérifient:

(29)
$$\begin{cases} t=0 \\ a_0(x,q)=-\tau \quad , \quad \tau \in \text{supp } \chi \end{cases}$$

A l'aide d'une partition de l'unité sur $a_0^{-1}(\text{supp } \chi)$ on se ramène

au cas où l'une des dérivées partielles de a_0 ne s'annule pas

sur $\displaystyle\bigcup_{0 \leq j < N} (\text{supp } c_j)$.

Supposons par exemple que $\dfrac{\partial a_0}{\partial x_1} \neq 0$ sur $\displaystyle\bigcup_{1 \leq j \leq N} (\text{supp } c_j)$.

Le changement de variables:

$$X_1 = a_0(x,q), \ X_j = x_j, \ 2 \leq j \leq n, \ Q = q$$

nous ramène à une situation où il est possible d'appliquer le

théorème de la phase stationnaire par rapport aux variables

(t,X_1). Cette méthode donne facilement le calcul de $\gamma_0(\theta,-\tau)$.

Il semble beaucoup plus difficile de calculer par cette méthode

les autres termes.

Proposition (V-8):

On suppose que $\theta \equiv 1$ sur un voisinage de 0.

On pose alors: $\gamma_j(-\tau) = \gamma_j(\theta, -\tau)$.

On suppose que $\chi \equiv 1$ *sur un intervalle ouvert J.*

On a:

$$\gamma_j(\lambda) = \sum_{k=1}^{2j-1} \frac{d^k}{d\lambda^k}\left(\int_{\{a_o=\lambda\}} d_{jk}\,\frac{dS_\lambda}{|\nabla a_o|}\right) \quad pour \quad \lambda \in -J$$

où les d_{jk} *sont les fonctions définies dans le chapitre III. En particulier on a:*

$$\gamma_1(\lambda) = -\frac{d}{d\lambda}\left(\int_{\{a_o=\lambda\}} a_1 \cdot \frac{dS_\lambda}{|\nabla a_o|}\right) \quad pour \quad \lambda \in -J.$$

Preuve:

Soit $\phi \in C_o^\infty(-J)$.

En utilisant le théorème de Fubini et la décomposition spectrale de $A(h)$ on obtient facilement:

$$(30) \qquad \int J(\tau,h)\phi(\tau)d\tau = \operatorname{tr}\left[\chi(A(h))\left(\int \hat{\theta}(\tfrac{\mu}{h}) \cdot \phi(\mu-A(h))d\mu\right)\right]$$

Posons: $G(\phi,h) = \int \hat{\theta}(\tfrac{\mu}{h}) \cdot \phi(\mu-A(h))d\mu$.

Soit $J \in C_o^\infty(\mathbb{R})$, $J \equiv 1$ sur $[-1,1]$.

En utilisant que $\hat{\theta} \in \mathcal{S}(\mathbb{R})$ on a:

$$(31) \qquad G(\phi,h) = \int\int e^{-ih^{-1}uv}\theta(v)\,J(u)\,\phi(u-A(h))\,dudv + R(h)$$

où

$$||R(h)||_{\mathcal{L}(L^2(\mathbb{R}^n))} = 0(h^\infty)$$

(31)   permet alors d'appliquer la proposition (II-26) (nous laissons au lecteur le soin de vérifier que la proposition (II-26) s'étend à cette situation).

On obtient alors:

$$(32) \quad G(\phi,h) \sim 2\pi h \left(\sum_{k \geq 0} h^k . \frac{(-i)^k}{k!} . \theta^{(k)}(0) . \phi^{(k)}(-A(h)) \right)$$

au sens des développements asymptotiques en h, $h \rightarrow 0$, dans $\mathcal{L}(L^2(\mathbb{R}^n))$. Si maintenant $\theta \equiv 1$ au voisinage de 0, il résulte alors de (30) et (32) que l'on a:

$$(33) \quad \int J(\tau,h).\phi(\tau)d\tau = 2\pi h . \text{tr}[\chi(A(h)).\phi(-A(h))] + 0(h^\infty).$$

Or $\chi \equiv 1$ sur le support de $\check{\phi}(\mu) = \phi(-\mu)$.

On utilise alors la proposition (III-16):

$$(34) \quad \int J(\tau,h).\phi(\tau)d\tau \sim (2\pi h)^{1-n} \left(\sum_{j \geq 0} h^j . T_j(\check{\phi}) \right)$$

En comparant (34) avec le développement asymptotique obtenu dans le théorème (V-7) on obtient:

$$(35) \quad T_j(\check{\phi}) = \int \gamma_j(\mu).\check{\phi}(\mu)d\mu$$

On achève alors la preuve de la proposition (V-8) en utilisant l'expression de $T_j(\check{\phi})$ obtenue dans la proposition (III-16) et en utilisant le:

Lemme (V-9):

Soit $f \in C_0^\infty(\mathbb{R})$ *tel que* a_0 *n'ait pas de valeurs critiques dans* supp f *et tel que* $a_0^{-1}(\text{supp } f)$ *soit compact. On a alors la formule d'intégration par parties:*

$$\iint b(x,p) f^{(k)}(a_0(x,p))\,dx\,dp = (-1)^k \cdot \int f(\lambda) \cdot \frac{d}{d\lambda}\left(\int_{\{a_0=\lambda\}} b \cdot \frac{dS_\lambda}{|\nabla a_0|} \right) d\lambda$$

Preuve:

Pour les détails nous renvoyons à [Gu-Sh].

Ici nous esquissons seulement la démonstration.

Par cartes locales et partition de l'unité (analogue à la fin de la preuve du théorème (V-7)) on commence par établir que:

$\lambda \longmapsto \int_{a_0 \leq \lambda} b \cdot f(a_0)\,dx\,dp$ est C^∞ et que l'on a:

$$(36) \qquad \frac{d}{d\lambda}\left(\int_{a_0 \leq \lambda} b \cdot f(a_0)\,dx\,dp \right) = \int_{\{a_0=\lambda\}} b \cdot f(\lambda) \frac{dS_\lambda}{|\nabla a_0|}$$

On a alors:

$$(37) \qquad \iint b \cdot f^{(k)}(a_0)\,dx\,dp = \int f^{(k)}(\lambda) \cdot \left(\int_{\{a_0=\lambda\}} b \,\frac{dS_\lambda}{|\nabla a_0|} \right)$$

Le lemme (V-9) résulte alors d'une intégration par partie élémentaire.

Remarque (V-10):

La méthode précédente permettrait également de calculer les

coefficients $\gamma_j(\theta,-\tau)$ *du théorème* (V-7) *dans le cas général,
les calculs sont alors un peu plus compliqués.*

§4 - Répartition asymptotique des valeurs propres

Nous conservons les hypothèses faites dans le §2.

Dans ce paragraphe nous nous proposons d'étudier le
nombre $N_I(h)$ des valeurs propres de $A(h)$ contenues dans
l'intervalle $I=[E_1,E_2]$. Plus précisemment nous établissons
le résultat suivant:

Théorème (V-11):

Supposons que E_1 *et* E_2 *ne soient pas valeurs critiques de* a_o.
On a alors:

$$N_I(h) = (2\pi h)^{-n} . \text{mes}_{\mathbb{R}^{2n}} [a_o^{-1}(I)] + 0(h^{1-n}), \quad h>0, \quad h \longrightarrow 0$$

où $\text{mes}_{\mathbb{R}^{2n}}$ *désigne la mesure de Lebesgue sur* $\mathbb{R}^{2n}$.

Remarques (V-12):

i) *Notons que l'hypothèse sur les valeurs critiques ne
portent que sur les extrémités de l'intervalle* I.

ii) *En général, le théorème* (V-11) *donne le meilleur résultat
possible comme le montre l'exemple:*

$$A(h) = -(h^2/2)\frac{d^2}{dx^2} + x^2/2 \quad avec \quad I=[0,\lambda], \quad \lambda>0.$$

En effet on a alors:

$$N_I(\lambda) = \#\{j \mid j \geq 0 \text{ et } (j+\tfrac{1}{2})h \leq \lambda\} \quad \text{et} \quad \text{mes}_{\mathbb{R}^2}[a_o^{-1}(I)] = 2\pi\lambda$$

iii) *La situation exposée dans* (ii) *se produit toujours pour* n=1 *(voir* (He-Ro]*). Par contre si* $n \geq 2$ *et si* H_{a_o} *a peu de trajectoires périodiques on peut transformer* $0(h^{1-n})$ *en* $o(h^{1-n})$ *(voir* [Pe-Ro]*).*

<u>*Preuve du théorème (V-11)*</u>:

On peut toujours se ramener au cas où E_1 est tel que $E_1 \leq$ $\leq \text{Min}[\Sigma(A(h))]-1$ pour tout $h \in]0,h_o]$.

Posons $E_2 = E$. Il existe $\varepsilon_1 > 0$ assez petit de sorte $[E-\varepsilon_1, E+\varepsilon_1]$ soit non critique pour a_o. Sur $[E_1, E]$ on considère la partition de l'unité suivante: soient f_1, $f_2 \in C_o^\infty(\mathbb{R})$ telles que:

(U_1) $f_1^2 + f_2^2 \equiv 1$ sur $[E_1, E]$

(U_2) supp $f_2 \subseteq [E-\varepsilon_1, E+\varepsilon_1]$, supp $f_2 \subset [E_1, E-\varepsilon_{1/2}]$

(U_3) $f_2 \equiv 1$ sur $[E-\varepsilon_{1/2}, E+\varepsilon_{1/2}]$

Posons $N(\lambda;h) = \#\{j \mid \lambda_j(h) \leq \lambda\}$.

Pour $\lambda \in [E-\varepsilon_{1/2}, E+\varepsilon_{1/2}]$ on a alors

$$(38) \qquad N(\lambda;h) = \text{tr}[f_1^2(A(h))] + \sum_{\lambda_j(h) \leq \lambda} f_2^2(\lambda_j(h))$$

D'après le chapitre III, $\text{tr}(f_1^2(A(h)))$ admet un développement asymptotique complet en h, $h \to 0$.

On est ramené à étudier:

$$(39) \qquad M(\lambda;h) = \sum_{\lambda_j(h) \leq \lambda} f_2^2(\lambda_j(h))$$

L'étude de $M(\lambda;h)$ va se faire en régularisant.

Soit $\theta \in C_o^\infty(]-T_1,T_1[)$, $(T_1 > 0$ assez petit$)$, tel que $\theta(0)=1$.

On suppose θ paire. Quitte à remplacer θ par $\theta*\theta$ on peut supposer que $\hat{\theta}$ vérifie:

$(*) \qquad \hat{\theta} \geq 0$ sur $\mathbb{R}$ et il existe $\delta_o > 0$, $r_o > 0$, tels que $\hat{\theta}(\tau) \geq r_o$ pour tout τ, $|\tau| \leq \delta_o$.

Posons: $W_h(\tau) = (2\pi h)^{-1} . \hat{\theta}(-h^{-1} . \tau)$.

Un calcul facile donne:

$$(40) \qquad \frac{d}{d\tau}(M(.,h)*W_h)(\tau) = (2\pi h)^{-1} \mathrm{tr}[f_2^2(A(h)) . \int e^{ih^{-1} . \tau . t} . \theta(t) . U_h(t)dt]$$

(40) et le théorème $(V-7)$ impliquent:

$$(41) \qquad \frac{d}{d\lambda}(M(.,h)*W_h)(\lambda) = (2\pi h)^{-n} f_2^2(\lambda) . \int_{\{a_o = \lambda\}} \frac{dS_\lambda}{|\nabla a_o|} + 0(h^{1-n})$$

$$h \longrightarrow 0, \text{ uniformément par rapport à } \lambda, \lambda \in \mathbb{R}.$$

D'autre part il résulte du Chapitre III que l'on a:

$(42) \quad M(\lambda;h) = 0(h^{-n})$, $h \longrightarrow 0$, uniformément par rapport à λ.

Pour achever la preuve du théorème $(V-11)$ il nous suffit d'établir le résultat suivant, du type théorème taubérien:

Théorème (V-13) :

Soient $\tau_1 < \tau_2$, $\sigma_h : \mathbb{R} \longrightarrow \mathbb{R}$ *une famille de fonctions croissantes où* $h \in]0,1]$.
On suppose :

(i) $\sigma_h(\tau) = 0$ *pour* $\tau \leq \tau_o$

(ii) $\sigma_h(\tau)$ *est constante sur* $[\tau_1, +\infty[$

(iii) $\sigma_h(\tau) = 0(h^{-d})$, $h \longrightarrow 0$, $d \geq 1$, *uniformément par rapport à* τ, $\tau \in \mathbb{R}$

(iv) $\dfrac{d}{d\tau}(\sigma_h * W_h)(\tau) = 0(h^{-d})$, $h \longrightarrow 0$, *uniformément par rapport à* τ, $\tau \in \mathbb{R}$.

(W_h étant la fonction précédemment définie).
On a alors :

$$\sigma_h(\tau) = (\sigma_h * W_h)(\tau) + 0(h^{1-d}) \quad \textit{lorsque } h \longrightarrow 0, \textit{ uniformément par rapport à } \tau, \ \tau \in \mathbb{R}$$

Preuve :

On a :

$$\sigma_h(\tau) - \sigma_h * W_h(\tau) = \int (\sigma_h(\tau) - \sigma_h(\tau-\mu)) W_h(\mu) \, d\mu$$

Or $W_h(\mu) = (2\pi h)^{-1} . \hat{\theta}(-h^{-1}\mu)$. D'où :

$$(43) \qquad \sigma_h(\tau) - \sigma_h * W_h(\tau) = (2\pi)^{-1} \int (\sigma_h(\tau) - \sigma_h(\tau-h\nu)) \hat{\theta}(-\nu) \, d\nu$$

Compte tenu du fait que $\hat{\theta} \in \mathcal{J}(\mathbb{R})$ et de (43), la preuve du théorème (V-13) se ramène au :

Lemme (V-14):

Il existe $\Gamma > 0$ *telle que:*

$$\left| \sigma_h(\tau) - \sigma_h(\tau+h\nu) \right| \leq \Gamma \cdot (1+|\nu|) \cdot h^{1-d}$$

pour tout $\tau \in \mathbb{R}$, *tout* $\nu \in \mathbb{R}$ *et tout* $h \in]0,1]$.

Preuve:

On découpe la preuve en trois cas suivant les valeurs de ν:

1er *cas:* $\quad |\nu| \leq \delta_o$

On a:

$$\left| \sigma_h(\tau) - \sigma_h(\tau+h\nu) \right| \leq \int_{\tau-|\nu|h}^{\tau+|\nu|h} d\sigma_h(\mu)$$

Sur l'intervalle d'intégration on a $|\mu-\tau| \leq h \cdot \delta_o$.
En utilisant la propriété $(*)$ de $\hat{\theta}$, la définition de $W_h(\tau)$ et
l'hypothèse (iv), on peut trouver $c > 0$ telle que:

$$(44) \quad \left| \sigma_h(\tau) - \sigma_h(\tau+h\nu) \right| \leq c \cdot h^{1-d} \quad \text{pour tout} \quad h \in]0,1], \ |\nu| \leq \delta_o, \ \tau \in \mathbb{R}$$

2e *cas:* $\quad \nu = j \cdot \delta_o, \ j \in \mathbb{Z}$

Examinons le cas $j \in \mathbb{N}$. Pour $j < 0$ l'argument est identique.
On a:

$$\left| \sigma_h(\tau+j \cdot \delta_o \cdot h) - \sigma_h(\tau) \right| \leq \sum_{k=1}^{j} \left| \sigma_h(\tau+k\delta_o \cdot h) - \sigma_h(\tau+(k-1)\delta_o h) \right|$$

On applique alors (44) à chaque terme du membre de droite de cette inégalité:

$$(45) \quad |\sigma_h(\tau+j.\delta_o.h)-\sigma_h(\tau)|\leq c.|j|.h^{1-d} \text{ pour tout } j\in\mathbb{Z},\ \tau\in\mathbb{R},\ h\in]0,1].$$

$\underline{3^{\underline{e}}\ cas}$: $\quad j.\delta_o < \nu < (j+1).\delta_o,\ j\in\mathbb{Z}.$

On a:

$$|\sigma_h(\tau+h.\nu)-\sigma_h(\tau)|\leq|\sigma_h(\tau+h\nu)-\sigma_h(\tau+j\delta_o h)|+|\sigma_h(\tau+j\delta.h)-\sigma_h(\tau)|$$

En utilisant (44) et (45) il vient:

$$|\sigma_h(\tau+h.\nu)-\sigma_h(\tau)|\leq ch^{1-d}(1+|j|)$$

D'où:

$$(46) \quad |\sigma_h(\tau+h.\nu)-\sigma_h(\tau)|\leq c.\delta_o^{-1}(\delta_o+|\nu|).h^{1-d} \text{ pour } \tau\in\mathbb{R},\ \nu\in\mathbb{R},\ h\in]0,1].$$

Ce qui achève la preuve du lemme (V-14).

Remarque (V-15):

On peut se poser la question de l'interprétation du $0(h^{1-n})$ dans le théorème (V-11). Pour répondre à cette question supposons que l'intervalle $I=[E_1,E_2]$ soit non critique pour a_o. Posons alors: $v(E)=(2\pi)^{-n}.\underset{\mathbb{R}^{2n}}{mes}(a_o^{-1}[E_1,E])$ et $N_E(h)=N_{[E_1,E]}(h)$ pour $E\in[E_1,E_2]$. On a: $v\in C^1[E_1,E_2]$. D'autre part il n'est pas très difficile d'établir:

(47) $N_E(h) = h^{-n} \cdot v(E) + 0(h^{1-n})$, *uniformément par rapport à* E, $E \in [E_1, E_2]$.

Nous allons voir que (47) *donne un renseignement sur l'écartement de deux valeurs propres consécutives de* $A(h)$ *situées dans* $[E_1, E_2]$.
Soient $E_1 < E_h' < E_h'' < E_2$. *Supposons que* $\Sigma(A(h)) \cap [E_h', E_h''] = \emptyset$.
Il résulte alors de (47) *que l'on a:*

$$(48) \qquad v(E_h') - v(E_h'') = 0(h).$$

Or $\dfrac{dv}{dE} \neq 0$ *sur* $[E_1, E_2]$. *Il résulte donc de* (48) *et du théorème des accroissements finis que l'on a:*

$$(49) \qquad E_h'' - E_h' = 0(h) \qquad h \longrightarrow 0.$$

Autrement dit il existe $c > 0$ *tel que pour tout intervalle* $J \subseteq [E_1, E_2]$ *de longueur* $\geq ch$, *on ait:* $\Sigma(A(h)) \cap J \neq \emptyset$ *pour* $h > 0$ *assez petit.*
Pour l'oscillateur harmonique: $A(h) = -h^2 \dfrac{d^2}{dx^2} + x^2$, *l'écart entre deux valeurs propres consécutives est exactement* $2h$.
(Voir commentaires sur ce chapitre).

(I-1) - Montrer que $(\Delta_\psi X_j).(\Delta_\psi P_j) = \hbar/2$, $j=1,\ldots,n$ si et seulement si ψ est une densité gaussienne ie de la forme:

$$\psi(x_1,\ldots,x_n) = A.\exp\left[-\sum_{j=1}^{n}\rho_j(x_j-m_j)^2\right]$$

$$A,m_j \in \mathbb{R}, \quad \rho_j>0, \quad j=1,\ldots,n.$$

(I-2) - Soit $V:\mathbb{R}^3 \to \mathbb{R}$ une fonction continue à croissance polynomiale. Déterminer la représentation en impulsion de l'opérateur de multiplication par V, donné en position.

(I-3) - (a) Démontrer les relations de commutation de Heisenberg

(b) Etablir les formules de commutation suivantes:

$$[\mathcal{H}(x,-i\hbar\nabla_x), M_j(x,-i\hbar\nabla_x)] = 0, \quad j=1,2,3$$

$$[\tilde{M}_2,\tilde{M}_3] = i\hbar.\tilde{M}_1$$

$$[\tilde{M}_3,\tilde{M}_1] = i\hbar.\tilde{M}_2$$

$$[\tilde{M}_1,\tilde{M}_2] = i\hbar.\tilde{M}_3$$

où on a posé: $\tilde{M}_j = M_j(x,-i\hbar\nabla_x)$

(I-4) - (a) Montrer que l'énergie $\mathcal{H}_h = (-h^2/2m)\Delta+V$ et les moments cinétiques M_j, $j=1,2,3$ sont simultanément mesurables si et seulement si le potentiel V est radial ie ne dépend que de la distance à l'origine (supposer V de classe C^1 et passer en coordonnées polaires)

(b) En se restreignant à la sphère unité de $\mathbb{R}^3$, montrer que les valeurs possibles de $\mathcal{M}(x,-i\hbar\nabla_x)$ sont les nombres de la forme:

$$m_\ell = \hbar^2.\ell(\ell+1), \quad \ell \in \mathbb{N}$$ et que celles de M_3 sont données par:

$$q_\ell = \hbar.m, \quad m \in \mathbb{Z} \quad \text{(on peut trouver la solution dans BLO)}$$

(c) Montrer que les états d'énergie négative de l'atome d'hydrogène (exemple 1) sont complétement déterminés par les observables $\mathcal{H}_h$, $\mathcal{M}$ et M_3. Plus précisèment montrer qu'un état d'énergie $E_n < 0$ est complétement caractérisé par la donnée de trois nombres: n, ℓ, m où $n > 1$ est le nombre quantique principal, $\ell = 0,1,2,\ldots,n-1$ est le nombre quantique orbital (associé à la mesure de $\mathcal{M}$) et $m = 0, \pm1,\ldots,\pm\ell$ est le nombre quantique magnétique (associé à la mesure de M_3). (Solution dans [BLO] §49)

(I-5) - Soient $L^+ = x - \dfrac{d}{dx}$ et $L^- = x + \dfrac{d}{dx}$

(a) Montrer que $[L^-,L^+] = 2I$ et que $L^+.L^- = x^2 - \dfrac{d^2}{dx^2} - 1$

(b) On pose $\phi_0(x) = e^{-x^2/2}$ et on définit par récurrence sur $j \in \mathbb{N}$ la suite de fonctions: $\phi_{j+1} = L^+\phi_j$. Remarquer que $L^-\phi_0 = 0$ et que $L^-\phi_{j+1} = 2(j+1).\phi_j$ pour tout entier $j > 1$. En déduire que

$$\left(x^2 - \dfrac{d^2}{dx^2}\right)\phi_j = (2j+1)\phi_j \quad \text{pour tout } j \in \mathbb{N}.$$

(c) Montrer que $\{\phi_j\}_{j \in \mathbb{N}}$ est un système orthogonal total de $L^2(\mathbb{R})$ (on montrera d'abord que $\phi_j(x) = P_j(x).\phi_0(x)$ où p_j est un polynôme de degré j)

(d) Déduire de ce qui précéde le calcul des niveaux d'énergie $E_n(h,\omega)$ de l'oscillateur harmonique: $-(\hbar^2/2m)\dfrac{d^2}{dx^2} + (m\omega^2/2)x^2$.

(e) Déduire de ce qui précéde le calcul des niveaux d'énergie de l'oscillateur harmonique à n degrés de liberté:

$$\mathcal{H}_n = -\Delta + |x|^2.$$

Remarquer que $\mathcal{H}_n$ posséde une base orthonormale dans $L^2(\mathbb{R}^n)$ de vecteurs propres qui sont tous dans l'espace de Schwartz $\mathcal{S}(\mathbb{R}^n)$.

(I-6) - Montrer que si V est polynomiale de degré inférieur ou égal à deux, on a alors: $\langle\frac{\partial V}{\partial x}\rangle_{\psi(t)} = \frac{\partial V}{\partial x}(\langle x\rangle_{\psi(t)})$ pour tout $t \in \mathbb{R}$.

(I-7) - Ecrire l'équation de transport $(Tr)_1$ de la méthode B.K.W.

(II-1) - (a) Avec les notations du chapitre I (h=1) montrer que l'on a:

$$DL = 1/2.(XP+PX) = X.P + in/2 = P.X - in/2$$

(b) Montrer que l'opérateur différentiel DL est le générateur infinitésimal du groupe unitaire de $L^2(\mathbb{R}^n)$: $\theta \longrightarrow U_\theta$ défini par:

$$U_\theta f(x) = e^{n\theta/2}.f(e^\theta.x) \quad (\theta \in \mathbb{R},\ f \in L^2(\mathbb{R}^n))$$

(c) Montrer que DL est essentiellement autoadjoint (on pourra suivre la méthode utilisée dans la proposition (II-17).

(II-2) - Montrer que les exemples ① à ⑥ sont bien des transformations du type $I(a,\phi)$.

Pour ④ on pourra écrire:

$$e^{iq(x)}\cdot\psi(x) = \int\int e^{i((x-y)\cdot p + q(y))}\cdot\psi(y)\,dy\,dp$$

(II-3) - Pour $\varepsilon > 0$ sont $\Omega_\varepsilon = \{(x,\theta,y) \mid \nabla_\theta\phi(x,\theta,y)| \geq \varepsilon\}$ ϕ vérifiant (H_1), (H_2), (H_3) du §(II-2).

Soit $a \in \Gamma_\rho^\mu$, $\rho \in]0,1]$ tel que supp $a \subseteq \Omega_\varepsilon$. Montrer que le noyau K de l'opérateur $I(a,\phi)$ est C^∞ dans $\mathbb{R}^{2n}$ (Indication: intégrer par parties en θ).

(II-4) - Compléter la preuve de la proposition (II-7) et faire la démonstration de la remarque (II-8).

(II-5) - Compléter la preuve de la remarque (II-29)

(II-6) - Compléter les détails de la preuve de la proposition (II-30) et de la proposition (II-32).

(II-7) - Si A(h) et B(h) sont deux opérateurs fortement admissibles on désigne par $\{a(h), b(h)\}_q$ le symbole total *(exact)* de l'opérateur: $\frac{i}{h} [A(h), B(h)]$

(a) Montrer que pour $j=1,\ldots,n$ on a:

$$\{a(h),x_j\}_q\ (x,p)\ =\ \frac{\partial a}{\partial p_j}(h,x,p)$$

$$\{a(h),p_j\}_q\ (x,p)\ =\ -\ \frac{\partial a}{\partial x_j}(h,x,p).$$

(b) on pose:

$$M_j\ A(h)\ =\ \frac{i}{h}\ [A(h),X_j]$$

$$L_j\ A(h)\ =\ \frac{i}{h}\ [A(h),P_j].$$

Pour $k\geq 1$, $M_j^k\ A(h)\ =\ M_j(M_j(\ldots(M_jA)\ldots))$. De même on définit $L_j^k\ A(h)$. Enfin si $\alpha,\beta\in N$, on pose: $L^\alpha=L_1^{\alpha_1}\ldots L_n^{\alpha_n}$; $M^\beta=M_1^{\beta_1}\ldots M_n^{\beta_n}$

et $A^{(\alpha,\beta)}(h)\ =\ L^\alpha(M^\beta A)(h).$

Montrer que si $A(h)$ est de poids $(1,0)$ alors $A^{(\alpha,\beta)}(h)$ est un opérateur fortement admissible de poids $(1,0)$.

(c) Soient deux symboles $a,b\in \Sigma_o^m$, m étant un poids tempéré. On suppose que a ou b est polynomial de degré ≤ 2. Montrer que:

$$(op_h^W a).(op_h^W b)\ =\ op_h^W(c(h))$$

où

$$c(h;x,p)\ =\ a(x,p).b(x,p)\ -\ ih/2\ \{a,b\}\ (x,p)$$

$$-\ h^2/8\ \sum_{j=1}^n\ \left(\frac{\partial^2}{\partial y_j\partial p_j}\ -\ \frac{\partial^2}{\partial x_j\partial q_j}\right)^2\ (a(x,p).b(y,q))\Big|_{y=x;q=p}$$

En déduire que:

$$ih^{-1}[op_h^W a,op_h^W b]$$

a pour symbole de Weyl: $\{a,b\}$.

(II-8) - Soit $A = \mathrm{op}^W a$, $a \in \Sigma_o^m$. On désigne par A^* l'adjoint formel de A (ie $\langle A^*u,v\rangle = \langle u,Av\rangle$ pour tous $u,v \in \mathcal{S}(\mathbb{R}^n)$ où $\langle\ ,\ \rangle$ désigne le produit scalaire dans $L^2(\mathbb{R}^n)$). Montrer que $A^* = \mathrm{op}^W(\bar{a})$ et en déduire que A est symétrique si et seulement si a est à valeurs réelles.

(II-9) - Soit ϕ une transformation orthogonale de $\mathbb{R}^n$. Pour $f \in \mathcal{S}(\mathbb{R}^n)$ on pose: $(\phi^* f)(x) = f(\phi^{-1}(x))$. Montrer que si $A=\mathrm{op}^W a$, $a \in \Sigma_o^m$ alors $\phi^{*-1}.A.\phi^* = \mathrm{op}^W(a \circ \tilde{\phi})$ où $\tilde{\phi}(x,p) = (\phi x,\phi p)$. En particulier A commute avec ϕ^* si et seulement si a est invariant par $\tilde{\phi}$.

(II-10) - On désigne par $\mathcal{F}_j$ la transformation de Fourier partielle par rapport à la variable x_j dans $\mathcal{S}(\mathbb{R}^n)$, $j=1,\ldots,n$. Soit a un symbole, $a \in \Sigma_o^m$.
Montrer que:

$$\mathcal{F}_j^{-1}.(\mathrm{op}^W a).\,\mathcal{F}_j = \mathrm{op}^W(\tilde{a}^j)$$

où

$$\tilde{a}^{(j)}(x;p) = a(x_1,\ldots,x_{j-1},p_j,x_{j+1},\ldots,x_n;\ p_1,\ldots,p_{j-1},-x_j,p_{j+1},\ldots,p_n).$$

En particulier si $\mathcal{F}$ désigne la transformation de Fourier totale on a:

$$\mathcal{F}^{-1}(\mathrm{op}^W a)\,\mathcal{F} = \mathrm{op}^W(\tilde{a}) \quad \text{où}\quad \tilde{a}(x,p) = a(p,-x).$$

Indication: on pourra utiliser l'une des deux méthodes suivantes:

① - Méthode directe n'utilisant que la définition de $op^w a$

② - Utiliser les résultats du §6: se ramener à calculer $\mathcal{F}_j . S_{(x^o,p^o)} . \mathcal{F}_j^{-1}$ et montrer que cet opérateur est de la forme $S_{(x^1,p^1)}$ où on calculera (x^1,p^1) en fonction de (x^o,p^o).

(II-11) - Donner une démonstration directe de l'inégalité (81).

(II-12) - Pour tout symbole $a \in \Sigma_o^m(\mathbb{R}^{2n})$ (m: poids tempéré) on pose:

$$(op_{hs}^w a)\psi(x) = \int \int e^{i\langle x-y,p\rangle} a(h^{1/2} . (\frac{x+y}{2}, h^{1/2} . p) \psi(y) dy dp$$

pour $\psi \in \mathcal{S}(\mathbb{R}^n)$.

Montrer que:

$$op_{hs}^w a = T_h . (op_h^w a) . T_h^{-1}$$

où T_h est l'opérateur unitaire de $L^2(\mathbb{R}^n)$:

$$T_h f(x) = h^{n/4} . f(h^{1/2} x).$$

(II-13) - Considéron deux espaces de Hilbert complexes H et V. On suppose qu'il existe une injection continue de V dans H et que V est un sous espace vectoriel dense dans H. On désigne respectivement par $(,)_H$ et $(,)_V$ les produits scalaires dans H (resp V).

(a)   En identifiant   H   et son antidual montrer que l'on a une injection canonique continue de   H   dans l'antidual   V'   de   V et que   H   est dense dans   V'.

(b)   Montrer qu'il existe $G \in \mathcal{L}(V',V)$ telle que $(u,v)_H = (Gu,v)_V$ pour $u \in H$ et $v \in H$ et $u(v) = (Gu,v)_V$ pour tout $u \in V'$ et tout $v \in V$.

(c)   Montrer que la restriction de   G   à   H   définit un opérateur positif, que   G   est un isomorphisme de   V'   sur   V   et que   G(H)   est dense dans   H.

(d)   Montrer que $G^{1/2}$ induit un isomorphisme de   H   sur   V et un isomorphisme de   V'   sur   H. (Remarquer que $G^{1/2}$ est une isométrie de   G(H)   dans   V).

(II-14) —   (Suite de (II-13)).

On conserve les notations de (II-12). On   suppose   maintenant:

(i) $H = L^2(\Omega, d\mu)$ où Ω est un espace localement   compact dénombrable à l'infini muni de la mesure de Radon positive $d\mu$

(ii)   Il existe une injection compacte $V \hookrightarrow C(\Omega)$, $C(\Omega)$ désignant l'espace des fonctions continues sur Ω

(iii) Il existe $\chi: \Omega \longrightarrow [0,+\infty[$, mesurable telle que

$$|u(x)| \leq \chi(x) \, ||u||_V \quad \text{pour tout} \quad u \in V.$$

(a)   Montrer que pour tout opérateur $A \in \mathcal{L}(H)$ il   existe une application continue $x \longmapsto F_x$ de Ω dans   H   telle   que

$(G^{1/2}.A)u(x) = (u,F_x)_H$ pour tout $u \in H$ et tout $x \in \Omega$.

Montrer que $||F_x||_H \leq \chi(x) \cdot ||A||_{\mathcal{L}(H)}$ pour tout $x \in \Omega$.
Soit $T \in \mathcal{L}(V',V)$.

(b) Montrer que T est un opérateur intégral dans $L^2(\Omega)$, de noyau K continue sur $\Omega \times \Omega$ et

$$|K(x,y)| \leq \chi(x).\chi(y).||T||_{\mathcal{L}(V',V)} \quad \text{pour tout } (x,y) \in \Omega \times \Omega.$$

On suppose de plus que $\chi \in L^2(\Omega,d\mu)$.

(c) Montrer que T est de classe trace et que l'on a:

(c_1) $\quad \text{tr } T = \int K(x,x) \, d\mu(x).$

(c_2) $\quad ||T||_{tr} \leq \left(\int \chi^2(x) d\mu(x) \right) . ||T||_{\mathcal{L}(V',V)}.$

(II-15) $-$ $m \in \mathbb{N}$, $B^m = \{u \in L^2(\mathbb{R}^n) \mid x^\alpha . \partial_x^\beta u \in L^2(\mathbb{R}^n) \text{ pour } |\alpha| + |\beta| \leq m\}$

(a) Montrer que B^m est un espace de Hilbert pour le produit scalaire:

$$(u,v)_m = \sum_{|\alpha|+|\beta| \leq m} \left(\int_{\mathbb{R}^n} x^{2\alpha} . \partial_x^\beta u . \overline{\partial_x^\beta v} . dx \right)$$

et que $\mathcal{S}(\mathbb{R}^n)$ est dense dans B^m.

(b) On pose $\lambda(x,p) = (1+|x|^2+|p|^2)^{1/2}$.
Montrer que pour tout entier $m \geq 1$, $op^w(\lambda^{-m})$ se prolonge en un opérateur linéaire continu de $L^2(\mathbb{R}^n)$ dans B^m et de B^{-m} dans $L^2(\mathbb{R}^n)$ où $B^{-m} = (B^m)'$.

-279-

(c) Déduire de (a) que l'on a, pour $m \in \mathbb{N}$,

$$B^m = \{ u \in L^2(\mathbb{R}^n) \mid op^W(\lambda^m)u \in L^2(\mathbb{R}^n) \}$$

et que la norme $||.||_m$ sur B^m est équivalente à:

$$|||u|||_m = (||u||_0^2 + ||op^W(\lambda^m)u||_0^2)^{1/2}$$

(Considérer $op^W(\lambda^{-m}) \circ op^W(\lambda^m) - I$).

(d) Déduire de (c) que pour tout $m \geq 1$ l'injection de B^m dans $L^2(\mathbb{R}^n)$ est compacte.

(e) Déduire de (c) que si $m > n/2$ alors on a une injection continue de B^m dans $C(\mathbb{R}^n)$ (espace des fonctions continues sur $\mathbb{R}^n$) et qu'il existe $\gamma(m,n) > 0$ telle que:

$$|u(x)| \leq \gamma(m,n)(1+|x|)^{n/2-m} \cdot ||u||_m$$

pour tout $u \in B^m$ et tout $x \in \mathbb{R}^n$.

Indication: écrire $u = op_0(\mu_m)f$ avec $f \in L^2(\mathbb{R}^n)$ et $\mu_m \in \Sigma_1^{-m}$.

(f) En procédant comme dans (e) montrer que si $m > \dfrac{n}{2}$ il existe $\tilde{\gamma}(m,n) > 0$ telle que:

$$|u(x+\delta)-u(x)| \leq \tilde{\gamma}(m,n)|\delta|(1+|x|)^{n/2+1-m}||u||_{B^m}$$

pour tout $u \in B^m$, tout $x \in \mathbb{R}^n$ et tout $\delta \in \mathbb{R}^n$.

En déduire que l'injection: $B^m \hookrightarrow C(\mathbb{R}^n)$ est compacte pour $m > n/2$.

(g) Soit $T \in \mathcal{L}(L^2(\mathbb{R}^n))$. On suppose que T se prolonge en un opérateur linéaire continu de B^{-m} dans B^m. Prouver:

(g_1) Si $m>n$ alors T est un opérateur de classe trace dans $L^2(\mathbb{R}^n)$ et admet un noyau K_T continu sur $\mathbb{R}^n_x \times \mathbb{R}^n_y$. De plus on a:

$$|K_T(x,y)| \leq \gamma(m,n)[(1+|x|)(1+|y|)]^{n/2-m}.||T||_{\mathcal{L}(B^{-m},B^m)}$$

pour tout $T \in \mathcal{L}(B^{-m},B^m)$ et tout $(x,y) \in \mathbb{R}^n_x \times \mathbb{R}^n_y$

(g_2) Si $m>n+k$, k entier ≥ 1, alors le noyau $K_T(x,y)$ est k fois continûment différentiable en (x,y) et il existe $\gamma(k,m,n)>0$ telle que:

$$|\partial_x^\alpha \partial_y^\beta K_T(x,y)| \leq \gamma(k,m,n)[(1+|x|)(1+|y|)]^{n/2+k-m}.||T||_{\mathcal{L}(B^{-m},B^m)}$$

pour $|\alpha+\beta| \leq k$, $(x,y) \in \mathbb{R}^n_x \times \mathbb{R}^n_y$, $T \in \mathcal{L}(B^{-m},B^m)$.

(II-16) - Soit $A \in \mathcal{L}(\mathcal{S}(\mathbb{R}^n), \mathcal{S}'(\mathbb{R}^n))$ de symbole de Weyl $a \in \mathcal{S}'(\mathbb{R}^n \times \mathbb{R}^n)$.

Montrer que si $a \in L^1(\mathbb{R}^n \times \mathbb{R}^n)$ alors A induit un opérateur compact dans $L^2(\mathbb{R}^n)$ (procéder par troncature et régularisation à partir du lemme (II-52)).

(II-17) - (a) Montrer que $\mathcal{H}_n+1$ est un isomorphisme de B^1 sur B^{-1} puis de B^2 sur $L^2(\mathbb{R}^n)$ enfin de B^{k+2} sur B^k pour tout $k \in \mathbb{Z}$ (commencer par $k\geq0$). En déduire que pour tout $m \in \mathbb{N}$ et pour tout $k \in \mathbb{Z}$, $\mathcal{H}_n^m+1$ est un isomorphisme de B^{k+2m} sur B^k.

(b) On désigne par $(\phi_j)_{j \in \mathbb{N}^n}$ la base orthonormale des

fonctions d'Hermite (lemme (II-54)).

Montrer que $u \in B^m$ $(m \in \mathbb{Z})$ si et seulement si on a:

$$u \in \mathcal{S}'(\mathbb{R}^n) \quad \text{et} \quad \sum_{j \in \mathbb{N}^n} (1+|j|^2)^m . |(u,\phi_j)|^2 < + \infty.$$

Montrer que $u \longmapsto (\sum_{j \in \mathbb{N}^n}(1+|j|^2)^m.|(u,\phi_j)|^2)^{1/2}$ est une

norme équivalente à $||.||_m$ sur B^m. (Commencer par traiter

le cas $m \geq 0$).

(c) Soit $m > n$ et soit $R \in \mathcal{L}(B^{-m}, B^m)$. On pose: $R_N = \sum_{|j| \leq N} R\phi_j \otimes \phi_j$.

Montrer que $\lim_{N \to +\infty} R_N = R$ dans $\mathcal{L}(B^{k-m}, B^{m-k})$ pour tout $k > n$.

(d) Utiliser les résultats de (II-13) et ce qui précède pour

montrer que si $R \in \mathcal{L}(\mathcal{S}'(\mathbb{R}^n), \mathcal{S}(\mathbb{R}^n))$ alors le symbole   de

Weyl de R_N converge vers le symbole de Weyl de R dans

$\mathcal{S}(\mathbb{R}^n_x \times \mathbb{R}^n_p)$.

(e) A l'aide de ce qui précède compléter la preuve   de   la

proposition (II-56).

(II-18) - Soit $P_k = \sum_{|j| \leq k} \phi_j \otimes \phi_j$ (projecteur orthogonal sur

l'espace engendré par $(\phi_j)_{|j| \leq k}$) et soit $A \in \mathcal{L}(\mathcal{S}(\mathbb{R}^n), \mathcal{S}'(\mathbb{R}^n))$

Montrer qu'il existe un entier $M \geq 1$ tel que les opérateurs:

$\mathcal{H}_n^{-M}.A_k.\mathcal{H}_n^{-M}$, $\mathcal{H}_n^{-M+1}.[A_k,D_{x_j}].\mathcal{H}_n^{M-1}$ et $\mathcal{H}_n^{-M+1}[A_k,x_j].\mathcal{H}_n^{M-1}, 1 \leq j \leq n$,

convergent en norme trace, lorsque $k \longrightarrow + \infty$, respectivement

vers: $\mathcal{H}_n^{-M}.A.\mathcal{H}_n^{-M}, \mathcal{H}_n^{-M+1}.[A,D_{x_j}].\mathcal{H}_n^{-M+1}$, $\mathcal{H}_n^{-M+1}.[A,x_j].\mathcal{H}_n^{-M+1}$.

(II-19) - Démontrer les propriétés (98) et (99).

(II-20) - Soit $T: L^2(\mathbb{R}^n) \longrightarrow L^2(\mathbb{R}^n)$ un opérateur de classe trace. Montrer que $\lim\limits_{k\to+\infty} ||P_k.T.P_k-T||_{tr}=0$ où $(P_k)_{k\geq 0}$ est la suite de projecteurs définis dans (II-18) (on commencera par montrer que si $R: L^2(\mathbb{R}^n) \longrightarrow L^2(\mathbb{R}^n)$ est de classe Hilbert-Schmidt alors $R.P_k$ et P_kR convergent vers R en norme Hilbert-Schmidt).

Notons que ces résultats sont valables pour tout espace de Hilbert séparable H et où $(P_k)_{k\geq 0}$ est une suite de projecteurs qui convergent fortement vers l'identité sur H.

(II-21) - (a) Vérifier que pour tout entier $k \geq 1$ on a:

$$op^W((I-\Delta)^{-k}.\delta_{(0,0)}) = op^W J_k$$

où Δ désigne l'opérateur de Laplace dans $\mathbb{R}^n_x \times \mathbb{R}^n_p$ et J_k le noyau de convolution défini par (91). En déduire la preuve de (100).

(b) Soit $N \geq 0$ et $(A_m)_{m \geq 1}$ une suite de $\mathcal{L}(B^N, B^{-N})$ telle que $\lim\limits_{m\to+\infty} A_m = A$ dans $\mathcal{L}(B^N, B^{-N})$. Montrer que $\lim\limits_{m\to+\infty} \sigma^W A_m = \sigma^W A$ dans $\mathcal{S}'(\mathbb{R}^n_x \times \mathbb{R}^n_p)$.

(c) Si $b \in C(\mathbb{R}^n_x \times \mathbb{R}^n_p)$ on pose:

$$\mathcal{T}_{y,q} b(x,p) = b(x+y, p+q); \quad (y,q) \in \mathbb{R}^n_x \times \mathbb{R}^n_p.$$

Montrer que pour tout $A \in \mathcal{L}(L^2(\mathbb{R}^n))$ et tout $k > 3n+2$. On a:

$$tr[A.op^W(J_k * \check{b})] = \int \int tr[A.op^W(\ell_{y,q}J_k)].b(y,q)\,dy\,dq$$

pour tout $b \in \mathcal{S}(\mathbb{R}^n_x \times \mathbb{R}^n_p)$.

(On commencera par prouver cette égalité pour $A \in \mathcal{L}(\mathcal{S}'(\mathbb{R}^n), \mathcal{S}(\mathbb{R}^n))$
puis on utilisera (II-18).

(d) Déduire de ce qui précéde la preuve du corollaire (II-66).

(II-22) - Soit $a \in \Sigma^m_o$ où le poids m vérifie: $m \in L^1(\mathbb{R}^n_x \times \mathbb{R}^n_p)$.
On suppose que a est à valeurs réelles.

(a) Montrer que pour tout polynôme p en une variable tel que
$p(0)=0$ on a:

$$\lim_{h \to 0}(2\pi h)^n . tr[p(op^W_h a)] = \int \int p(a(x,p))\,dx\,dp$$

(b) Soit $f: \mathbb{R} \longrightarrow \mathbb{C}$ une fonction continue telle que $f(0)=0$
et que f soit dérivable en 0.
On suppose de plus que $a \in L^\infty(\mathbb{R}^n_x \times \mathbb{R}^n_p)$.
Montrer que l'on a alors:

$$\lim_{h \to 0}(2\pi h)^n . tr[f(op^W_h a)] = \int \int f(a(x,p))\,dx\,dp.$$

Rappelons le résultat classique suivant:
Soit $A: H \longrightarrow H$ un opérateur linéaire, compact, autoadjoint,
dans l'espace de Hilbert H. Pour toute fonction $f: \mathbb{R} \longrightarrow \mathbb{C}$,
f bornée, on définit $f(A) \in \mathcal{L}(H)$ de la manière suivante: on
diagonalise A dans une base orthonormale $\{e_j\}_{j \geq 0}$:

$$A = \sum_{j=0}^{\infty} \lambda_j . (e_j \otimes \check{e}_j) \quad \text{et on pose:} \quad f(A) = \sum_{j=0}^{\infty} f(\lambda_j).e_j \otimes \check{e}_j.$$

-284-

Il est facile de vérifier que $f(A) \in \mathcal{L}(H)$.

(c) Pour t>0 on pose:

$$V_a^+(t) = \iint_{\{a(x,p)>t\}} dxdp \quad \text{et} \quad V_a^-(t) = \iint_{\{a(x,p)<-t\}} dxdp$$

$$N_h^+(t) = tr[Y(A(h)-t)] \quad \text{et} \quad N_h^-(t) = tr[Y(-A(h)-t)]$$

on suppose de plus que $a \in L^\infty(\mathbb{R}_x^n \times \mathbb{R}_p^n)$.

Montrer que si t est un point de continuité de V_a^+ on a

alors: $\lim_{\substack{h\to 0 \\ h>0}} ((2\pi h)^n . N_h^+(t)) = V_a^+(t)$ et que si t est un point de

continuité de $V_a^-(t)$ on a:

$$\lim_{\substack{h\to 0 \\ h>0}} ((2\pi h)^n . N_h^-(t)) = V_a^-(t).$$

(d) Etendre les résultats de (c) en remplaçant l'hypothèse $m \in L^1(\mathbb{R}_x^n \times \mathbb{R}_p^n)$ par $m \in L^r(\mathbb{R}_x^n \times \mathbb{R}_p^n)$, $1 \leq r < +\infty$.

(III-1) - Soit A un opérateur (non borné) et autoadjoint dans un espace de Hilbert H séparable. On suppose de plus que A est à résolvante compacte.

On désigne par $\{e_j\}_{j\geq 1}$ une base orthonormale de vecteurs propres de A. On a donc $Ae_j = \lambda_j . e_j$, $\lambda_j \in \mathbb{R}$.

(a) Montrer que $u \in D(A)$ si et seulement si

$$\sum_{j=1}^\infty |\lambda_j|^2 |<u,e_j>|^2$$

(b) Soit $f: \mathbb{R} \longrightarrow \mathbb{C}$ une fonction (quelconque).

(b_1) Montrer que l'on définit un opérateur $f(A)$ de domaine:

$$D(f(A)) = \{u \in H \mid \sum_{j=1}^{\infty} |f(\lambda_j)|^2 |(u,e_j)|^2 < + \infty\}$$

en posant: $f(A).e_j = f(\lambda_j)e_j$.

(b_2) Montrer que $D(f(\overset{*}{A})) = D(f(A))$ et que $f(\overset{*}{A}) = \bar{f}(A)$.

(b_3) Montrer que si f est bornée alors $f(A) \in \mathcal{L}(H)$

(c) On suppose qu'il existe $C,N>0$ tels que:

$$|\lambda_j| \le C(1+j)^N \quad \text{pour tout} \quad j \ge 1.$$

Montrer que: $\varphi \longmapsto tr(\hat{\varphi}(A))$ définit une distribution tempérée

sur $\mathbb{R}$ que l'on note: "$tr(e^{-itA})$".

$(III-2)$ - (a) Compléter la preuve de la proposition (III-5)

(b) Soit $A(h)$ un opérateur h-admissible vérifiant $(H_1),(H_2)$

et (H_3). On suppose de plus que

$$\lim_{|x|+|p| \to +\infty} a_o(x,p) = + \infty.$$

Montrer que pour toute fonction f, continue, à support compact,

$f: \mathbb{R} \longrightarrow \mathbb{R}$, on a:

$$\lim_{h \to 0} (2\pi h)^n . tr[f(A(h))] = \int \int f(a_o(x,p)) dx dp.$$

(Utiliser la proposition (III-5) et la méthode de l'exercice

(II-20).

(c)   Sous les conditions de   (b)   on pose:

$$V(t) = \iint_{\{a_o(x,p)<t\}} dxdp \ .$$

Déduire de   (c)   que si λ est un point de continuité pour   V

on a alors:

$$\lim_{h\to 0} (2\pi h)^n \ tr\left[Y(\lambda-A(h))\right] = V(\lambda).$$

(III-3) -   Vérifier que les exemples (III-15) satisfont bien aux

hypothèses (H_1), $(\tilde{H}_2)$ et (H_3).

(III-4) -   Compléter la preuve de la proposition (III-16): établir

en particulier l'équicontinuité sur $\mathcal{Y}(]E_1,E_2[)$ des restes.

(III-5) -   On se place sous les hypothèses de la proposition (III-16).

(a)   Montrer que pour toute fonction continue $f: [E_1,E_2] \longrightarrow \mathbb{R}$

on a:

$$\lim_{h\to 0} (2\pi h)^n . tr\left[f(A(h))\right] = \iint f(a_o(x,p))\,dxdp$$

(b)   Pour $\lambda_1,\lambda_2 \in [E_1,E_2]$, $\lambda_1<\lambda_2$ on pose:

$$V(\lambda_1,\lambda_2) = \iint_{\{\lambda_1\leq a_o(x,p\leq\lambda_2\}} dxdp \ .$$

On suppose que $V(.,\lambda_2)$ est continue en E_1 et que $V(\lambda_1,.)$

est continue en E_2.

Déduire de   (a)   que l'on a:

$$\lim_{h\to 0} (2\pi h)^n \, \mathrm{tr}\left[1_{[E_1,E_2]}(A(h))\right] = V(E_1,E_2)$$

(c) Soit $B(h) = op_h^w b$, $b \in \Sigma_0^1$. Montrer que pour toute fonction

f: $[E_1,E_2] \longrightarrow \mathbb{R}$ continue on a:

$$\lim_{h\to 0} (2\pi h)^n . \mathrm{tr}\left[B(h).f(A(h))\right] = \iint b(x,p).f(a_0(x,p))\,dxdp$$

et en déduire que sous les conditions de (b) on a:

$$\lim_{h\to 0} (2\pi h)^n . \mathrm{tr}\left[B(h).1_{[E_1,E_2]}(A(h))\right] = \iint_{\{E_1 \leq a_0(x,p) \leq E_2\}} b(x,p)\,dxdp.$$

(III-6) - Soit $A = op^w a$, $a \in \Sigma_\rho^m$, $\rho \in \,]0,1[$, m est un   poids

tempéré. On suppose:

(i)   a est réelle, $\displaystyle\operatorname*{Min}_{\mathbb{R}^{2n}} a \geq \gamma_1 > 0$ et a est un poids tempéré.

(ii) $a \in \Sigma_\rho^a$

(a) Montrer qu'il existe γ_0 réel   telle que:

$$(Au,u) \geq \gamma_0 . ||u||^2 \quad \text{pour tout}\quad u \in \mathcal{S}(\mathbb{R}^n)$$

(revoir la preuve de la proposition (III-4)).

Déduire de ce qui précéde que l'on a:

(iii) $(Au,u) \geq \gamma_0||u||^2$ pour tout $u \in D(A)$ où D(A) désigne

le domaine de l'unique extension autoadjointe de A.

Dans la suite on suppose que (iii) a lieu avec $\gamma_0 = \gamma_1$.   On

désigne par $b_{z,j}$, $z \in \mathbb{C} \setminus [\gamma_1, +\infty[$, $j \in \mathbb{N}$ la famille de symboles

définie par (31) et (32) en posant $a_0 = a$ et $a_k = 0$ pour

$k \geq 1$. On pose:

$$B_{z,M} = \sum_{j=0}^{M} b_{z,j}, \quad M \in \mathbb{N}$$

et $d(z) = \mathrm{dist}(z, [\gamma_1, +\infty[)$.

(b) Montrer que pour tout $j \in \mathbb{N}$ et tout $\alpha, \beta \in \mathbb{N}^n$, il existe $c_{j,\alpha,\beta} > 0$ telle que :

$$|\partial_p^\alpha \partial_x^\beta b_{z,j}| \leq c_{j\alpha\beta} |b_{o,z}| . (\lambda^{-\rho} \frac{|z|}{d(z)})^{|\alpha|+|\beta|+2j}$$

où $\lambda^{-\rho} = \lambda(x,p)^{-\rho} = (1+|x|^2+|p|^2)^{-\rho/2}$

(on procédera comme dans la preuve du lemme (3-6). On pose :

$$\Delta_{z,N} = (A-z) . B_{z,N} - I$$

où $N \in \mathbb{N}$, $z \in \mathbb{C} \setminus [\gamma_1, +\infty[$.

(c) Montrer que $\Delta_{z,N} = \mathrm{op}^W(\delta_{z,N})$ où

$$\delta_{z,N} \in \Sigma_\rho^{1,-2(N+1)\rho}$$

et vérifie l'estimation suivante :

$$|\partial_p^\alpha \partial_x^\beta \delta_{z,N}| \leq c_{N,\alpha,\beta} (\frac{a}{d(z)})^i . (\frac{|z|}{d(z)})^{q_o(N)} . \lambda^{-\rho(2N+2+|\alpha|+|\beta|)} .$$

Pour $i=0$ et 1; $c_{N,\alpha\,\beta}$ et $q_o(N)$ étant des constantes indépendantes de $z \in \mathbb{C} \setminus [\gamma_1, +\infty[$ et de $(x,p) \in \mathbb{R}^{2n}$.

(d) Montrer que l'on a :

$$||(A-z)^{-1} - B_{z,N}||_{\mathcal{L}(B^{-k_i(N)}, B^{k_i(N)})} \leq \frac{c_1(N)}{d(z)^i} (\frac{|z|}{d(z)})^{q_1(N)} .$$

Pour $i=0,1$, $k_i(N)=\rho(N+1)-mi/2$, pour tout $z \in \mathbb{C} \setminus [\gamma_1,+\infty[$ où $c_1(N)$ et $q_1(N)$ ne dépendent que de N.

(e) Soit A^s, Res<0, l'opérateur défini par une intégrale de Cauchy comme dans (43). On pose:

$$a_N^{(s)} = \sum_{j=0}^{N} a_{s,j}$$

où

$$a_{s,j} = i(2\pi)^{-1} . \int_{Z_\theta} z^s . b_{z,j} \, dz.$$

Montrer que l'on a:

$$\left\| A^s - op^W(a_N^{(s)}) \right\|_{\mathcal{L}(B^{-\rho(N+1)/2}, B^{\rho(N+1)/2})} \leq c_2(N) . \gamma_1^{Res} . (Res)^{-1} (1+|Ims|)^{q_2(N)}$$

pour Res<0 où $c_2(N)$, $q_2(N)$ ne dépendent que de N.

(f) Soit $f \in S_+^r$, $r \in \mathbb{R}$. Montrer que $f(A) = op^W(a_f)$ avec $a_f \in \Sigma_\rho^{a^r}$ et déterminer un développement asymptotique de a_f. (On commencera par traiter le cas $r<0$ en suivant la méthode utiliseé dans la preuve du théorème (III-11) et on utilisera également les résultats du problème (II-13) (g_2)).

(III-7) - (suite de III-6).

(a) Montrer que l'on a:

$$b_{z,j} = \sum_{k=1}^{2j-1} d_{jk} . (a-z)^{-k-1}$$

où les symboles d_{jk} sont indépendants de z et vérifient:

$$|\partial_x^\alpha \partial_p^\beta d_{jk}| \leq C_{j,k}(\alpha,\beta).a^k.\lambda^{-\rho(|\alpha|+|\beta|+2j)}.$$

Dans la suite on suppose que a vérifie:

(iv) $a(x,p) \geq \gamma_1(1+|x|+|p|)^\delta$ sur $\mathbb{R}^{2n}$ où $\gamma_1,\delta>0$.

(b) Montrer que pour tout $t>0$, e^{-tA} est un opérateur de classe trace dans $L^2(\mathbb{R}^n)$.

(c) On pose $F(t) = \iint e^{-ta(x,p)}dxdp$ pour $t>0$.

(c_1) Montrer que $F(t) = 0(t^{-2n/\delta})$, $t\to 0$, $t>0$

(c_2) Montrer que pour tout $k\geq 1$ et pour tout $\varepsilon>0$ on a:

$$t^k. \iint a^{k-\varepsilon}.e^{-ta}dxdp = o(F(t)), \quad t\to 0, \quad t>0$$

(on pourra utiliser une inégalité de convexité pour:

$$\theta \longmapsto \iint e^{-\theta.t.a}dxdp, \quad \tfrac{1}{2}<\theta<1, \text{ en choisissant } \theta \text{ proche de 1)}$$

(d) Déduire des résultats précédants que l'on a:

$$\mathrm{tr}(e^{-tA}) = F(t)(1+o(1)), \quad t\to 0, \quad t>0$$

(e) Déduire de ce qui précéde:

$$\mathrm{tr}((op^w b)e^{-tA}) = \iint be^{-ta}dxdp + o(F(t))$$

et

$$\lim_{\substack{t\to 0 \\ t>0}}\left[\mathrm{tr}(e^{-tA}))^{-1}.\mathrm{tr}((op^w b)e^{-tA}) - F(t)^{-1}\iint be^{-ta}dxdp\right] = 0$$

pour tout symbole $b \in \Sigma_\rho^1$.

(f) Montrer que les résultats précédents s'appliquent à

$$A = -\Delta + |x|^{2k}, \quad k \text{ entier} \geq 1, \; x \in \mathbb{R}^n$$

et à

$$A = - \left(\frac{\partial^2}{\partial x^2} + \frac{\partial^2}{\partial y^2}\right) + x^2 + y^4.$$

Pour chacun de ces opérateurs déterminer le réel

$$\alpha > 0 \quad \text{tel que} \quad \lim_{\substack{t \to 0 \\ t > 0}} t^\alpha . \mathrm{tr}(e^{-tA}) = \gamma, \; \gamma > 0.$$

(III-8) - On conserve les hypothèses de (III-6) et (III-7). On désigne par $K(t,x,y)$ le noyau de e^{-tA}.

(a) Montrer que $K \in C^\infty(]0,+\infty[\times \mathbb{R}^{2n})$ et que pour tout $t > 0$, $\dfrac{\partial^j}{\partial t^j} . K(t,.,.) \in \mathcal{S}(\mathbb{R}^{2n})$, pour tout $j \in \mathbb{N}$.

(b) Déduire de (a) que les fonctions propres de A sont dans l'espace $\mathcal{S}(\mathbb{R}^n)$.

(III-9) - Soit g une transformation isométrique linéaire de $\mathbb{R}^n$. On fait agir g sur $L^2(\mathbb{R}^n_x)$ par:

$$\tilde{g}.u(x) = u(g^{-1}.x).$$

Soit $b \in \mathcal{S}(\mathbb{R}^n_x \times \mathbb{R}^n_p)$. Posons: $L(h;b) = \mathrm{tr}((\mathrm{op}_h^w b).\tilde{g})$

(a) Montrer que l'on a:

$$L(h;b) = \int\!\!\int b\left(\frac{g^{-1}.x+x}{2},p\right) e^{-ih^{-1}\langle g^{-1}.x-x,p\rangle} dx\, d_h p$$

pour tout $h>0$

(b) On désigne par $F(g)$ l'ensemble des points fixes de g. On suppose que $g\neq Id$. Montrer que $L(h;b)$ admet un développement asymptotique de la forme:

$$L(h;b) \sim (2\pi h)^{-m}. \sum_{j=0}^{\infty} h^j L_j(b)$$

où

$$L_j \in \mathcal{S}'(\mathbb{R}^n_x\times\mathbb{R}^n_p) \quad \text{et} \quad \text{Supp}\ L_j \subseteq F(g)\times F(g)$$

pour tout $j\in\mathbb{N}$. On a en particulier:

$$L_0(b) = \left|\det(g-Id)\big|_{F(g)^\perp}\right|^{-1} \int\!\!\int_{F(g)\times F(g)} b(x',p')dx'dp'.$$

Indications: Remarquer que $F(g)$ et $F(g)^\perp$ (orthogonal de $F(g)$ dans $\mathbb{R}^n$) sont invariants par g, décomposer $\mathbb{R}^n_x\times\mathbb{R}^n_p=(F(g)\times F(g))\oplus(F(g)^\perp\times F(g)^\perp)$ et appliquer la proposition (II-26).

Dans la suite de ce problème on suppose connues les notions de la théorie des représentations des groupes finis ([SER]). Soit G un sous groupe fini du groupe des isométries linéaires de $\mathbb{R}^n$.

Soit χ_j, $j=1,\ldots,k$ les caractères irréductibles de G.   On désigne par $n_j=\chi_j(Id)$ la dimension de χ_j et par $|G|$ le cardinal de G. On pose:

$$P_j = \frac{n_j}{|G|} \sum_{g \in G} \overline{\chi_j(g)} \cdot \tilde{g}.$$

On sait (cf [SER]) que $\sum_{j=1}^{k} P_j = \mathrm{Id}$ et que $(P_j)_{1 \le j \le k}$ est une famille de projecteurs orthogonaux de $L^2(\mathbb{R}^n)$.

On se place sous les hypothèses de la proposition (II-16). On suppose de plus que $[A(h), \tilde{g}] = 0$ pour tout $h \in]0, h_o]$ et tout $g \in G$. On désigne par $A^{(j)}(h)$ la restriction de $A(h)$ à Im P_j, $j=1,\ldots,k$ et par $(\lambda_\ell^{(j)}(h))_{1 \le \ell \le N_I^{(j)}(h)}$ la suite des valeurs propres (avec multiplicités) de $A^{(j)}(h)$ dans l'intervalle $I = [E_1, E_2]$.

(c) Montrer pour tout $f \in C_o^\infty(]E_1 - \varepsilon_o, E_2 + \varepsilon_o[)$ on a:

$$\mathrm{tr}\ f(A^{(j)}(h)) = \frac{n_j^2}{|G|} \cdot (2\pi h)^{-n} \int\int f(a_o(x,p))\,dxdp + \underset{h \to 0}{O(h^{1-n})}$$

(d) Montrer que sous la condition (b) du problème (III-5) on a:

$$\lim_{h \to 0}(2\pi h)^n \cdot N_I^{(j)}(h) = \frac{n_j^2}{|G|} \mathrm{Vol}_{\mathbb{R}^{2n}}(a_o^{-1}(I)).$$

(IV-1) - Soit a un symbole polynomial de degré ≤ 2 sur $\mathbb{R}_x^n \times \mathbb{R}_p^n$ à coefficients réels. On désigne par ϕ^t le flot hamiltonien associé.

(a) Montrer que pour tout $t \in \mathbb{R}$, ϕ^t est un isomorphisme affine de $\mathbb{R}_x^n \times \mathbb{R}_p^n$. Déterminer ϕ^t pour $a(x,p) = 1/2(|x|^2 + |p|^2)$.

(b) Soit $b \in \Sigma_0^m$ un symbole de poids m. On suppose que $op_h^w a$ est essentiellement autoadjoint dans $L^2(\mathbb{R}^n)$ à partir de $\mathcal{S}(\mathbb{R}^n)$ (voir problèmes (IV-12) et (IV-13)). Montrer que:

$$e^{ith^{-1}.op_h^w a}.(op_h^w b).e^{-ith^{-1}.op_h^w a} = op_h^w(b \circ \phi^t)$$

pour tout $t \in \mathbb{R}$ et tout $h>0$.

(Utiliser l'exercice (II-7) (c) et le lemme (IV-11)).

(c) On suppose n=1. Soit $b \in \Sigma_0^m$ un symbole de poids m. Montrer que b est une fonction radiale sur $\mathbb{R}^2$ si et seulement $op^w b$ commute avec l'oscillateur harmonique: $1/2(-\dfrac{d^2}{dx^2} + x^2)$.

(d) On suppose $n \geq 2$. On désigne par ϕ_j^t le flot hamiltonien associé à $a_j(x,p) = 1/2(x_j^2+p_j^2)$ où $x=(x_1,\ldots,x_n)$ et $p=(p_1,\ldots,p_n)$.

Montrer que le groupe à n-paramètres: $(t_1,\ldots,t_n) \longmapsto \phi_1^{t_1}\circ\ldots\circ\phi_n^{t_n}$ agit transitivement sur la sphère unité de $\mathbb{R}^{2n}$.

Soit $b \in \Sigma_0^m$ un symbole sur $\mathbb{R}^{2n}$. Montrer que b est radiale si et seulement si $op^w b$ commute avec $1/2(-\dfrac{\partial^2}{\partial x_j^2} + x_j^2)$ pour $j=1,\ldots,n$.

(IV-2) - On désigne par $c(t,.,.)$, $t \geq 0$, le symbole de Weyl de l'opérateur: $e^{-t(|x|^2-\Delta)}$

(a) En utilisant les exercices (II-7) - (c) (III-7) - (f) et (IV-1) montrer que c est l'unique solution du problème:

$$(*) \begin{cases} \dfrac{\partial}{\partial t}\, c(t,x,p) = -\,(|x|^2+|p|^2)\, c(t,x,p) + 1/4\, \Delta_{(x,p)}\, c(t,x,p) \\[2mm] t>0,\ \ c(t,.,.) \in \mathcal{S}(\mathbb{R}^n_x \times \mathbb{R}^n_p),\ \ c(t,.,.)\ \text{ radiale,} \\[2mm] \lim_{\substack{t\to 0 \\ t\to 0}} (2t)^n . \displaystyle\int\!\!\int c^2(t,x,p)\,dx\,dp = \gamma \qquad (\gamma>0) \end{cases}$$

(Montrer que $t \longmapsto \displaystyle\int\!\!\int c^2(t,x,p)\,dx\,dp$ est décroissante sur

$]0,+\infty[$).

(b) Résoudre le problème $(*)$. Pour cela on posera: $\tilde{c}(t,r)=c(t,x,p)$
où $r^2=|x|^2+|p|^2$ et on cherchera la solution de $(*)$ sous la

forme:

$$\tilde{c}(t,r) = \alpha(t).e^{\beta(t).r^2}$$

(réponse: $c(t,x,p) = (\cosh t)^{-n}.e^{-(\tanh t)(|x|^2+|p|^2)}$).

(IV-3) – Pour $z \in \mathbb{C}$, $\mathrm{Re}\,z \geq 0$, on désigne par $c(z,.,.)$ le symbole

de Weyl de l'opérateur: $e^{-z(|x|^2-\Delta)}$.

(a) Montrer que $z \longmapsto e^{-z(|x|^2-\Delta)}$ est holomorphe sur le

demi-plan ouvert: $\{z \in \mathbb{C};\ \mathrm{Re}\,z>0\}$ à valeurs dans $\mathcal{L}(B^1, B^{-1})$

et continue sur le demi-plan fermé: $\{z \in \mathbb{C};\ \mathrm{Re}\,z \geq 0\}$. En déduire

que: $z \longmapsto c(z)$ est holomorphe sur $\{z \in \mathbb{C};\ \mathrm{Re}\,z>0\}$, continue

sur $\{z \in \mathbb{C};\ \mathrm{Re}\,z \geq 0\}$ à valeurs dans $\mathcal{S}'(\mathbb{R}^n_x \times \mathbb{R}^n_p)$.

(b) Montrer que pour tout $z \in \mathbb{C}$, $\mathrm{Re}\,z \geq 0$, $z \neq i(\frac{\pi}{2} + k\pi)$, $k \in \mathbb{Z}$,

on a:

$$c(z,x,p) = (\cosh z)^{-n}.e^{-(\tanh z)(|x|^2+|p|^2)}.$$

(c) Montrer que pour tout $k \in \mathbb{Z}$ on a:

$$c(i(\tfrac{\pi}{2} + k\pi)) = (-1)^{kn}.(i.\pi)^n.\delta_{(0,0)}$$

ie: $e^{-i\pi(1/2+k)(|x|^2-\Delta)} = (-1)^{kn}.i^n.S_{(0,0)}$ où $S_{(0,0)}$ est l'opérateur de symétrie: $f \longmapsto \check{f}(x) = f(-x)$.

(d) On désigne par $c_h(t,.,.)$ le symbole de Weyl de l'opérateur $\hbar$-admissible: $e^{-tA(\hbar)}$, $t>0$, $A(\hbar) = -\hbar^2.\Delta+|x|^2$, $x \in \mathbb{R}^n$, $h>0$.

(d_1) En utilisant l'exercice (II-12) montrer que:

$$c_\hbar(t,x,p) = (\cosh(\hbar t))^{-n}.\exp[-\hbar^{-1}\tanh(\hbar t)(|x|^2+|p|^2)]$$

(d_2) Déduire de ce qui précéde:

$$\mathrm{tr}[e^{-tA(\hbar)}] = (2\sinh(\hbar t))^{-n}.$$

(IV-4) - Soit $t \longmapsto \psi(t)$ solution de (Sch). Vérifier formellement que: $\rho(t) = \overline{\psi(t)} \otimes \psi(t)$ est solution de (He-Ne)$'_2$. Trouver des conditions raisonnables sous lesquelles on peut justifier mathématiquement le calcul précédent. Donner   des exemples en considérant des opérateur différentiels à symboles polynomiaux de degré ≤ 2.

(IV-5) - Prouver l'affirmation contenue dans l'exemple (IV-2).

(IV-6) - Compléter la preuve du lemme (IV-9)'.

(IV-7) - Compléter la preuve du lemme (IV-18).

(IV-8) - En adaptant la preuve du théorème (IV-19), établir une formule de composition pour $(op_h^W a).J_h^*(b,S)$ sous   les conditions:

(i)   S vérifie (S_1) et $(\tilde{S}_2)$

(ii) $b \in \mathcal{B}^{k,\ell}$

(iii) Pour tout $\alpha,\beta \in \mathbb{N}^n$, $\partial_x^\alpha \partial_p^\beta a = O(\lambda^{(2-|\alpha|-|\beta|)_+})$.

Montrer que $(op_h^W a).J_h^*(b,S) = J_h^*(c(h),S)$ où on donnera   la forme du développement asymptotique de l'amplitude $c(h)$.

(IV-9) - Compléter la preuve du théorème (IV-26).

(IV-10) - (formule de Liouville)

Soit $t \longmapsto A(t)$ une application continue de l'intervalle $J \subsetneq \mathbb{R}$ dans l'espace vectoriel des matrices à coëfficients complexes $m \times m$.

On désigne par $X(t,s)$ la solution du problème de Cauchy:

$$\begin{cases} \dfrac{d}{dt} X(t,s) = A(t).X(t;s); \\ \qquad\qquad\qquad\qquad ; \ t,s \in I \\ X(s,s) = I \end{cases}$$

(a) Vérifier que $X(t,s) = X(t,r).X(r,s)$ pour tout $t,s,r \in I$.

(b) Etablir la relation:

$$\frac{d}{dt}[\det(X(t,s))] = \det(X(t,s)).\mathrm{tr}\, A(t)$$

pour tout $t,s \in I$ (remarquer que l'on a: $\det(X(t+h,s)) =$ $= \det(X(t,s)).\det(X(t+h,s).X(s,t)))$.

En déduire que:

$$\det(X(t,s)) = \exp\left[\int_s^t (\operatorname{tr} A(r)) dr\right].$$

(c) Déduire de ce qui précéde et de (40) la relation (91).

(IV-11) - Soit A un opérateur linéaire de $\mathcal{S}(\mathbb{R}^n)$ dans $L^2(\mathbb{R}^n)$ symétrique (ie $(Au,v) = (u,Av)$ pour tous $u,v \in \mathcal{S}(\mathbb{R}^n)$ où $(\ ,\ )$ désigne le produit scalaire sur $L^2(\mathbb{R}^n)$. On désigne par A_0 l'extension minimale de A_0, de domaine $D(A_0)$ (cf. Annexe I). On suppose que pour toute fonction $\psi_0 \in \mathcal{S}(\mathbb{R}^n)$ il existe une application: $t \longmapsto \psi(t)$ de $\mathbb{R}$ dans $D(A_0)$, dérivable de $\mathbb{R}$ dans $L^2(\mathbb{R}^n)$, solution du problème de Cauchy:

$$\begin{cases} (i\,\dfrac{d}{dt} - A)\,\psi(t) = 0 & \text{sur}\quad \mathbb{R}. \\[2em] \qquad\quad \psi(0) = \psi_0 \end{cases}$$

Montrer que A est essentiellement autoadjoint à partir de $\mathcal{S}(\mathbb{R}^n)$ (on pourra utiliser la méthode du Chapitre II-proposition (II-17)).

(IV-12) - Soit $a \in C^\infty(\mathbb{R}^n_x \times \mathbb{R}^n_p)$, réel, vérifiant:

$$\partial_x^\alpha \partial_p^\beta a = O(\lambda^{(2-|\alpha|-|\beta|)_+})$$

nous ne supposons pas ici que $\operatorname{op}^w_h a$ est   essentiellement autoadjoint. En particulier nous ne savons pas, à priori, que le groupe unitaire $\exp(-ith^{-1}.op_h^w a)$ existe. Notre but dans ce problème est de prouver l'existence de ce groupe unitaire. Pour cela on reprend les constructions faites dans les pages 200 à 206. Posons:

$$b^{(N)}(t,x,q,h) = \sum_{j=0}^{N} h^j.b_j(t,x,q).$$

On a donc:

$$U_h^{(N)}(t) = J_h(b^{(N)}(t,h), S(t))$$

et:

$$(ih\partial_t - op_h^w a(h)).U_h^{(N)}(t) = J_h(r^{(N)}(t,h), S(t))$$

où $r^{(N)} \in \mathcal{B}^{0,N+1}$.

Pour la suite, on fixe $N>0$ et on pose:

$$V_h(t) = U_h^{(N)}(t) , R_h(t) = J_h(r^{(N)}(t,h), S(t)).$$

(a) Pour $m \in \mathbb{Z}$ on désigne par B_h^m l'espace B^m (cf. définition dans l'exercice (II-15)) muni de la norme:

$$u \longmapsto ||u||_{m,h} = ||(-h^2\Delta + |x|^2 + 1)^{m/2} u||_{L^2}.$$

Soit une amplitude $b \in \mathcal{B}^{0,0}$ (cf. définition (53)) et

$$B_h(t) = J_h(b(t,h), S(t)).$$

Montrer que pour tout $m \in \mathbb{Z}$ on a:

$$B_h(t) \in \mathcal{L}(B_h^m, B_h^m)$$

et qu'il existe $\gamma(m) > 0$ telle que:

$$||B_h(t)\psi||_{m,h} \leq \gamma(m).||\psi||_{m,h}$$

pour tout $\psi \in B_h^m$ tout $t \in]-T,T[$ et tout $h \in]0,1]$ où $\gamma(m)$ ne dépend que d'une semi-norme de b dans $\mathcal{B}^{0,0}$.

(b) Montrer que le symbole principal des opérateurs h-admissibles $V_h(t).V_h(t)^*$ et $V_h^*(t).V_h(t)$ est égal à un pour tout $t \in]-T,T[$. (Utiliser la proposition (IV-23) et (93)'). On pose:

$$D_h(t) = V_h(t).V_h^*(t)-I \quad \text{et} \quad G_h(t) = V_h^*(t).V_h(t)-I.$$

(c) Montrer que pour tout entier $M \geq 1$ il existe $h_1 > 0$ suffisamment petit, tel que:

$$||G_h(t)||_{m,h} \leq 1/2 \quad \text{et} \quad ||D_h(t)||_{m,h} \leq 1/2$$

pour $0 \leq m \leq M$, $h \in]0,h_1]$ et $t \in]-T,T[$ ($||.||_{m,h}$ désigne ici la norme d'opérateur dans $\mathcal{L}(B_h^m)$).
En déduire que sous les conditions précédentes, $V_h(t)$ est inversible dans $\mathcal{L}(B_h^m)$ et que l'on a:

$$V_h(t)^{-1} = (I+G_h(t))^{-1}.V_h^*(t).$$

(d) On désigne par $D_{Min}(h)$ le domaine minimal de $op_h^w a$ ie le domaine de sa fermeture dans L^2 à partir de $\mathcal{S}$ (cf. annexe I du Chapitre III).

Montrer que $B_h^2 \subseteq D_{Min}(h)$ pour tout $h > 0$.

(e) On considère le problème de Cauchy:

$$(\mathcal{C}) \quad \begin{cases} (ih\partial_t - op_h^W(a))\psi_h(t) = 0 \\ \\ \psi_h(0) = \psi_o, \ \psi_o \in B_h^2 \end{cases}$$

(e_1) Montrer que dans tout intervalle $]-T,T[, t>0$, il existe, au plus une solution: $\psi_h:]-T,T[\longrightarrow B_h^2$, ψ_h étant de classe $C^1:]-T,T[\longrightarrow L^2(\mathbb{R}^n)$ (établir que $||\psi_h(t)||^2_{L^2(\mathbb{R}^n)} = ||\psi_o||^2_{L^2(\mathbb{R}^n)}$ pour tout $t \in]-T,T[$).

(e_2) Résoudre $(\mathcal{C})$ pour $|t|<T$ et $h \in]0,h_1]$ en cherchant $\psi_h(t)$ sous la forme: $\psi_h(t) = V_h(t).X_h(t).\psi_o$ (écrire l'équation différentielle du premier ordre vérifiée par X_h et montrer que cette équation a une seule solution vérifiant $X_h(0)=I$ et $X_h(t) \in \mathcal{L}(B_h^m)$, $0 \leq m \leq M$, avec $M \geq 2$).

(e_3) Montrer que l'on peut prolonger à $\mathbb{R}$ la solution de $(\mathcal{C})$ déterminée dans (e_2) et que cette solution est telle que $\psi_h(t) \in B_h^2$ pour tout $t \in \mathbb{R}$ et tout $m=0,1,\ldots,M$.

En déduire que $op_h^W a$ est essentiellement autoadjoint pour tout $h \in]0,h_1]$ et que le groupe unitaire: $U_h(t) = \exp(-ith^{-1}.(op_h^W a))$ vérifie: $U_h(t) \in \mathcal{L}(B_h^m, B_h^m)$ pour tout $m \in \mathbb{Z}$. De plus pour $h \in]0,h_1]$ et $|t|<T$ on a: $U_h(t) = V_h(t).X_h(t)$.

(IV-13) - Nous conservons les notations du problème (IV-12) ainsi que celles de l'exercice (II-12).

(a) Montrer que $\mathrm{op}^W_{hS}a$ est essentiellement autoadjoint dans $L^2(\mathbb{R}^n)$ à partir de $\mathcal{S}(\mathbb{R}^n)$ pour tout $h \in \,]0,h_1]$. En déduire que si a est une fonction homogène de degré 2 alors $\mathrm{op}^W a$ est essentiellement autoadjoint dans $L^2(\mathbb{R}^n)$ à partir de $\mathcal{S}(\mathbb{R}^n)$ et pour tout $m \in \mathbb{Z}$, $\exp(-it(\mathrm{op}^W a)) \in \mathcal{L}(B^m, B^m)$ pour tout $t \in \mathbb{R}$.

(b) Soit $a: \mathbb{R}^n_x \times \mathbb{R}^n_p \longrightarrow \mathbb{R}$ une fonction polynomiale de degré ≤ 2. Montrer que $\mathrm{op}^W a$ est essentiellement autoadjoint dans $L^2(\mathbb{R}^n)$ à partir de $\mathcal{S}(\mathbb{R}^n)$ et que $\exp(-it.\mathrm{op}^W a) \in \mathcal{L}(B^m, B^m)$ pour tout $m \in \mathbb{Z}$ et pour tout $t \in \mathbb{R}$ (on désignera par a_2 la composante homogène de degré 2 et on cherchera à construire $\exp(-it\mathrm{op}^W a) = U(t)$ sous la forme: $U(t) = \exp(-it\mathrm{op}^W a_2).X(t)$ où $X(t)$ vérifie une équation différentielle que l'on intègre en utilisant l'exercice (IV-1)-(b)).

(IV-14) - Soit $h \longmapsto \psi_h$ une application de $]0,h_o]$, $h_o > 0$, dans $\mathcal{S}'(\mathbb{R}^n_x)$ vérifiant la condition (f) de la proposition (IV-8).

Soit $a(h) = \sum_{j=0}^{\infty} h^j.a_j$ un symbole h-admissible de poids $(m,0)$ où m est un poids tempéré.

(a) Montrer que: $F[\mathrm{op}^W_h(a(h)).\psi_h] \subseteq F[\psi_h]$.

(b) Montrer que: $F[\psi_h] \subseteq a_o^{-1}(0) \cup F[\mathrm{op}^W_h(a(h))\psi_h]$. En particulier si a_o ne s'annule pas sur $\mathbb{R}^n_x \times \mathbb{R}^n_p$ on a:

$$F[\psi_h] = F[\mathrm{op}^W_h a(h).\psi_h].$$

-303-

(IV-15) - On conserve l'hypothèse du problème (IV-14). Soit F un difféomorphisme C^∞ de $\mathbb{R}^n$ vérifiant les conditions (D_1) et (D_2) du corollaire (IV-28).

Montrer que $(x^o, p^o) \in F[\psi_h]$ si et seulement si $(F(x^o), F'(x^o)^{-1}.p^o) \in F[\psi_h \circ F]$.

(V-1) - (a) En effectuant des intégrations par parties à l'aide de l'opérateur: $|\partial_x \phi(x,\theta)|^{-2} (\sum_{j=1}^{n} \partial_{x_j} \phi(x,\theta).\partial_{x_j})$ prouver le théorème (V-1).

(b) Prouver le théorème (V-2) en supposant $n=1$.

Indication: on montrera que au voisinage du point $(x(\theta),\theta)$ on peut trouver un changement de variables: $(x,\theta) \longmapsto u(x,\theta)$ de sorte que: $\phi(x,\theta) - \phi(x(\theta),\theta) = (u(x,\theta))^2$. Appliquer ensuite la proposition (II-26).

(V-2) - (a) Prouver la relation de Poisson (P) pour $f \in \mathcal{S}(\mathbb{R})$ (appliquer un théorème de convergence à la séric do Fourier de la fonction 2π-périodique: $x \longmapsto \sum_{k \in \mathbb{Z}} f(x+2k\pi)$).

(b) Compléter la preuve dans l'exemple (V-5).

(V-3) - Soit b un symbole de poids borné ie $b \in \Sigma^1_o$. Sous les hypothèses du théorème (V-11) on pose:

$$N_I(h;b) = tr(E_I(h).(op_h^W b).E_I(h)).$$

En adaptant la preuve du théorème (V-11) montrer que:

$$N_I(h;b) = (2\pi h)^{-n} \cdot \int_{a_o^{-1}(I)} b \cdot dx\,dp + O(h^{1-n}), \quad h \to 0$$

et en déduire que:

$$\lim_{h \to 0} \frac{N_I(h;b)}{N_I(h)} = \frac{\displaystyle\int_{a_o^{-1}(I)} b \; dx\,dp}{\mathrm{mes}_{R^{2n}} a_o^{-1}(I)}$$

(V-4) - On conserve les hypothèses du théorème (V-11). On désigne par Σ l'opérateur "parité": $\Sigma\psi(x)=\psi(-x)$, $\quad \psi \in \mathcal{S}(R^n)$. On suppose alors que $A(h)$ vérifie:

(Sym) $\qquad [\Sigma, A(h)] = 0$ pour tout $h \in \,]0,h_o] \quad (h_o > 0)$

(a) Montrer qu'il existe une base orthonormale de $E_I(h)(L^2(R^n))$ constituée de fonctions propres de $A(h)$ soit paires soit impaires. On désigne par $(\varphi_j(h))_{1 \le j \le N_I(h)}$ une telle base. Cette base se décompose en deux parties:

$$(\varphi_j^+(h))_{1 \le j \le N_I^+(h)} \;\cup\; (\varphi_j^-(h))_{1 \le j \le N_I^-(h)} \qquad \text{où "+" est mis}$$

pour "paire" et "-" pour impaire (avec les significations évidentes). On se propose de montrer dans la suite que l'on a asymptotiquement (ie lorsque $h \to 0$) autant de valeurs "propres impaires" que de "valeurs propres paires".

(b) On désigne par $\tilde{\Sigma}$ l'opérateur de symétrie dans R^{2n}.

(b_1) Montrer que $a_j \circ \tilde{\Sigma} = a_j$ pour tout $j \in \mathbb{N}$

(b_2) Montrer que $\phi_{a_o}^t \circ \tilde{\Sigma} = \tilde{\Sigma} \circ \phi_{a_o}^t$ pour tout $t \in \mathbb{R}$ où $\phi_{a_o}^t$

désigne le flot hamiltonien associé à a_o dans la zône $a_o^{-1}[E_1 - \varepsilon_o, E_2 + \varepsilon_o]$ ($\varepsilon_o > 0$ assez petit).

(b_3) Déduire de (b_1) que $(0,0)$ est point critique pour a_o.

(c) Utilisant les notations du §2 on pose:

$$S_h^{\chi, \Sigma}(t) = \mathrm{tr}(\chi(A(h)).U_h(t).\Sigma).$$

(c_1) Montrer que si $(t,\tau) \in F[S_h^{\chi, \Sigma}]$ alors $\tau \in \mathrm{Supp}\, \chi$ et il existe $(x,q) \in \mathbb{R}^{2n}$ tel que $\phi_{a_o}^t(x,q) = (-x,-q)$, $a_o(x,q) = -\tau$ (procéder comme dans la preuve du Théorème (V-4)).

(c_2) Déduire de ce qui précéde qu'il existe $T_1 > 0$ assez petit tel que si $-\tau$ n'est pas valeur critique de a_o alors $(t,\tau) \notin F[S_h^{\chi, \Sigma}]$ pour $|t| < T_1$.

(d) Soit J un intervalle borné fermé de $\mathbb{R}$ tel qu'il existe un voisinage $\tilde{J}$ de J de sorte que $a_o^{-1}(\tilde{J})$ soit borné. Soit $f \in C_o^\infty(J)$. Montrer que l'on a, au sens des développements asymptotiques,:

$$\sum_{1 \leq j \leq N_J^\pm(h)} f(\lambda_j^\pm(h)) = 1/2\, \mathrm{tr} f(A(h)) \pm \sum_{j=0}^\infty c_j(f).h^j$$

où

$$c_j(f) = \sum_{1 \leq k \leq 2j-1} (-1)^k (k!)^{-1}.d_{jk}(0,0).f^{(k)}(a_o(0,0).$$

(Poser: $P_\pm = 1/2(I \pm \Sigma)$, écrire: $\Sigma\, f(\lambda_j^\pm(h)) = \mathrm{tr}(f(A(h)).P_\pm)$ et utiliser les résultats du Chapitre III et du Chapitre II (II-59).

(e) En adaptant la preuve du théorème (V-11), déduire de ce qui précéde que sous l'hypothèse (Sym) on a:

$$N_I^{\pm}(h) = 1/2\ N_I(h) + O(h^{1-n}),\ h\to 0$$

(on commencera par prouver, utilisant les notations de la preuve du théorème (V-11), que l'on a:

$$M^+(.,h)\ *\ W_h - M^-(.,h)\ *\ W_h = O(h^{\infty})$$

puis que:

$$M^{\pm}(.,h)\ *\ W_h = 1/2\ M(.,h)\ *\ W_h + O(h^{1-n})$$

et on utilisera le théorème (V-13)).

Chapitre I

(I-1) Ce paragraphe s'adresse aux lecteurs peu familiers avec les théories quantiques. Nous en avons présenté trés naïvement quelques uns des principes fondamentaux.

Le lecteur averti voudra bien excuser cette présentation sommaire. Il y a de nombreux cours de physique traitant de la mécanique quantique. Nous renvoyons le lecteur désireux de compléter son information, par exemple, au trés classique ouvrage [FEY].

(I-2) On doit à H. Weyl ([WEY]-1928) cette présentation générale et rigoureuse du principe d'incertitude de Heisenberg. Ce point de vue est naturellement associé à l'interprétation probabiliste de la fonction d'onde.

Le principe d'incertitude interdit à une particule quantique d'avoir une trajectoire bien déterminée. Il en résulte donc que l' "univers quantique" (ou microscopique) est radicalement différent de l' "univers classique" (ou macroscopique).

(I-3) Le problème de la quantification est en particulier celui du choix des grandeurs physiques à mesurer pour avoir la meilleure description possible de l'état d'une particule. En mécanique quantique ce problème est délicat car deux grandeurs ne sont pas toujours simultanèment mesurables (ceci est une conséquence du principe d'incertitude). Pour une discussion approfondie de cette question le lecteur pourra consulter [PRU] (Chapitre IV).

(I-4) D'une certaine manière on peut dire que le principe de correspondance postule l'existence d'un procédé inverse au procédé de quantification.

La citation suivante peut aider à comprendre l'importance du principe de correspondance:

"Le schéma mathématique de la théorie des quanta (ceci est vrai aussi bien pour la représentation corpusculaire que pour la représentation ondulatoire) dérive de deux sources: les faits empiriques et le principe de correspondance. L'expression la plus générale du principe de correspondance de Bohr (Z.S.f; Phys. 13-1923 p. 117) consiste en ceci: il existe, entre la théorie des quanta et la théorie classique appropriée à la représentation employée, une analogie qualitative qui subsiste jusque dans les détails. Cette analogie ne sert pas seulement de guide pour trouver les lois formelles, sa valeur particulière réside bien plus en ce qu'elle fournit également l'interprétation physique des lois trouvées".

W. Heisenberg - Les principes physiques de la théorie des quanta (Gauthiers-Villars 1957).

On pourra consulter [AL-AR] où on trouvera d'intéressants commentaires sur les liens entre mécanique quantique et mécanique classique.

Le théorème d'Ehrenfest donne une formulation des équations de la mécanique quantique analogue aux équations de la mécanique classique.

Dans [HEP], K. Hepp a prouvé que l'équation de Newton quantique tend vers l'équation de Newton classique lorsque la constante de Planck tend vers 0. Ce résultat a depuis été étendu dans différentes directions ([Ho-Po-Sc], [WAN]).

La méthode B. K. W a toujours joué un rôle important en mécanique quantique. Nous la mettrons en oeuvre dans les chapitres IV et V dans un petit intervalle de temps. Cette méthode a inspiré des travaux importants dus en particulier à L. Hörmander ([HOR]$_2$) P. Lax, J. Leray ([LER]) et V. P Maslov ([MAS]).

Chapitre II

(II-1) Il est clair que l'on peut toujours remplacer un procédé de quantification par un autre qui lui est unitairement équivalent. Un théorème de von Neumann ([PRU]-Chapitre IV) assure qu'à équivalence unitaire prés ce procédé est unique. Pour une discussion sur ce sujet on pourra consulter [HOW]. Ici, nous avons opté pour la représentation de Weyl car c'est la plus utiliseé et sans doute la plus commode pour les questions abordées dans ce cours.

(II-2) Ce paragraphe est repris de [HE-RO]$_1$.

Il nous permet d'introduire la technique des intégrales oscillantes ([HOR]$_2$). Les premiers travaux mathématiques sur les opérateurs intégraux de Fourier ([HOR]$_2$, [DU-HO]) portaient sur les propriétés locales on microlocales. On doit à Asada et Fujiwara ([AS-FU]) la première étude systématique d'une classe d'opérateurs intégraux de Fourier globalement sur $\mathbb{R}^n$. Pour l'étude d'opérateurs du type $-\Delta + |x|^4$ nous avons introduit dans $[\text{HE-RO}]_1$ une classe d'opérateurs plus large que celle étudieé dans [AS-FU].

(II-3) La notion de symbole h-admissible est due à A. Voros [VOR]. La définition (II-13) a été introduite dans $[\text{HE-RO}]_4$. Il se trouve que cette notion est bien adapteé pour l'étude semi-classique du spectre d'hamiltoniens quantiques. L'argument utilisé dans la preuve de la proposition (II-17) (cf. aussi le problème (IV-11)) est dû à E. Nelson ([NEL]).

(II-4) Cette présentation du calcul symbolique est une adaptation avec paramètre de $[\text{HOR}]_3$.

(II-5) La démonstration du théorème de Calderon-Vaillancourt suit également la présentation donnée dans $[\text{HOR}]_3$.

A. Unterberger a donné dans [UNT] des extensions du théorème de Calderon-Vaillancourt.

Le théorème (II-49) est dû à Tulovskii-Shubin [TU-SH].

La théorie des opérateurs de classe Hilbert-Schmidt et de classe trace est développée en particulier dans [DU-SC] et [GO-KR]. Le lecteur pourra trouver des compléments de mécanique quantique statistique dans [BAL].

(II-6) La fonction $\Pi_{\phi,\psi}$ est le symbole de Weyl de l'opérateur: $u \longmapsto \langle u,\psi\rangle\phi$. Lorsque $\psi=\bar{\phi}$ cette fonction porte le nom de fonction de Wigner (cf. [UNT]). La proposition (II-57) est une version du théorème des noyaux de L. Schwartz $([\text{SCH}]_2)$.

La proposition (II-61) (ii) est due à R. Beals ([BEA]$_2$, [BEA]$_3$) avec une démonstration différente. La démonstration donneé ici nous semble éclairer le rôle joué par les commutateurs itérés $A^{(\alpha,\beta)}$.

On trouvera dans [UNT] et [RON] d'autres compléments sur le calcul symbolique de Weyl.

Chapitre III

Ce chapitre expose les résultats obtenus dans l'article [HE-RO]$_4$.

A un niveau formel (i.e. sans justifications mathématiques) des résultats de ce type figuraient déja dans [GR-VO]. Le calcul fonctionnel sur des opérateurs pseudodifférentiels a été traité d'abord dans le cadre des opérateurs elliptiques sur des variétés compactes par R. T. Seeley ([SEE]) pour des fonctions holomorphes puis par R. S. Strichartz ([STR]) pour des fonctions C^∞.

Pour des classes d'opérateurs pseudodifférentiels sur $\mathbb{R}^n$ des résultats du même type ont été obtenus dans [ROB] et [CHAR].

La méthode utilisée dans ce chapitre (transformation de Mellin) a l'avantage de pouvoir englober le cas d'opérateurs ayant du spectre continu (cf. exemple (III-15)), ce qui n'était pas le cas des méthodes précèdentes pour le calcul fonctionnel C^∞. La méthode de Strichartz exige en effet que l'opérateur soit à résolvante compacte.

Malheureusement notre méthode ne permet pas d'étudier des fonctions f de systèmes d'opérateurs $(A_1,\ldots,A_k)$ autoadjoints et commutant deux à deux (dans le cas de systèmes elliptiques la méthode de Strichartz fonctionne).

Cependant on peut obtenir des résultats dans cette direction en combinant le théorème (III-11) et la transformation de Fourier:

$$f(A_1,\ldots,A_k) = (2\pi)^{-k} \cdot \int \hat{f}(t_1,\ldots,t_k) e^{i(t_1 A_1 + \ldots + t_k A_k)} dt_1 \ldots dt_k$$

(cf. [TAY] pour des systèmes elliptiques sur des variétés compactes et [ZOM] pour des systèmes d'opérateurs admissibles sur $\mathbb{R}^n$).

Mentionnons également que le calcul fonctionnel via la transformation de Mellin s'étend à des classes d'opérateurs à symbole matriciel et même à des classes d'opérateurs à symbole opératoriel ([KON]). L'intérêt de ce dernier cas est de pouvoir étudier le comportement semi-classique du spectre d'hamiltoniens du type:

$$H(h) = -h^2 \frac{\partial^2}{\partial x^2} - \frac{\partial^2}{\partial y^2} + V(x,y)$$

représentant l'interaction d'une particule lourde et d'une particule légère lorsque h devient petit ($[MAS]_2$).

La proposition (III-16) est à rapprocher d'un théorème classique de Szegö (cf. [WID], $[ROB]_5$, [WAN], [GUI]).

Annexe 1 - Nous reprenons ici l'exposé $[ROB]_7$.

Annexe 2 - Cette présentation du théorème de pertubation du spectre essentiel est inspirée de l'exposé [HA]. Pour une étude plus générale on pourra consulter [KAT].

Chapitre IV

(IV-1) Pour une discussion plus détaillée des représentations de Schrödinger et de Heisenberg de la mécanique quantique nous renvoyons le lecteur à [PRU].

(IV-2) La notion de fonctionnelle h-admissible ainsi que la définition (IV-4) sont dues à A. Voros ([VOR]).

Les propositions (IV-8) et (IV-9) permettent d'avoir pour les ensembles de fréquences des résultats parallèles à ceux connus pour les fronts d'onde des distributions (cf. $[HOR]_5$). Il y a une très grande analogie entre ces deux notions. Dans [GU-ST] et [MAS] sont exposées des théories sophistiquées permettant une approche unifiée de ces notions.

(IV-3) Le lecteur trouvera dans [ARN] des compléments sur les systèmes hamiltoniens.

(IV-4) La preuve du théorème (IV-9) reprend un argument de R. Beals ([BEA]) utilisé dans un contexte différent.

Dans le cadre des opérateurs intégraux de Fourier "classiques" le théorème (IV-9) est dû à Egorov. On pourra consulter également le cours de B. Helffer [HEL].

(IV-5) Nous exposons là la méthode classique de résolution de l'équation de Hamilton - Jacobi. On consultera [ARN] pour l'interprétation géométrique. La partie (ii) de la proposition (IV-14) figure par exemple dans [CHA] et dans $[HE-RO]_2$.

(IV-6) La construction d'approximations pour le groupe unitaire $U_h(t)$ a fait l'objet de plusieurs travaux récents: [FUJ], [KI-KU], [CHA], $[HE-RO]_{2,3}$.

Le théorème (IV-26) est un cas particulier de la théorie développée dans [AS-FU]. L'argument esquissé dans la preuve du théorème (IV-26)' est repris du cours [HEL]. Le corollaire (IV-28) a été démontré directement dans [ZAR].

Chapitre V

(V-1) Sous cette forme le théorème (V-2) est du à Fedoriuk [FED].

(V-2) Dans le cas d'opérateurs de Schrödinger particuliers la relation de Poisson semi-classique est due à J. Chazarain [CHA].

(V-3) Le théorème (V-7) a d'abord été démontré dans [CHA] pour $A(h)=-h^2\Delta+V$ où V se comporte comme $|x|^2$ à l'infini puis dans $[HE-RO]_4$ dans le cadre considéré ici.

Le théorème (V-7) est l'analogue semi-classique d'une formule asymptotique qui remonte à H. Weyl (1911) et qui concerne l'estimation lorsque $\lambda \longrightarrow +\infty$ du nombre $N(\lambda)$ des valeurs propres de l'opérateur $-\Delta$ sur un domaine plan borné Ω avec la condition de Dirichlet sur le bord de Ω. La formule asymptotique de Weyl s'écrit:

$$(W) \qquad N(\lambda) = \frac{\text{mes}\,\Omega}{4\pi} \cdot \lambda + o(\lambda) \ , \ \lambda \longrightarrow +\infty.$$

Depuis il y a eu de nombreux travaux consacrés à des extensions de (W). Nous renvoyons le lecteur aux notes du chapitre XIII de $[RE-SI]_3$

pour un historique sur ce sujet. Notons ici que ce n'est que très récemment que des formules de Weyl avec un reste optimal ont pu être obtenues grâce en particulier à la théorie des opérateurs intégraux de Fourier et aux résultats sur la propagation des singularités des problèmes aux limites ([HOR]$_1$, [SEE], [IVR], [MEL]).

Problèmes et compléments (Notes)

(II-1) Le groupe $(U_\theta)_{\theta \in \mathbb{R}}$ est appelé groupe des dilatations. Il joue un rôle important dans la théorie géométrique de la diffusion ([ENS]).

(II-9)-(II-10) Les transformations ϕ^* et $\mathcal{F}_j$ font partie d'un groupe unitaire de transformations de $L^2(\mathbb{R}^n)$ appelé groupe métaplectique. La quantification de Weyl possède une propriété d'invariance vis à vis de ce groupe qui est établie ici dans des cas particuliers (cf. [HOR]$_3$, [LER]).

(II-13) à (II-15) Dans ces problèmes on établit un théorème de représentation d'opérateurs par un noyau. La démarche utilisée est empruntée à S. Agmon ([AGM]) et à Pham The Lai ([PHA]).

(II-22) L'idée de ce problème vient de [BIR] où on trouvera une extension à une classe de symboles non réguliers.

(III-5) Le résultat prouvé ici est à rapprocher d'un théorème de Szegö ([GUI], [ROB]$_5$, [WAN]).

(III-6)-(III-7) L'étude de $(A-z)^{-1}$ et A^s faite ici est un cas particulier de résultats établis dans [ROB]$_1$.

(III-9) La démarche proposée ici est analogue à celle suivie dans [HE-RO] dans un contexte voisin.

(IV-2) La démonstration proposée ici est due à M. Taylor [TAY].

(IV-11) Ce problème est inspiré du lemme (2-1) de [CHE] (cf. aussi [NEL]).

(IV-12)-(IV-13) Les résultats démontrés dans ces problèmes sont à rapprocher de [FUJ].

(IV-14)-(IV-15) On établit ici l'analogue de résultats classiques sur le front d'onde des distributions.(IV-15) explicite l'invariance de l'ensemble de fréquences par changement de variable.

(V-4) Le contenu de ce problème est à rapprocher de $[HE\text{-}RO]_5$ et de [ZAR].

BIBLIOGRAPHIE

[AGM]$_1$ S. AGMON: "Lectures on elliptic boundary value problems", Van Nostrand Math. Studies (1965).

[AGM]$_2$ S. AGMON: "Asymptotic formulas with remainder estimates for eigenvalues of elliptic operators", Arch. Rat. Mech Anal 28 (1968) 165-183.

[AL-AR]   S. ALBEVERIO - T. AREDE: "The relation between quantum mechanics and classical mechanics: a survey of some mathematical aspects", Zentrum für interdisziplinäre Forschung der Universität, Bielefeld, FRG.

[AL-BL-HØ]   S. ALBEVERIO - Ph BLANCHARD - R. HØEGH-KROHN: "Feynman Path Integral and the Trace formula for the Schrödinger Operator", Comm in Math. Phys 83 (1982) 49-76.

[ARN]   V. ARNOLD: "Méthodes mathématiques de la mécanique classique", Ed MIR (1976).

[AS-FU]   K. ASADA - D. FUJIWARA: "On some oscillatory transformation in $L^2(\mathbb{R}^n)$", Japan J Math. 4 (1978) 299-361.

[BAL]   R. BALESCU: "Statistical Mechanics of charged particules", Interscience Publischers (1963).

[BEA]$_1$ R. *BEALS*: "Characterization of pseudodifferential operators and applications", Duke Math. J. 44 (1977) 45-57.

[BEA]$_2$ R. *BEALS*: "Weighted distribution spaces and pseudo differential operators", J. d'Analyse Math. (1981).

[BEA]$_3$ R. *BEALS*: "Propagation des singularités pour des opérateurs du type $D_t^2 - \Box_b$", conf. N° 19, Journées EDP $S^{\underline{t}}$ Jean de Monts (1980).

[BER]   F. A. *BEREZIN*: "Wick and antiwick operator symbols", Math. USSR Sbornik vol.15 (1971) N° 4, 577-605.

[BLO]   D. *BLOKHINTSEV*: "Principes de Mécanique quantique", Editions MIR (1981).

[BOH]   N. *BOHR*: Z. S. f Phys 13 (1923) p. 117.

[CHAR]   A. M. *CHARBONNEL*: "Calcul fonctionnel à plusieurs variables pour des opérateurs pseudodifférentiels sur $\mathbb{R}^n$", Israël J. of Math. vol. 45, N° 1 (1983) 69-89.

[CHAZ]   J. *CHAZARAIN*: "Spectre d'un hamiltonien quantique et mécanique classique", Comm in PDE, N° 6 (1980) 595-644.

[CH-PI]   J. *CHAZARAIN* - A. *PIRIOU*: "Introduction à la Théorie des équations aux dérivées partielles linéaires", Gauthier-Villars (Paris).

[CHER]   P. R. CHERNOFF: "Essential self adjointness of powers of generators of hyperbolic equations", J. of funct analysis 12 (1973) 401-414.

[CO-ME]   R. R. COIFMAN - Y. MEYER: "An delà des opérateurs pseudodifferentiels", Astérisque Nº 57 (1978).

[CO-SC-SE]   J. M. COMBES - R. SCHRADER - R. SEILER: Classical bounds and limits for energy distributions of Hamilton operators in electromagnetic fields, Annals of Physics 111 (1978) 1-18.

[CO-HI]   R. COURANT - D. HILBERT: "Methods of Mathematical Physics", vol I, Wiley - Instercience (1953).

[DU-GU]   J. J. DUISTERMAAT - V. V. GUILLEMIN: "The spectrum of positive elliptic operators and periodic bicharacteristics", Inventiones Math. 29 (1975) 39-79.

[DU-HO]   J. J. DUISTERMAAT - L. HORMANDER: "Fourier Integral operators II", Acta Math. 128 (1972) 183-269.

[DU-SC]   N. DUNFORD - J. SCHWARTZ: "Linear Operators", vol. I et II, Interscience (1958).

[EGO]   Y. V. EGOROV: "On canonical transformations of pseudodifferential operators", Uspehi Mat Nauk, 25 (1969) 235-236.

[EL.H]   Z. *EL. HOUAKMI*: "Comportement asymptotique du spectre en présence de symétries", Thèse de 3$^{\underline{e}}$ cycle, Université de Nantes (1983).

[ENS]   V. *ENSS*: "Geometric methods in spectral and scattering theory of Schrödinger operators", In Rigorous Atomic and Molecular Physics, G. Velo and A. Wightman ed Plenum, New York (1980/81).

[FED]   M. V. *FEDORIUK*: "Stationary Phase Method and pseudo differential Operators", Uspekhi Mat Nauk, 26 (1971) Nº 1, 67-112.

[FE-MA]   M. V. *FEDORIUK* - V. P. *MASLOV*: "Semi - classical Approximation in Quantum Mechanics", Reidel Publishing Company (1981).

[FEY]   R. P. *FEYNMAN*: "Cours de Mécanique quantique", Inter Editions, Paris (1979).

[FUJ]   D. *FUJIWARA*: "A construction of the fundamental solution for the schrödinger equation", J. d'Analyse Mathématiques, vol. 35.

[GO-KR]   I. C. *GOHBERG* - M. G. *KREIN*: "Introduction à la théorie des opérateurs linéaires non auto adjoints", Dunod (1972).

[GR-LO-ST]   A. GROSSMAN - G. LOUPIAS - E. M. STEIN: "An algebra of pseudodifferential operators and quantum mechanics in phase space", Ann Inst. Fourier Grenoble, 18-2 (1968) 343-368.

[GR-VO]   B. GRAMMATICOS - A. VOROS: "Semi - classical approximations of nuclear hamiltonians - I - Spin independant potentials", Ann Physics, 123 (1979) 359-380.

[GU-CH]   I. M. GUELFAND - G. E. CHILOV: "Les Distributions", t. 1. Dunod (1962).

[GUI]   V. GUILLEMIN: "Lectures on spectral theory of elliptic operators", Duke Math. J. (1977) 485-517.

[HAR]   J. HARTONG: Perturbations des opérateurs fermés et semi-Fredholm, Exposé N$^{\circ}$ 2, Seminaire de Theorie Spectrale de Strasbourg (1974).

[HEI]   W. HEISENBERG: "Les principes physiques de la theorie des quanta", Gauthier Villars (1957).

[HEL]   B. HELFFER: "Théorie spectrale pour des opérateurs globalement elliptiques", Cours de $3^{\underline{e}}$ cycle Université de Recife et Astéristique, N$^{\circ}$ 112 (1984).

[HE-RO]$_1$ B. HELFFER - D. ROBERT: "Propriétés asymptotiques du spectre d'operateurs pseudodifférentiels sur $\mathbb{R}^n$", Comm in PDE, 7 (7) (1982) 795-882.

[HE-RO]$_2$ B. *HELFFER - D. ROBERT*: "Comportement semi-classique du spectre des hamiltoniens quantiques elliptiques", Ann Inst. Fourier tome XXXI Fax 3 (1981) 169-223.

[HE-RO]$_3$ B. *HELFFER - D. ROBERT*: "Comportement semi-classique du spectre des hamiltoniens quantiques hypoelliptiques", Annales de l'ENS de Pise, Série IV, vol. IX, N⁰ 3 (1982) 405-431.

[HE-RO]$_4$ B. *HELFFER - D. ROBERT*: "Calcul fonctionnel par la transformation de Mellin et opérateurs admissibles", J. of funct anal 53, N⁰ 3 (1983) 246-268.

[HE-RO]$_5$ B. *HELFFER - D. ROBERT*: "Etude du spectre pour un opérateur globalement elliptique dont le symbole de Weyl présente des symétries -I-Action des groupes finis", American J. of Math., à paraître.

[HE-RO]$_6$ B. *HELFFER - D. ROBERT*: "Asymptotique des niveaux d'énergie pour des hamiltoniens à un degré de liberté", Duke Math. Journal (1982) vol. 9, N⁰ 4

[HEP]   K. *HEPP*: "The classical limit for quantum mechanics correlation functions", Comm Math. Phys, 35 (1974) 265-277.

[HOR]$_1$ L. *HÖRMANDER*: "The spectral function of an elliptic operator", Acta Math. 121 (1968) 173-218.

[HOR]$_2$ L. *HÖRMANDER*: "Fourier Integral Operators I", Acta Math. 127 (1971) 79-183.

[HOR]$_3$ L. *HÖRMANDER*: "The Weyl calculus of pseudodifferential operators", CPAM 32 (1979) 359-443.

[HOR]$_4$ L. *HÖRMANDER*: "On the asymptotic distribution of eigenvalues of pseudodifferential operators in $\mathbb{R}^n$", Arkiv for Math. 17, N$^\circ$ 2 (1979) 296-313.

[HOR]$_5$ L. *HÖRMANDER*: "Spectral analysis of singularities", Annals of Math. Studies, N$^\circ$ 91, Princeton University Press (1978) 1-49.

[HOW]   R. *HOWE*: "Quantum mechanics and partial differential equations", J. Funct Anal 38 (1980) 188-254.

[HO-PO-SC] H. *HOGREVE - J. POTTHOFF - R. SCHRADER*: "Classical limits for quantum particles in external Yang-Mills potentials", Comm Math. Phys (1983) 573-598.

[IVR]   V. V. *IVRII*: "Second term of the spectral asymptotic for the Laplace-Beltrami operator on manifolds with boundary", Funk Anal Prilozhen 14, N$^\circ$ 2 (1980) 25-34.

[KAT]   T. *KATO*: "Perturbation theory", Springer-Verlag, New York (1966).

[KEL]   M. V. *KELDYS*: "On a Tauberian Theorem", Trudy Mat. Inst. Steklov, 38 (1951) 77-86 (en Russe).

[KI-KU]   H. *KITADA* - H. *KUMANO-GO*: "A family of Fourier
            Integral operators and the fondamental solution
            for a Schrödinger equation", Osaka J. Math. 18
            (1981) 291-360.

[KON]   A. *KONLEIN*: "Calcul fonctionnel pour des opérateurs
            h-admissibles à symbole opérateur", Thèse de $3^{\underline{e}}$
            cycle, Université de Nantes (1985).

[LA-LI]   L. *D*. *LANDAU* - E. M. *LIFSHITZ*: "Mécanique quantique.
            Theorie non relativiste", t. III, Editions MIR (1974).

[LER]   J. *LERAY*: "Analyse Lagrangienne et Mécanique Quantique",
            Séminaire du Collège de France (1976).

[MAC]   G. W. *MACKEY*: "Mathematical Foundations of Quantum
            Mechanics", Benjamin, New York (1963).

$[MAS]_1$ V. P. *MASLOV*: "Théorie des perturbations et méthodes
            asymptotiques", Dunod (1972).

$[MAS]_2$ V. P. *MASLOV*: "Operational methods", MIR Publishers
            (1976).

[MEL]   R. B. *MELROSE*: "Weyl's conjecture for manifolds with
            concave boundary", Proceeding of Symposia in
            Pure Math., N° 36, AMS Providence (1980).

[MES]   A. *MESSIAH*: "Mécanique Quantique", t. 1 et 2, Dunod
            (1972).

[MET]   G. *METIVIER*: "Contribution à la theorie spectrale
            des opérateurs elliptiques", Thèse Doctorat es
            Sciences, Université de Nice (1976).

[NEL]   E. *NELSON*: "Analytic vectors", Ann of Math. 70
            (1959) 572-615.

[PAU]   W. *PAULI*: "General principles of quantum mechanics",
            Springer-Verlag (1980).

[PE-RO]   V. *PETKOV* - *D. ROBERT*: "Asymptotique semi-classique
            d'Hamiltoniens quantiques et trajectoires classiques
            périodiques", Note C.R. Acad. Sc. Paris, t. 296
            (1983) 553-556.

[PRU]   E. *PRUGOVECKI*: "Quantum mechanics in Hilbert space",
            Academic Press (1981).

$[RE-SI]_1$ M. *REED* - B. *SIMON*: vol. 1-"Functional analysis",
            Academic Press (1975).

$[RE-SI]_2$ M. *REED* - B. *SIMON*: vol. 2 - "Fourier analysis.
            Self-adjointness", Academic Press (1975).

$[RE-SI]_3$ M. *REED* - B. *SIMON*: vol. 4- "Analysis of operators",
            Academic Press (1978).

$[ROB]_1$ D. *ROBERT*: "Propriétés spectrales d'opérateurs
            pseudodifferentiels", Comm in PDE, 3 (9)
            (1978) 755-826.

[ROB]$_2$ $\mathcal{D}$. *ROBERT*:"Introduction aux opérateurs essentiellement autoadjoints", Exposé N? 9, Séminaire EDP, Université de Nantes (1977/78).

[ROB]$_3$ $\mathcal{D}$. *ROBERT*: "Comportement asymptotique des valeurs propres d'opérateurs du type Schrödinger à potentiel "dégénéré" ", J. Maths. pures et appl. 61 (1982) 275-300.

[ROB]$_4$ $\mathcal{D}$. *ROBERT*: "Calcul fonctionnel sur les opérateurs admissibles et application", J. of funct anal., vol. 45, N? 1 (1982) 74-94.

[ROB]$_5$ $\mathcal{D}$. *ROBERT*: "Remarks on a paper of S. Zelditch: "Szegö Limit Theorem in Quantum Mechanics" ", J. of funct of anal., vol. 53, N? 3 (1983) 304-308.

[RON]   C. *RONDEAUX*: "Classes de Schatten d'opérateurs pseudodifferentiels", Thèse de 3e cycle, Université de Reims (1981).

[RO-TA] $\mathcal{D}$. *ROBERT - H. TAMURA*: "Semi-classical bounds for resolvents of Schrödinger operators and asymptotics for scattering phases", Comm. in PDE (9) (1984).

[SCH]$_1$ J. T. *SCHWARTZ*: "Non linear functional analysis", Gordon Breach (1969).

[SCH]$_2$ L. *SCHWARTZ*: "Theorie des noyaux", Proc. Int. Congr. Math., Cambridge I (1950) 220-230.

[SEE]$_1$ R. T. *SEELEY*: "Complex powers of an elliptic operator",
Singular Integrals, Proc. Symposia Pure Math. 110,
AMS (1967) 288-307.

[SEE]$_2$ R. T. *SEELEY*: "A Sharp asymptotic remainder estimate for
the eigenvalues of the Laplacian in a domain of $\mathbb{R}^3$".

[SIM]   B. *SIMON*: "Non classical eigenvalue asymptotics",
J. of funct anal (1983).

[STE]   E. M. *STEIN*: Singular integrals and differentiability
properties of functions, Princeton University
Press (1970).

[STR]   R. S. *STRICHARTZ*: "A functional calculus for elliptic
pseudodifferential operators", Amer J. of Math.
94 (1972) 711-722.

[TU-SU]   V. N. *TULOVSKII* - M. A. *SHUBIN*: "On asymptotic
distribution of eigenvalues of pseudodifferential
operators in $\mathbb{R}^n$", Math. USSR Sbornik, 21, Nº 4
(1973) 565-583.

[TAY]$_1$ M. E. *TAYLOR*: "Introduction to pseudodifferential
and Fourier integral operators", Two volumes,
Plenum, New York (1980).

[TAY]$_2$ M. E. *TAYLOR*: "Non-commutative Microlocal Analysis",
Part. I, Preprint, Stony Brook, N. Y (USA).

[UNT]$_1$ A. *UNTERBERGER*: "Oscillateur harmonique et opérateurs pseudo differentiels",Ann.Inst.Fourier, Grenoble, 29(1979) 201-221.

[UNT]$_2$ A. *UNTERBERGER*: "Les opérateurs métadifférentiels", Lecture Notes in Physics, Springer, N⍛ 126 (1980) 205-241.

[VOR]   A. *VOROS*: "Développements semi-classiques", Thèse de Doctorat es Sciences, Université Paris Sud (1977).

[WAN]   X. P. *WANG*:"Etude semi-classique d'observables quantiques", Thèse de 3$^{\underline{e}}$ cycle, Université de Nantes (1984).

[WEY]   H. *WEYL*: "The theory of groups and quantum mechanics", Dover Publ. Co., New York (1931).

[WIDD]   D. V. *WIDDER*: "An introduction to transform theory", Academic Press (1971).

[WIDO]   H. *WIDOM*: "Szegö's theorem and a complete symbolic calculus for pseudodifferential operators", Annals of Math. Studies, N⍛ 91, Princeton University Press (1978).

[ZOM]   D. *ZOMA*: "Spectre conjoint pour des opérateurs pseudo différentiels qui commutent", Thèse de 3$^{\underline{e}}$ cycle, Université de Nantes (1983).

EPILOGUE

La rédaction de ce cours a été achevée en Décembre 1983. Entre cette date et aujourd'hui (Septembre 1986) les sujets traités dans ce livre ont connus d'importants développements. Pour la commodité du lecteur intéressé indiquons quelques uns des progrès récents dont on pourra trouver une présentation des résultats et une bibliographie détaillée dans des comptes rendus de séminaires ou de congrès.

- Analyse semi-classique de l'effet tunnel : (B. Helffer ; J. Sjöstrand ; B. Simon)
Exposé de D. Robert au Séminaire Bourbaki (n° 665) en Juin 1986 (à paraître dans Astérisque)

- Etude semi-classique des résonances : (B. Helffer et J. Sjöstrand)
Exposé de B. Helffer au Congrès International de Physique-Mathématique Marseille. Juillet 1986 (Actes à paraître)

- Estimations uniformes du nombre d'états bornés : (V. Ivrii)
Conférence au Congrès International des Mathématiciens - Berkley - Aout 1986

- Etude semi-classique de la diffusion quantique :
Dans les travaux suivants on étudie en particulier la matrice de diffusion, la phase de diffusion, les sections efficaces de diffusion et le temps de retard.
K. Yajima : Schrödinger Operators. Congrès de Côme (Aout 1984). Lecture Notes in Mathematics springer n° 1159

D. Robert et H. Tamura : VIIIe Ecole de Mathématique des pays d'Amérique Latine. Rio de Janeiro - Juillet 1986. Comptes rendus à paraître dans Lecture Notes in Mathematics-Springer.

X.P. Wang : Thèse de doctorat d'Etat. Université de Nantes. A paraître en Novembre 1986.

Nantes, Septembre 1986